殯葬禮儀
理論與實務

Funeral Etiquette Theory and Practice

王夫子、郭燦輝
尉遲淦、邱達能◎著

王 序

死亡是造物主贈送給人類的一份沉重的禮物，殯葬則是恭送死者去另一世界的一類社會性活動，它觸摸到了人類心靈中最脆弱之處，因而多少萬年來一直是人類最重要的活動之一。因為，人類的心靈需要慰藉。殯葬活動，如果漫不經心地做，是很容易的，此時殯葬就淪為了簡單的收屍行為。但要做得符合人心、社會的精神需要，撫慰人心的痛楚，達到盡善盡美，就不容易了。這就應驗了一句格言，「入門容易精通難」。

中國素稱「禮儀之邦」。至少從夏商周「三代」以來，華夏人就逐步將自己的生活起居、衣食行為、人際交往、家庭家族內部關係、婚喪節壽民俗活動、政治行為，乃至戰爭衝突等，都以「禮儀」裝飾起來，並向周邊的「蠻夷」誇耀自己的「文明」程度。很多時候，周邊的「蠻夷」也非常豔羨華夏人禮儀化的生活，並亦步亦趨的模仿與學習。

禮學家聲稱，禮儀可以使人們的內心有節，行為有度，並以此陶冶得淳樸敦厚，所謂「民德歸厚」。當然這是正面。反面則會走向繁文縟節，乃至整個社會人們普遍做假，裝模作樣，沽名釣譽，乃至愚不可及，務虛名而處實禍。自從我們的先人建立起禮儀制度以來，這一正反過程已經屢屢發生，所謂「一陰一陽之謂道」，如東漢後期儒家的禮制之學走向虛文，由此衍生出了魏晉士人對儒家學說的全面「反動」，促使魏晉玄學產生並大興。這告訴我們：一個社會，沒有禮儀不行，繁文縟節也不行。於是禮儀的「度」就成為一個比較難以把握而又必須把握的事情。殯葬禮儀也是如此。

1995年秋，我們開始全日制殯葬職業教育，一切從零起步。2000年底，我第一次訪問臺灣，曾觀摩龍巖（殯葬）公司的治喪禮儀，甚感震撼，原來治喪禮儀可以這樣做。在這裡，「傳統」與「現代」比較好地結合起來了，比如：在靈前孝子女給亡故父母行三跪九叩首禮，孫輩們行一跪三叩首禮，其他人行三鞠躬禮，一撥一撥的人依序分別行禮，體現了「孝道」與「血緣等差」的原則，此爲中國傳統的「家奠禮」。然後，舉行相關公部門的「公奠禮」，如逝者生前的所在單位、街道社區、民間組織等。這是將「家奠禮」與「公奠禮」分開舉行。同時，臺灣民間的治喪活動又融入了很多現代元素，比如：舉行個性化主題的溫馨治喪儀式；奠禮場大量使用紅、白、黃、藍、紫等不同顏色的鮮花布置，而不僅限於黑臂章或白小花；音樂不拘一格，禮儀公司引導家屬挑選自己認可的音樂用於靈堂；禮儀生以現代儀仗隊的標準動作提供服務等，這些都異於中國傳統的喪禮，故爲「現代元素」。在中國傳統喪禮的「現代化」上，臺灣民間社會邁出了第一步。

反觀大陸當時的治喪活動，全國用一個單調的「追悼會」模式，靈堂裡布置成白色或黑色，播放低沉而壓抑的《哀樂》，來賓與家屬站在一起給逝者行三鞠躬禮，子女給亡故父母磕頭被說成是「封建迷信」。追悼會被歸納爲「一三一」，即「一首《哀樂》三鞠躬，繞場一周就走人」。五分鐘十分鐘就能完事，幾乎無禮儀可言，後來這被戲稱爲殯葬「開會文化」。實質上這是剝奪了人們對去世親人的祭祀權。

回來後，我將臺灣的殯葬禮儀做了一些適宜大陸的修改，如他們在家奠禮上重男輕女，兒子與女兒的行禮次序是分開的，女婿在喪禮中的地位相當低。這與大陸當時「獨生子女」政策（「國策」）的社會情況不合，很多家庭就一個女兒，並沒有兒子。我修改爲：女兒與兒子都可以爲喪主、祭主，女兒女婿與兒子媳婦作爲第一撥致奠致祭次序。接著，我們就開始了殯葬禮儀方面的教學。我本人成爲殯儀系的首任殯葬禮儀教師，我在禮儀實訓室裡給學生做演示，然後要學生輪流上來做，以此定「殯葬禮儀」課程的考試分數。我規定子女給亡故父母行三跪九叩首禮，孫輩行一跪三叩首，其他來賓行三鞠躬禮，要同學們畢業後將這一禮儀形式帶到全國去。我還要求相關的老師站在一側觀摩，他們也要承擔起殯葬禮儀的教學課程。我說，等我將來退休了，你們要將這一教學活動延續下去。

我們引導學生組建了幾個自治性質的殯葬禮儀團隊，他們獨立地進行禮儀活動，自我訓練、自我管理，並規定每一個學生都要選擇加入某一禮儀隊以接受禮儀訓練。我們還請復員退伍軍人訓練學生，如立正、稍息、向左轉、向右轉、齊步走、正步走、佇列行進、集合與解散，以及鞠躬、下跪等。成立了學生禮儀隊後，他們開始了上一屆禮儀隊訓練下一屆禮儀隊的模式，殯儀系每年組織禮儀隊比賽，展示各自的殯葬禮儀水準，一屆一屆地向下薪火傳遞。

從事殯葬教育之初，我經常去農村觀摩那些「法師」們的治喪活動，查看他們的治喪文書，並與他們建立起經常的聯繫。後來，我在馬來西亞華人社區、香港等地觀摩過那裡的治喪禮儀。這些都使我聯想起孔子「禮失求諸野」之慨嘆。其實，日本、韓國的治喪禮儀中都有相當濃厚的中國儒家文化色彩。

2003年7月，我們在社會上承接了第一場祭祀「業務」，我帶領殯儀系團隊開始在外面找「感覺」。此後，我們陸續在殯葬行業承接了十多場清明祭祀、骨灰下葬等儀式，均獲得好評，既鍛鍊了團隊，又從實務上檢驗並提升了我們的禮儀教學與行業需求之間的契合程度。我們盡可能地將傳統與現代結合起來，而殯葬禮儀之最後規範則還須國家禮儀部門之正式釐定。

禮儀是用來包裝行爲的。殯葬禮儀的本質是將簡單的事情複雜化，從而使簡單的殯葬行爲顯得神聖而典雅，以彰顯死者的尊嚴，以陶冶對生命的敬畏，以提升內心的虔誠，並撫慰生者的心靈，統攝人心。說到底，殯葬禮儀是一個太平世道、富裕社會中人民在「死亡」事件上的一項精神奢侈品，它只具有相對的意義，而無絕對的人生意義。比如在饑荒與戰爭的年代，殯葬禮儀就會萎縮到最低水準，或近乎無。對商業利潤的無限追求是推動殯葬禮儀日益繁瑣的最強推手，從而可能將殯葬禮儀導向反面。我們應當防止一個傾向掩蓋另一個傾向。我們不希望此書成爲業界大肆鋪陳殯葬禮儀以謀取暴利之說辭。

本書原是我們十餘年殯葬禮儀教學案例的彙集，其中多為實際服務的經驗，故為《殯葬禮儀實務》，2012年我們將它整理予以正式出版，以此訓練殯儀學生，亦可供業者參考。此次，承臺灣殯葬教育同仁邱達能博士不棄，出版臺灣版本，深感欣慰，並祈望有益於兩岸殯葬文化之交流與推廣。

作為一位高素質的殯葬業者，不僅應當具有熟練的職業技能，而且必須具有一定的人文思想修養，悲天憫人的菩薩心腸。前者為「實務」，它滿足當下；後者為「哲學」，它豐富我們的內心世界，使我們具有更深刻、更寬泛的理解力，因而更具備可持續發展的能力，避免僅僅成為一介「匠人」。比較而言，哲學的修養需要更長時間的積累。第二篇「現況篇」前五章是理論討論，是第六至十二章「實務」的鋪墊。本書主要是殯葬禮儀方面的實務操作之書。

書中有時稱「禮儀」，有時又稱「儀式」。禮儀通常指儀式程序及相關事宜的總和，如靈堂禮儀是靈堂布置、人員準備、家公奠儀式的總和；儀式則多限指具體的程序操作，如家奠儀式等。但有時兩者在習慣上又可以通用，不必拘泥。

是為序。

長沙民政職業技術學院

王夫子 謹誌

2021 年7月

邱 序

本來，這本書是要以《殯葬禮儀實務》的名義出書的。因爲，最初的構想只是把這本書當成是王夫子和郭燦輝兩位先生在大陸出版的《殯葬禮儀實務》的臺灣版。但是，後來隨著想法的改變，認爲只有這樣的出版顯然不是一種最爲合宜的作爲。對我們而言，大陸對於殯葬有其既有的一套認知方式，雖然在傳統的部分與我們大同小異，但是，畢竟兩者仍然存在著一些差異。尤其是，對於殯葬的由來與意義的認知，以及殯葬的未來發展與判斷，確實是有一些不同的狀況。所以，爲了更清楚呈現兩者的差異，我們改變了初衷，於原文加上殯葬源起和未來的一些篇章。

就王夫子和郭燦輝兩位先生在大陸所出版《殯葬禮儀實務》的內容來看，它的論述主要集中在大陸目前殯葬禮儀的理論與實務。對我們而言，這一部分有其必要，具有殯葬禮儀現實的意義與價值。如果我們沒有去正視它，那麼對於殯葬禮儀的理論與實務的認知必然會有所偏頗。爲了避免出現這樣的缺失，我們即把這一部分定名爲殯葬禮儀理論與實務的現況篇。

不過，在殯葬禮儀的理論與實務的部分若只是談到現況似乎也是有所不足。當然，在上述的書中所談的課題當然不只現況，它也和源起有關。可是，在該書所談的源起部分似乎較爲薄弱，其深度也稍嫌不足。所以，爲了豐富這樣的課題討論，也爲了讓這樣的討論更加完整深入，我們也提供了一篇論文作爲補充。對於這部分的補充，我們給予一個名稱，即是殯葬禮儀的理論與實務的源起篇，作爲導言。

然而，有了源起和現況，也讓我們不得不聯想起未來。對殯葬禮儀的理論與實務的認知而言，我們不只是要瞭解它的起源，還要瞭解它的現況，更要瞭解它的未來。如果沒有未來，那麼上述的瞭解顯然就失去了意義。因為，未來代表延續與因應。而今，我們在殯葬禮儀的理論與實務的認知上面臨了現代社會與後現代社會的挑戰，如果沒有因應這樣的挑戰並提出一些突破的想法，那麼有關殯葬禮儀的理論與實務必然不會有其未來。對我們而言，基於安頓生死的想法，是無法接受這樣的結局。所以，在此種情況下，我們選錄了國內殯葬研究的領航者尉遲淦教授以往所發表過的六篇相關性論文，重新整理排序並提出個人的看法作為回應，並命名為殯葬禮儀的理論與實務的未來篇。

經過這樣的調整，這本書和原先的構想產生了比較大的出入。雖然如此，對於這樣的調整我們還是覺得極有意義和價值。因為，有關殯葬禮儀的書籍目前在市面上已經出了不少。可是，這些出版的書籍原則上都較為片面，並沒有如同這本書般完整地包括了源起、現況和未來的部分；而且更為重要的是，此書的完整不只是範圍上的完整，甚且是屬於系統的深入，對讀者而言，這樣的完整和深入足以幫助他們對殯葬禮儀理論與實務有更透徹的認知，確實值得大家作為參考。

邱達能 謹誌

2021年7月13日

目 錄

第一篇

源起篇

導言
從殯葬處理到殯葬禮儀

一、人對死亡的反應——本能階段

首先要提到的是，今天我們所看到的殯葬處理，並非人類處理死亡的原始面貌。如果不細究死亡處理的由來，往往會誤以為這樣的處理是自古皆然。實際上，對人類而言，這樣的處理是有一個發展的歷程。如果不去細究這個歷程，那麼就不會眞正體會其中轉變的意義。所以，為了瞭解此一轉變的意義，也為了讓身為人類後代的我們瞭解殯葬處理的眞諦，我們有必要深入探討整個殯葬處理的來龍去脈。

對人類而言，最初在面對死亡時反應也必然像動物那樣，沒有什麼不同。那麼，這一個階段的人類是如何面對死亡的呢？嚴格說來，此處所謂的面對，與其說是面對，不如說是遭遇。因為，當時的人類還沒有自覺意識。所以，當死亡發生時他們並沒有事先的覺知，有的只是當下的進入。在進入的時候，他們也沒有選擇的可能，只能依本能接受。在這種情況下，死亡對他們而言只是一個事實，一個必須接受而無法逃避的事實。

面對這樣的事實，他們唯一有的反應就是本能的反應。那麼，這種反應是什麼呢？基本上，這種反應就是一種情緒的反應。對他們而言，他們並不瞭解什麼是死亡？也不清楚人為什麼要死？他們唯一的感覺就是要死了。在這當下，他們的內在自然升起了這一點感覺，也就是恐懼害怕的感覺[1]。至於為什麼要恐懼害怕，說眞的他們也不清楚，只是一切都出於本能的反應，沒有其他理由可以說明。如果勉強要說，毋寧說這是大自然的安排，讓人在面對死亡時會出現這樣的反應。

根據這樣的反應，在遭遇死亡時人類自然會有害怕的情緒出現。不

[1] 請參見《孟子．梁惠王上》有關新鐘鑄成要殺牛取血塗鐘，齊宣王對牛觳觫的反應的記載。根據此一記載，表示孟子時已知動物對於即將來臨的死亡會有情緒上的恐懼反應。

過，這不表示人類這時對於死亡已經有了預期性的心理，像我們現在那樣[2]。實際上，他們對於死亡只有當下的反應。在遭遇死亡之前，他們是沒有反應的。在遭遇死亡之後，他們一樣沒有反應。所以，死亡會讓他們出現恐懼害怕的情緒反應只有在死亡出現的當下，至於其他的時間則完全不會干擾他們的日常生活。就是這種只有在死亡當下才會有情緒反應的設計，讓早期人類可以過著正常的生活而不會深陷死亡的恐慌之中。

透過這種設計，人類對於死亡的處理就不會像今天那樣有任何的作爲。相反地，他們沒有任何的作爲。不過，他們的沒有作爲不代表他們對於同伴的遺體就不會有任何的作爲。實際上，他們對於同伴的遺體還是會有所作爲的，這不是基於任何意識的決定，而只是一種本能的反應。例如把同伴的遺體當成食物吃掉，或者把它當成不相干的廢棄物任意丟在一旁。

爲什麼他們會這樣做？這是因爲死去的同伴對他們而言已經不再是同類。對於同類，他們只能用和平共存的方式與他相處。如果不是這樣，那麼同類不僅會反抗，還可能把他們殺掉。所以，對同類是不可能把對方看成是食物或沒用的廢棄物。可是，對死掉的人看待的方式就不一樣，對他們而言，擺在那裡的只是遺體的東西不再是同類。既然是東西，那麼不是被當成食物就是被當成沒用的廢棄物。如果是食物，那麼就吃掉。如果是沒用的廢棄物，那麼就丟掉。在這種情況下，人類對死亡的處理是完全沒有自覺意識的，一切都以本能反應作爲依歸。

---

[2]現在，我們在死亡的認知上不見得是自己對死亡有了經驗，再進行推理形成理性的認知，而是透過教育形成有關死亡的理性認知，所以在死亡的反應上就會還沒發生就已經事先知道自己會死的事實。

二、人類意識的覺醒

不過，人類對死亡不只停留在本能狀態的反應，否則人類可能就很難脫離動物的階段。因爲這個階段，一切反應都以本能爲主，想要在本能之外尋找其他的反應，這是不可能的。因此，對於死亡的反應人類不能只停留在本能的階段，否則就很難凸顯人類和動物不一樣的地方。

人類和動物爲什麼對死亡會有不同的反應？對於這個問題，一般的解答都會把焦點放在生理的層面上，認爲是生理的部分變得複雜了[3]。就是這種生理複雜化的結果，讓人類對於死亡開始有了不同於動物的反應。表面看來，這種說明似乎對問題有了充分的解答。可是，只要再深入一點反省，就會發現這樣的解答是不夠的。因爲，生理的複雜化是一回事，對死亡的不同反應則是另外一回事，不能因爲生理的複雜化就認爲對死亡的反應就會不同。

如果生理的複雜化不足以完整說明對死亡反應的不同，那麼還需要加上什麼因素才能說明這樣的不同？在此，意識的覺醒是個很重要的因素。從這一點來看，不是在生理的複雜化以外還有另外一個意識的覺醒。如果意識覺醒是在生理複雜化之外，那麼我們就必須在生理複雜化之外尋找另外一個來源作爲意識覺醒的依據。可是，在經驗的範圍內我們很難找到這個依據。如果不想在經驗範圍之外去尋找，那麼就只能從生理複雜化本身去尋找答案。就這一點而言，意識的覺醒是伴隨著生理複雜化而出現的。如果是這樣，那麼我們就可以暫時斷言意識的覺醒是來自生理複雜化的結果。

雖然如此，這不表示意識一旦覺醒就完全覺醒，實際上，它是有時間過程的。最初，意識的覺醒重點不在死亡而在生存。對人類而言，生

---

[3] J. F. Donceel, S. J.著，劉貴傑譯，《哲學人類學》（新北市：巨流圖書公司，1989年9月），頁71。

存是人類當下的問題，如果沒有解決這個問題，那麼人類就沒有存活的可能。在沒有辦法存活的情況下，就算對死亡有所意識，也是沒有意義的。所以，在人類意識最初覺醒時，它的初步對象不是死亡而是生存。

那麼，人類是在什麼情況下開始意識到死亡？表面來看，從自己的經驗出發是最直接的。但是，人類對於死亡的經驗卻不是這樣。因為，如果從自己的經驗出發，那麼在經驗死亡的同時我們已經成為死人。我們一旦成為死人，基本上就不會再有經驗[4]。因此，人類要從自身經驗出發去意識到死亡是不可能的。既然不可能，那麼人類要從哪裡出發才會意識到死亡？

就我們所知，人類對死亡要有經驗只能從間接經驗出發，也就是從他人死亡的經驗出發。所謂的他人死亡的經驗，不只包括人類同伴的死亡，也包括其他生物的死亡。嚴格說來，這樣的死亡經驗原則上是從其他生物的死亡開始的。只是這樣的死亡經驗最初不一定會引起人類太直接的反應，要引起人類直接反應的死亡經驗可能就要等人類同伴死亡的經驗。那麼，為什麼會這樣？這是因為人類的經驗發展都是從外向內的。當最初其他生物的死亡經驗發生時，人類不一定會有反應。理由很簡單，因為這是和自己不相干的生物死亡了。但是，當死亡的是自己的同類時，他便開始受到衝擊，知道自己也有死亡的可能。這時，他的死亡意識開始覺醒，認為會死的不只是別人，也可能是自己。就這樣，人類開始對死亡有了覺醒的意識。

三、死亡處理的出現

雖然人類已經開始覺察到死亡，但並不表示這樣的覺察立刻就會

---

[4]此時，就算我們死後有知，也沒有機會回來告訴他人死亡是怎麼一回事；就算我們有機會回來，他人也不見得相信這就是真的我們。就此而言，死亡是斷絕我們與生命的一切關係。所以，就活著而言，死亡是無法經驗的。

帶來死亡的處理。事實上，人類懂得對死亡進行處理可能要經過漫長的時間，基本上，這樣的時間要超過百萬年以上。經過漫長的演進歲月，到了約十萬年前的尼安德特人，人類開始有了死亡處理的作爲，也就是喪禮的行爲。那麼，我們怎麼知道這就是人類最早的死亡處理作爲？說眞的也沒辦法確認，只是根據考古人類學的資料，尼安德特人是目前發現所有人種中最早有死亡處理作爲的人[5]。所以，我們就姑且將這樣的答案當成是人類最早有死亡處理作爲的答案。如果有一天，考古人類學可以發現更早的資料，那麼就可以依據這樣的資料再將時間往前推進一些。起碼，到目前爲止，我們能夠有證據做判斷的就是尼安德特人的資料。

那麼，對於這樣的資料我們是如何判斷的？根據資料顯示，尼安德特人和現代人不只有相似的生理構造，還有相似的工具使用能力，這使得他們的生活脫離原始的狀態。不僅如此，這樣的能力還進一步延伸到死亡。對死亡而言，他們不是只單純地把死亡當成是事實來接受，還認爲這樣的死亡是需要處理的。如果沒有處理，那麼死亡可能會爲生者帶來困擾。至於困擾是什麼？由於資料欠缺，所以難以做精確的判斷。不過，這並不表示就完全無法判斷。事實上，還是可以做初步的推斷。

那我們要如何推斷？就所顯示的資料來看，尼安德特人在喪葬上有兩項作爲值得注意：第一項就是在遺體身上撒上一些紅色的礦石粉；第二項就是在遺體旁邊放上一些石器和獸骨。基本上，這兩項作爲都不是動物會有的作爲。對動物而言，死亡就是死亡，對遺體不會做進一步的處理。如果有不同於動物的作爲出現，那麼這些作爲就是人類的作爲。所以，就上述兩項作爲來推斷，這些作爲都是人類有意的作爲。

既然是人類有意的作爲，這就表示有其特殊的含義，所以才會認爲這是一種死亡處理的作爲。那麼其含義爲何？就第一項而言，爲什麼要

---

[5] 李慧仁著，《儒家喪禮思想之研究》（新北市：華梵大學東方人文思想研究所博士論文，2017年6月），頁24-26。

在遺體身上撒上紅鐵礦粉？如果沒有特殊的用意，說眞的這樣的作爲是無法理解的。可是，如果轉念一想人類的血液是紅色的，人在死亡時缺乏紅色的血液，那麼在撒上紅鐵礦粉之後，亡者就能重新獲得血液，恢復紅色，這時，亡者也就能夠重新恢復生命。由此可見，這種想讓亡者重新恢復生命的作爲就是一種死亡處理的作爲。

就第二項而言，爲什麼要在遺體旁邊放上一些石器和獸骨？如果沒有特殊用意，對人而言這樣的作爲也是無法理解的。可是，如果我們轉從人類生活所需，就會理解這樣的放置其實是針對亡者的需求，認爲亡者死後仍然需要擁有生前所擁有的東西。就是對於這種需求的認知，所以尼安德特人在人死後才會將他生前擁有的東西重新安置在他身邊，表示這也是一種死亡處理的作爲。

經由這兩種作爲可以知道，尼安德特人對待死亡和動物不一樣，他們不是讓死亡只成爲一個事實，而是成爲一個問題，那麼當然需要針對問題的癥結點給予回應。透過這樣的回應，他們採取兩個作爲來解決問題：一個就是藉由紅鐵礦粉來恢復亡者的生命；一個就是藉由陪葬品讓亡者可以重新擁有他生前的一切。這麼一來，死亡就不再困擾尼安德特人，可以讓他們從此安心生活。

四、問題的意識

表面看來，從尼安德特人的喪葬作爲就可以斷言當時已經有了死亡的處理。可是，只有這樣的斷言還不夠。因爲，這樣的喪葬作爲只是告訴我們當時已經有了喪葬的現象，卻沒有告訴我們爲什麼會出現這樣的現象？如果希望更清楚瞭解當時爲什麼會出現這樣的現象，那麼就必須深入這樣現象的背後，瞭解當時出現這些現象的理由。

不過，受到考古資料不足的限制，對於這個問題的探討似乎也只能停留在這裡。幸好，人類的歷史是延續的，而且早期人類的演化是緩慢的。所以，在尼安德特人身上欠缺的資料，可以在後來的山頂洞人身上

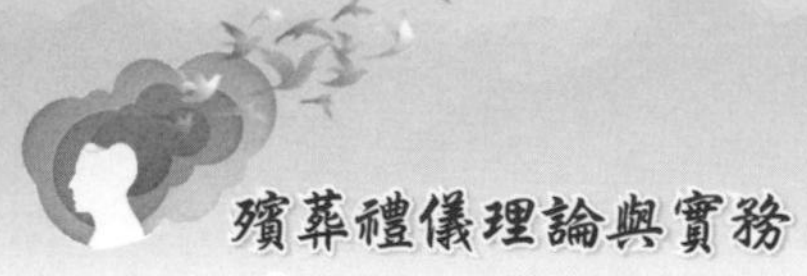

找到類似的根據[6]。就是透過對山頂洞人作爲的解讀，我們逐漸瞭解早期人類爲什麼會把喪葬作爲當成一個問題來處理，而不只是當成一個事實來接受。

那山頂洞人是怎麼處理同伴的遺體？從現有的考古資料來看，山頂洞人和尼安德特人的作爲十分相近，他們都在遺體身上或身旁撒上紅鐵礦粉，也在遺體旁邊放上陪葬品。此外，山頂洞人比尼安德特人表現得更清楚的是，他們把遺體安置在自己居住洞穴的下室。由這三點可以斷言，這一定不是本能自然的作爲，而是有意的人爲。既然是有意，那接著就可以進一步追問這樣作爲的理由。

可惜的是，我們依舊很難從山頂洞人的考古資料直接找到答案。因爲，這些資料不會直接告訴我們答案，唯一告訴我們的就是現象。如果希望能夠從現象中找到答案，就必須從現象之外的資料去找答案。幸好，我們可以借助原始部落文化人類學上的一些相關資料，去瞭解山頂洞人當時的想法。雖然這樣的解讀方式具有猜測的成分，但在可能的資料中去尋求解答也是我們應該做的事情。至於眞實的答案爲何，就目前的狀況來看，可能就沒有辦法確實提供了。

那麼就現有文化人類學的資料，對於山頂洞人的喪葬作爲可以有什麼樣的猜測？就第一項來看，撒紅鐵礦粉的作爲，是認爲紅鐵礦粉代表生命，如果不是有恢復生命的需求，那麼山頂洞人就沒有撒上紅鐵礦粉的必要。現在要反省的是，爲什麼要撒上紅鐵礦粉？是捨不得亡者失去生命，還是擔心亡者沒有生命之後對生者會採取不利的作爲？

就前者而言，如果是捨不得亡者失去生命，那麼就算撒了紅鐵礦粉，亡者一樣沒有回來，這只是一種情緒上的不捨，沒有實質的效用。由此可見，撒上紅鐵礦粉不是要讓亡者回來，那麼撒上紅鐵礦粉到底還有什麼作用？在此，可以有另外一種作用，就是表示亡者在另外一個世

---

[6] 李慧仁著，《儒家喪禮思想之研究》（新北市：華梵大學東方人文思想研究所博士論文，2017年6月），頁26-31。

界還是擁有他的生命，不會因爲死亡而化爲虛無。既然如此，撒上紅鐵礦粉的作爲就不是捨不得亡者失去生命，而可以有其他的解釋。

就後者而言，如果是擔心亡者失去生命後會對生者採取不利的行爲，那麼就能理解撒上紅鐵礦粉的作爲。因爲，對生者而言，他有一點需要撇清，就是亡者的死亡和他無關，所以他不用承擔責任。問題是，要做到這一點，他就必須採取行動證明他沒有讓亡者死亡的想法。那麼，他要怎麼做才能證明？在此，他只能採取撒紅鐵礦粉的作爲。當他撒上紅鐵礦粉之後，就證明他不希望亡者死亡。可是，現在亡者已經死了，所以他只能透過上述的作爲表示他希望亡者能夠繼續生存在另外一個世界上。由此，亡者就不要把自己的死亡怪罪於他，讓他能夠免於死亡的不幸。

如果可以這樣解釋撒上紅鐵礦粉的作爲，那麼對於陪葬品和安置下室的作爲就更容易獲得解釋。例如陪葬品，如果人死後無知，不再繼續存在，那麼給予陪葬品是沒有意義的。可是，如果人死後有知，繼續存在另外一個世界，而另外一個世界依舊有一些生活用品的需求，那麼就必須透過陪葬品的提供才能滿足亡者的需求。倘若生者沒有這樣做，那麼亡者在欠缺的情況下就會想到他生前所擁有的一切。這時，爲了重新擁有這一切，他就會傷害生者。因此，爲了避免這種不幸結局的發生，只好在亡者死亡之時將他生前擁有的一切都當成他的陪葬品還給他，讓他沒有影響生者生存的理由。

又如安置在下室，這也是有理由的。因爲，如果沒有安置在下室，那麼亡者就會認爲生者不要他了。在被遺棄的感受下，他就會對生者採取報復的作爲。所以，爲了避免亡者的報復，生者採取安置亡者於下室的作爲，讓亡者沒有任何的藉口。經由這樣的作爲，亡者在住居的部分並沒有受到任何的改變，他依舊像生前那樣住在他所熟悉的地方。如此一來，生者和亡者就可以因著公平對待的結果而相安無事。否則，在不公平對待的情況下，生者隨時都有可能遭遇亡者所遭遇的死亡的不幸。

經過上述的探討，我們約略可以猜測早期人類對於死亡的處理，不僅有一定的作爲，也有一定的問題意識。就是這種問題意識的引導，早期人類才會這樣處理死亡問題。如果不是有這樣的問題意識，那麼早期人類在處理死亡問題時就會採取另外一種作爲，而不是現在這種作爲。那麼，這種問題意識是什麼？就是不把人的死亡看成是死後無知，而是看成死後有知。不僅如此，此一死後有知的存在會很在意他生前擁有的一切，不希望生者任意將之剝奪。如果生者任意將之剝奪，那麼他是有更大的能力可以給予懲罰，讓生者遭遇死亡的不幸。因此，生者如果不希望遭此惡報，那麼最好的做法就是把屬於亡者的一切歸還給亡者。

五、宗教的取向

雖說早期人類採取把該是誰的就還給誰的公平策略，但是否眞的有效，其實是滿存疑的。因爲，有時用這種策略似乎很成功，在安頓亡者的同時，生者也避開了被干擾的困境，但有時生者依舊陷入了這種困境。也就是說，這種把該是誰的就還給誰的公平策略似乎沒有奏效，無法眞正安頓亡者，以至於生者猶在亡者的困擾之中。

面對這種困境，人類最初也不知道如何處理，一切只好訴諸命運。可是到後來人類還是無法接受這種不幸的命運。對他們而言，他們要的是眞正的安頓，而用公平策略來對待亡者顯然是沒有效果的。所以在這種情況下，如果不想繼續被亡者困擾，那麼就必須改弦易轍，否則是沒有辦法解決問題的。問題是，要改弦易轍要怎麼做才會有效？對於這個問題，他們從死亡的由來下手，認爲這個由來會是解答問題的關鍵。

那麼，他們爲什麼會有這樣的思考？對於這個問題，我們很難從考古資料當中直接找到答案。雖然如此，這不表示我們就一定找不到答案。實際上，我們可以透過當時經驗的重構找到可能的答案。就當時的情形來看，他們曾經有過獵殺動物的經驗，在這個經驗過程當中，他們體會到征服的可能性。於是，這樣的經驗讓他們有了借鏡的想法，認爲或許只要找到比亡者更大的力量就能征服亡者。而要找到比亡者更大的

力量，就必須同時也是比死亡更大的力量。那什麼會比死亡的力量來得更大？經由想像的推測，他們認爲讓死亡出現的力量應該會比死亡的力量來得更大。如果不是這樣，那麼死亡就不會出現。就這樣，他們開始轉從由來的角度思考如何解決亡者所帶來的死亡困擾。

在瞭解爲什麼他們會轉從由來的角度思考問題之後，接著要問的是，由來角度所提供的答案爲何？通常我們會認爲這樣的答案應該只有一個。不過，只要從不同的偏重點來看，答案其實就不只一個。例如從外在於死亡來思考死亡所由來的問題，那麼就會尋找到一種答案。又如從內在於死亡來思考死亡所由來的問題，就會尋找到另外一種答案。就前者而言，我們以基督教爲代表說明。就後者而言，我們以佛教爲例說明。

就前者而言，他們認爲死亡是來自於外在的力量。爲什麼他們會這樣思考？是因爲他們認爲生命就是生命，本身完全沒有死亡的可能[7]。既然沒有死亡的可能，那麼這種生命就不可能會死。可是，現在我們在不死的生命身上看到了死亡，這就表示死亡是可能的。對於這樣的可能性，我們不可能像動物那樣只把它當成是事實，而必須尋找造成這樣事實的原因。要到哪裡去找？既然人本身找不到，那就只好在人之外去尋找。所以，他們認爲造成死亡原因的存在一定要比人的存在等級更高，否則死亡是不會出現在人的身上的。不僅如此，他們還認爲這樣的存在要超越死亡，否則死亡也不可能由祂支配。

那麼，這種高於人類又能支配死亡的存在是什麼？對基督教而言，就是上帝。就早期人類的經驗來看，他們在自然界中是找不到這樣的存在的。在自然界中，他們可以找到的不是低於人類的存在就是臣服於死亡的存在。因此，如果想要找到這樣的存在，那麼就只能在自然界以外

---

[7] 上帝造人之初，人是生活在伊甸園中，人是沒有死亡的。爲什麼會沒有死亡？這是因爲人吃了伊甸園中生命樹上的果子所以不死，還是人本來就是不死的？對於這個問題，聖經中並沒有說得很清楚。

去找，也就是我們今天所稱的超自然界[8]。只有在這個世界當中，我們才能找到符合上述要求的存在，基督教稱之爲天主或上帝。

面對這樣的上帝，我們自然會產生一個疑問，就是爲什麼要爲人類帶來死亡的結局？難道不能讓人類處於不死的狀態嗎？當然，根據上帝本身的力量，要讓人類處於不死的狀態似乎沒什麼困難。可是，爲什麼要爲人類帶來死亡的結局，顯然有祂的理由。那麼，這樣的理由不可能是由上帝造成的。否則，這樣的上帝就不是超越人類和死亡的存在。如果理由不是來自於上帝，那麼這樣的理由一定是來自於人類，要不然我們就無法理解了。

既然如此，我們就要問到底是什麼樣的理由才會讓人類遭遇死亡的結局？首先，我們要想這和上帝有沒有關聯？如果沒有，那麼上帝就沒有理由讓人類遭遇死亡。如果有，那麼這樣的作爲就有意義。其次，我們要想這和人類有沒有關係，如果沒有，那麼這樣的結局就有問題。如果有，那這樣的結局就是合理的。由此可知，這樣的理由一定要和上帝和人類有關聯才可以。

那這個理由是什麼？根據基督教的說法，就是人類犯了錯。那麼，人類到底犯了什麼錯才要接受這麼嚴厲的懲罰？按照他們的說法，這個錯就是接受蛇的誘惑而違反了他們與上帝的誓約[9]。可是，爲什麼違反了與上帝的誓約就要遭遇死亡的結局？因爲，這是之前上帝與人的約定。既然有了約定，違反時當然就必須接受懲罰，否則，約定就沒有意義。就這樣，人類因自己的錯誤付出了生命的代價。

如果死亡是違反約定的結果，那麼要免除這樣的懲罰，除了祈求上帝的赦免沒有其他辦法。因爲要赦免死亡，就必須由比死亡更高的力

---

[8]對基督教而言，我們所知的世界只有兩層世界：一層是我們生存的有限世界，也就是自然界，這個世界是有生有死的；一層是上帝存在的無限世界，也就是超自然界，這個世界可以是超越生死的永恆存在。

[9]尉遲淦著，《禮儀師與生死尊嚴》（臺北市：五南圖書出版股份有限公司，2003年1月），頁210-212。

量才有能力赦免。如果不是這樣，那這樣的赦免是缺乏眞正效用的。所以，上述提到以公平對待作爲處理原則而爲殯葬的做法，沒有辦法眞正解決死亡的問題，必須依靠上帝的力量。唯有如此，人類才能免於亡者的干擾。也就是說，只有透過對上帝的信仰，人類才有機會獲得眞正的安頓。

在此，我們可能會產生一個疑問，就是上帝既然能夠有效地控制亡者，那麼爲什麼人類還會遭遇死亡這種不幸？如果這個人確實做了一些不好的事，那麼他遭遇不幸是可以理解的。可是，如果他沒有做過什麼錯事，卻一樣遭遇死亡，這樣的遭遇我們就很難理解，這是否代表上帝根本就沒有能力控制死亡？對於這個問題，他們表示這樣的結果只是一種考驗。如果一個人可以通過考驗，就表示他的信仰很虔誠，眞的已經到無條件的境地，所以他一定有機會獲得救贖，也就表示這樣的安頓確實是沒有問題的。

就後者而言，他們認爲死亡是來自於人本身。爲什麼會這樣思考？這是因爲他們認爲生命本身如果不會死亡，那麼生命就不會死。就算有外在的力量介入，生命也一樣不會死。現在，生命之所以會死，是因爲生命本來就會死。既然會死，那就表示生命本身就包含死的可能性[10]。因此，只要我們找出這種可能性，就能解釋生命爲什麼會有死亡的原因。

我們要怎麼找出這種可能性？就佛教而言，必須從人本身著手。因爲，人本身就是行爲者，要人不作爲是不可能的。人一旦作爲了，自然就會出現行爲的後果，如果不想有行爲的後果是不可能的。也就是，有行爲就一定會有果報。既然如此，我們在思考死亡由來的問題時，就可以從行爲本身著手。也就是說，人的生命之所以會死是人造業的結

10對佛教而言，人之所以會死，是因爲人自己的無明風動。受到無明風動影響的結果，生命進入永無止境的輪迴，開始一世一世有限的生命。

果[11]。如果人沒有造業的問題，那麼人可以是有機會不死的。

爲什麼造業的結果就會帶來死亡？這是因爲人的生命不是固定的存在人間。如果是固定的存在人間，那麼就不會有死亡問題發生。人的生命之所以會死，是因爲人間的存在是有限的，而在有限的人間中人只能有限的活著。當時間到的時候，自然就會死亡。所以，在人間生存有因緣的問題，而因緣的促成就和人的行爲有關。只要這個因緣繼續存在，人就會繼續活在人間。但是，只要這個因緣盡了，那麼就會死亡離開人間。由此，佛教解釋了死亡之所以出現在人身上的理由。也就是說，不僅生命的存在是業力作用的結果，生命的死亡也是業力作用的結果。

既然是這樣，那麼要怎麼做才能解決死亡的困擾？單從表面來看，人是不可能擺脫死亡的。因爲，人一直處於造業的狀態。就算不想造業，還是處在這樣的狀態之中，永遠都沒有機會解決死亡的困擾。幸好，人不只會造業，還會進一步省思所造的業是好的還是不好的。當他開始省思這樣的問題時，他發現只要人不執著於這樣的狀態，那麼就不會影響到他。也就是說，這時人就可以超越這種狀態之上。人一旦超越業力之上，就可以獲得解脫的效果。就這一點而言，人就可以超越死亡而不受死亡的限制[12]。

但是，有人會說這樣的安頓還是有問題。因爲，從表面來看，死亡還是繼續存在。對佛教而言，就算死亡繼續存在也無所謂，理由很簡單，就是死亡會不會影響到我們？如果不會，那這樣的存在就等於不存在。如果會，那麼就算它不是眞實的存在，這樣的不存在也就等於存在。所以，有沒有影響才是重點，存不存在不是重點。既然如此，在不受死亡影響的情況下，佛教認爲人的生死是可以安頓的。

---

[11]尉遲淦著，《殯葬生死觀》（新北市：揚智文化事業股份有限公司，2017年3月），頁116-117。

[12]尉遲淦著，《殯葬生死觀》（新北市：揚智文化事業股份有限公司，2017年3月），頁120-121。

六、道德的取向

除了宗教取向的解答外，人類在死亡問題的解決上還有道德的取向。人類爲什麼會出現道德取向的解決方式？這是隨著人類社會組織演變的結果。本來，早期人類是沒有家庭組織的，但隨著時間演變，人類逐漸形成家庭組織：從群婚制到對偶制，再從對偶制到單偶制。到了單偶制的階段，女性不再是家庭的中心，而轉變成爲男性。在這種情況下，父親成爲一切的主導者，不僅女人歸屬男人，子女也歸屬父親。由此，建立了以男人爲主導的父系社會。就是這種社會的建立，讓道德取向的解決方式得以出現[13]。

爲什麼父系社會的建立對道德取向的死亡問題解決方式會這麼重要？這是因爲本來的死亡問題解決方式是偏向宗教的。可是，宗教取向有個缺點，就是作爲超越死亡的存在是存在我們的經驗之外。既然在經驗之外，那就沒辦法和我們產生親密的關係。雖然宗教會說，這種超越的存在有如父親一般那樣照顧我們，但基本上還是和我們缺乏直接的接觸。因此，在沒有直接經驗可以憑依的情況下，很難產生完全信賴的感受。

可是，家庭關係就不一樣。對一個人而言，他出生在家庭，成長在家庭，老化在家庭，死亡在家庭。在家庭中，影響他最大的通常是父親。不僅如此，可以讓他產生安全感的也是父親。所以，在家庭生活當中，父親成爲他可以順利生活的憑依。透過這樣的經驗，他發現如果死亡之後這樣的經驗可以繼續持續下去，那麼他應該就有信心可以走向死後。就是這樣的經驗信心，讓人類開始思考解決死亡問題的另外一種可能性，也就是道德的取向。

13李慧仁著，《儒家喪禮思想之研究》（新北市：華梵大學東方人文思想研究所博士論文，2017 年6月），頁33-38。

現在，我們進一步說明道德取向是怎麼解決死亡問題的。如果家庭經驗僅止於活著的一切，那麼這樣的經驗是無法說明生前死後的。因爲，這樣的經驗受限於時間，是屬於有開始和結束的有限時間。對於這樣的有限時間，要它超越死亡是不可能的。嚴格說來，它的有效性是在時間之中。一旦離開了時間，它就不再有效。可是，如果我們把這樣的經驗加以延伸，無論向前或向後，那麼這樣的經驗就有超越時間的可能，也自然就有超越死亡的可能。

不過，在這裡我們不要把這樣的延伸只當成是一種邏輯的推論。如果只把它當成一種邏輯的推論，那麼這種推論的結果就會遭受形式的懷疑。因爲，無論是往前或往後，這樣的延伸都是無止境的。既然是無止境的，那麼就不會有個終點。如果沒有終點，在有限加一的情況下，如何肯定它就是無限的？所以，要肯定它是無限的，一開始就必須肯定，否則是不可能的。那麼要怎麼肯定它的無限性？在此，就必須透過內在體驗的感通[14]。在天人合一的道德感通之下，我們就可以肯定人的無限性，自然就可以無限地往前往後延伸。

那麼，要如何往前延伸這樣的經驗？據我們所知，它可以不斷地從現有的生命往前推，一直推到無限的過去。經過這樣的過程，我們就有無始的過去。對於這樣的過去，它不是來自有限的存在，而是來自無限的存在，也就是天的存在。在這樣存在的保證下，保證我們和源頭的關係。既然人是來自於無限的天，那麼當然就有機會可以超越死亡。如果不是這樣，那麼有限的人是不可能有能力超越死亡的，就算存在超越的外在力量，也不見得就可以保證我們不死。理由很清楚，因爲這樣的不死不是我們自身的不死，而是外在力量所造成的不死。只要外在力量不在了，這樣的不死也就消失了。所以，對儒家而言，要不死必須是自己

---

[14]在此，感通之所以可能，不是奠基在自然的情感上，而是奠基在道德的情感上。因爲，自然的情感會有慾望的雜質，所以很難與親人的情感做到無私眞誠的感通，對於道德的天，就更難透過感通與之合一了。相反地，如果是道德的情感，由於它的精純無私，所以不僅容易與親人感通，也容易與道德天合而爲一。

的力量，而不是外在的力量。

當這樣的經驗往後延伸時，它要如何超越死亡？就我們所知，它可以不斷地從現有的經驗往後推，一直推到無限的未來。經過這樣的過程，我們就有無限的未來。而這樣的未來，它不是來自有限的存在，而是來自無限可能的有限存在的延伸，所以也就有無限未來的可能。在源頭天的保證下，這樣的無限未來也就獲得了保證。在這種保證下，當死亡來臨時，這樣的有限存在就不會只停留在有限的現在，而出現超越死亡的可能，成爲一種超越死亡的存在。

那麼，這種超越死亡的存在是什麼？由於這種存在是來自原有家庭關係的延伸，因此也和家庭關係的延伸有關。對禮俗而言，就是祖先與後代子孫的關係。在這種關係下，人來人間不是孤伶伶的，而是存在父子關係中。同樣地，他在成長過程中也不是孤伶伶的，而是在父子關係的呵護下長大的。因此，在死亡的時候，他也不是孤伶伶的，而是在家人陪伴下死亡。死亡後，當然也不是孤伶伶地存在另一個世界，而是在祖先的老家繼續存在。就是這樣的關係，讓他從人間的人子變成人間的父親，又從人間的父親變成天上的祖先。

這麼說來，只要是人間的父親，是否都有機會可以成爲天上的祖先？如果眞是這樣，那這樣的想法也就太素樸原始了。因爲，這樣的關係只是原有自然血緣關係的延伸，不需要有任何的人爲努力。可是，上述所強調的關係顯然不是這樣，它不認爲不經過人爲的努力就可以成就這樣的關係，否則原先安頓的問題不就不存在了。現在，安頓的問題依舊存在，需要解決，不就表示這樣的關係不是自然的，是需要人爲努力才能成就。

那麼要如何做才能成就？對我們而言，這樣的成就是需要道德努力的。如果沒有道德的努力，只有自然的親情，那這樣的親情不見得可以延續到永遠。實際上，在這樣的延續過程中，它常常會受到現實利益的影響而遭受私慾的破壞。所以，如何通過道德的人爲努力讓這樣的家人關係不受到私心私慾的破壞，就成爲一個人一生的主要課題，只要能夠通過這樣的道德考驗，那麼他就有機會成爲家中的祖先。相反地，如果沒有辦法通過道德考驗，那麼也就沒辦法成爲家中的祖先。所以，道德考驗成爲一個人是否有機會成爲家中祖先的試金石，只要通過考驗，就可以超越死亡否則，他就沒辦法超越死亡。對儒家而言，是否能成爲祖先，就成爲一個人是否超越死亡的判斷標準。

七、科學的取向

最後，人類在解決死亡問題時還有科學的取向。爲什麼會出現科學取向的解決方式？這是受到人類理性發展影響的結果。原先，人類在理性還不發達的時候，對死亡問題採取想像的解決方式；後來在目的理性逐漸發達以後，透過信仰就出現了宗教取向；此外，在目的理性逐漸發達的同時，人類透過情感的解決方式，出現了道德的取向。到了現代，工具理性逐漸發達，人類藉由經驗的解決方式，出現了科學的取向[15]。

那麼，藉由經驗的解決方式所產生的科學取向和上述兩種取向又有什麼不同？就上述兩種取向，無論是宗教的還是道德的，它們都不會自限於經驗的層面，而是希望從經驗的層面超越到永恆的層面。但是，科學的取向就完全不一樣。對科學的取向而言，所有存在都必須能夠驗證，而驗證就需要經驗的證據。如果存在是不能驗證的，就表示這樣的存在缺乏經驗的證據。既然沒有經驗的證據，那這樣的存在不只是可疑的，甚至是虛假的。所以，站在科學取向的立場上，要它承認經驗以外的存在，包括死後存在的眞實性，這是不可能的[16]。

這麼一來，我們會怎麼處理殯葬呢？對科學取向而言，在經驗的主

15尉遲淦著，《殯葬生死觀》（新北市：揚智文化事業股份有限公司，2017年3月），頁72-73。

16尉遲淦著，《殯葬生死觀》（新北市：揚智文化事業股份有限公司，2017年3月），頁77。

導下，有關生命的存在就只能承認活著的生命。對於死後的問題，由於生命不再存在，所以我們就不能承認死後還有生命。對它而言，人死之後唯一剩下的就是遺體，而這樣的遺體直白地說就只是物而已。換句話說，這樣的遺體和一般的物並沒有不同。如果可以，其實這樣的物就只是已經用完而不在具有任何價值的廢棄物。既然是廢棄物，那還需要殯葬處理嗎？

本來，如果是一般的廢棄物，是沒有處理價值的。可是，受到環保思潮的影響，在物質資源有限的情況下，我們就會採取廢棄物再利用的作爲，讓這樣的廢棄物再次成爲有用的存在。從這樣的觀點來看，那麼就不能單純地把遺體看成是完全沒用的廢棄物。因爲，對於這樣的遺體我們也可以採取廢棄物再利用的環保想法，讓廢棄物在資源有限的情況下再次被利用。器官捐贈就是一個很好的例子，大體捐贈就是另外一個例子。由於它們都能再次對人類的生存產生貢獻，所以才會說這是遺愛人間。

除了上述例子以外，其實，對於他或她的親人而言，這樣的遺體還是有用的。因爲，對家屬而言，親人的遺體不只是一般的遺體，它還是與家屬有關的遺體。在感情的作用下，親人的死亡固然會令他們悲傷，但對他們而言這樣的遺體一樣可以有療傷止痛的效果。只是這種療傷止痛，不是這樣的遺體直接可以產生的，而是透過與家屬的呈現關係來產生的。例如藉由遺體美容，讓親人看起來好像死得很安詳，那麼家屬的悲傷情緒就可以獲得某種程度的緩解。或是，像現今人們所說的，讓親人的遺體看起來美美的，就可以留下最好的回憶，對家屬而言，或多或少都可以產生一些療傷止痛的效果。因此，站在家屬的立場，我們才要對遺體進行殯葬的處理。

當然，遺體需要處理還有一個很重要的理由，就是維護公共衛生。如果不是這個理由，其實遺體不處理也無妨。可是，遺體如果不處理，那麼經由腐敗所產生的問題就會影響到活人的健康，也會讓整個社會陷入不安的困擾當中。所以，從公共衛生的角度來看，對於亡者的遺體我們有不得不處理的苦衷。

基於上述的討論我們發現，從科學的取向來看，只有活著才有意義，死了以後這樣的意義就不再存在。如果要讓死了以後有意義，那麼就必須和活著的人產生關係。只有在這種關係的連結中，死了以後的人才會有意義。對人而言，只有活著才能創造有用的價值。一旦死了，無論生前多麼有價值，都只能成爲歷史，留存在活人的記憶當中。倘若活人都不記得了，那麼對亡者而言，他或她就徹底處於死亡的狀態，化爲虛無。

雖然有人會說，在數位時代，只要把亡者的一生數位化，留存在數位的虛擬世界裡，那麼亡者就可以雖死猶生。表面看來，這樣的做法可以讓亡者保留一線生機，但其實意義不大。因爲，如果有一天不再有活人，那麼在無人可以認知的情況下，這樣的一線生機就會化爲虛無。除非還有活人可以認知它，他或她才能繼續擁有意義。所以，就科學取向而言，死了就是死了，一切皆化爲虛無。如果要有意義，那麼就只能活著[17]。

---

[17] 尉遲淦著，《殯葬生死觀》（新北市：揚智文化事業股份有限公司，2017年3月），頁79-80。

第二篇

現況篇

第一章
禮儀與殯葬禮儀概述

- 第一節　禮儀概述
- 第二節　殯葬禮儀的起源
- 第三節　殯葬禮儀的社會意義

第一節　禮儀概述

一、禮字的解說

禮，繁體寫作「禮」。《說文解字》禮：「履也，所以事神致福也，從示從豊，豊亦聲。」意思是，人們通過敬獻禮物、侍奉神靈的行爲以求得神靈的福佑。

禮的左邊是「示」，讀作ㄑㄧˊ。甲骨文字形本指神祇（ㄑㄧˊ），即土地神。後引申爲侍奉神靈，即與神靈交接。《說文》：「示，天垂象。見吉凶。所以示人也。從二（古文上）。三垂，日月星也，觀乎天文以察時變。示，神事也。」此即《說文》中「示」的引申義，即與神靈交接，受到神靈的啓示，讀作ㄕˋ。故「示」旁的一組字多與神靈相關聯，如：社、神、祇、祭、祀、禮、礿（ㄩㄝˋ，祭名）、祉、祈、祠、祓、祜、祐、福、祗、祖、祚、祧、祥等。

禮的右邊是「豊」，讀作ㄌㄧˇ，古代祭祀用的禮器，篆字寫作「豊」。《說文》：「豊，行禮之器也，從豆，象形，讀與『禮』同。」近人王國維《觀堂集林．釋豊》說：「象二玉在器之形，古者行禮以玉。」造字取下面是「豆」，豆是古代一種盛食物的高腳盤，亦爲禮器；上面一個碟子裡盛著兩串玉，以此敬奉神靈。古人以爲玉是通靈之物，故重大祭祀均用到玉。「豊」是「禮」的古字，後來加上「示」旁寫作了「禮」。就是說，「豊」是本字，在前，「禮」是後起字。

至此，我們須記住：禮是敬奉神靈，與神靈交接、溝通，所謂「事神致福」。這裡，既有向神靈表達感恩、崇拜的心情，也有賄賂神靈向神靈討好以「致福」（求福）的用意。因而，事奉神靈是原始人開創的

一類非常複雜的精神活動。

二、禮的三類對象

中國先秦時期就有了「禮三本」之說，指人類社會有三類神靈對象。

《荀子・禮論》：「禮有三本，天地者，生之本也；先祖者，類之本也；君師者，治之本也。無天地，惡生？無先祖，惡出？無君師，惡治？三者偏亡，焉無安人。故禮，上事天，下事地，尊先祖而隆君師，是禮之三本也。」《大戴禮記・禮三本》亦云：「故禮，上事天，下事地；宗事先祖，而寵君師，是禮之三本也。」本：根本、根據、根源也。禮之三本，即天地、先祖、君師，因而，中國人的祭祀也大體分為三大類。

第一類是祭祀天地山川、日月星辰、江河湖海等自然對象。如北京有明、清兩朝皇家的天壇（祭祀天）、地壇（祭祀地）、日壇（祭祀日）、月壇（祭祀月）。後世祭祀玉皇大帝、陰間閻羅、五嶽三江等神靈亦可歸於此。如雲雨雷電之神、門神、灶神均屬此類，只是等級相對比較低了。

第二類是祭祀自己的祖先。如北京有明、清兩朝皇家的太廟（今北京勞動人民文化宮），這是皇家祭祀自己祖先的地方。民間則有祠堂，另有清明上墳、除夕祭祖等。

第三類是祭祀先君、先師。先君是指歷史上那些偉大的統治者，如中國人心目中的黃帝、炎帝、堯、舜、禹、湯、周文王、周武王、周公等，他們去世後，人們將他們尊為神靈予以崇拜。先師是從前那些人格高尚、思想有益於後世的人物，如各地孔廟（亦稱文廟、夫子廟）祭祀被奉為「萬世師表」的孔子；佛教傳入，中國人在寺院中拜如來佛、觀音菩薩等亦可歸於先師一類。

此外，民間各地還有很多雜亂的祭祀，如祭祀桃花夫人、月下老人、戴公菩薩等，在此茲不論。

由此，中國人要拜五類神靈與尊長，拜天、拜地、拜君長、拜父母、拜師長，「天、地、君、親、師」一說即源於此。現在一些農村家庭的堂屋正中牆上，有的還掛著「天地君親師」或「列祖列宗昭穆之神位」的條幅牌位，這個地方是放祖宗牌位的。

事奉神靈曰「禮」，這是「禮」字的最早含義。後來，「禮」引申爲人際之間的儀節，所謂禮貌之節。

北京天壇演示古代祭天儀式

長沙地區農村一老農除夕在大門前祭祖並四方神靈以祈求福佑（王夫子攝）

舊時童子入學時向孔子牌位及塾師行跪拜禮的情形

香港人奠祭先人亡靈，嶺南風俗與此類似

舊時嶺南人祭灶神，紅紙上寫著「福灶君之神位」

三、西周五禮

夏、商、周「三代」被認爲是中國禮制不斷成熟的時代。到西周，按照禮的「內容」及「性質」發展出五類禮，稱爲「西周五禮」。「禮」由以前事奉神靈的狹義範疇，進而囊括了當時社會活動的各個方面，分述如下[1]：

1.吉禮：是五禮之冠，主要是對天神、地祇、人鬼的祭祀典禮。比如：

(1)祀昊天上帝；祀日月星辰；祀司中、司命、風師、雨師。——此爲祭天神。

(2)祭社稷、五帝、五嶽；祭山林川澤；祭四方百物，即諸小神。——此爲祭地祇。

(3)春祠、夏禴（同礿，ㄩㄝˋ）、秋嘗、冬烝，享祭先王、先祖，稱「時祭」，即四時之祭。——以上是祭人鬼。

2.嘉禮：是和合人際關係，溝通、聯絡感情的禮儀。《周禮》說，嘉禮是用以「親萬民」的。主要內容有：飲食之禮；婚、冠之禮；賓射之禮；饗燕之禮；脤（ㄕㄣˋ，社稷祭肉）、膰（ㄈㄢˊ，宗廟祭肉）之禮；賀慶之禮。

3.賓禮：是接待賓客之禮。《周禮．春官．大宗伯》：「以賓禮親邦國。」這是講天子與諸侯國、諸侯國之間的來往之禮。賓禮包括：春見曰朝，夏見曰宗，秋見曰覲，冬見曰會。殷見曰同，時聘曰問，殷覜曰視。

「殷見」是衆諸侯同聚；「時聘」是有事而派遣使者存問看望；「殷覜（ㄊㄧㄠˋ）」是多國使者同時聘問。後代則將皇帝遣使

---

[1]參見《周禮．春官．大宗伯》。

藩邦，外來使者朝貢、覲見及相見之禮等都歸入賓禮。

4.軍禮：是師旅操演、征伐之禮，舊稱「戎禮」。《周禮·春官·大宗伯》：「以軍禮同邦國。」即整軍、用軍的原則，對於叛逆不順者則用武力懲治之。軍禮的內容包括：大師之禮，用衆也；大均之禮，恤衆也；大田之禮，簡衆也；大役之禮，任衆也；大封之禮，合衆也。「大師之禮」指軍隊的征伐行動；「大均之禮」指均土地，徵賦稅；「大田之禮」指定期狩獵；「大役之禮」指營造、修建等土木工程；「大封之禮」指勘定封疆，樹立界標。後世亦有損益。

5.凶禮：是哀憫弔唁憂患之禮。《周禮·春官·大宗伯》：「以凶禮哀邦國之憂。」鄭玄注：「哀」是「救患分災」之意，即以實際措施抗災救患，不限於表達哀憫之情。凶禮的內容有：以喪禮哀死亡；以荒禮哀凶劄（劄，瘟疫；亦指因瘟疫而死亡）；以弔禮哀禍災；以禬禮哀圍敗（禬讀ㄍㄨㄟˋ，聚合財物以濟他人之災的禮）；以恤禮哀寇亂。後代最重視喪禮，並多以喪禮代指凶禮。

這些只是「五禮」概述，且歷朝各有變化，茲不引。在本書的討論中，與死亡文化有關的是「吉禮」的祭先祖部分，以及「凶禮」的哀死亡部分，餘則不述。

西周時期實行「禮法合一」的社會體制，「禮」具有後世「法律」的意義，因而「西周五禮」實際上是當時的一整套國家制度體系，因而「禮制」不再局限於事奉神靈。

春秋戰國時期的法家，主張並實行「以法治國」，禮制與法制逐漸分開。至秦漢以後，法制屬於國家的政治制度體系，禮制則一部分屬於國家政治制度的補充（或形式裝飾），另一部分則成爲非國家的民俗生活成分。

四、禮的三要素

剛開始，「禮」是事奉神靈的，而事奉神靈就有一定的行為規範，因而「禮」又引申出一定的「行為規範」。也就是說，當人們遵守這些行為規範時，就能夠達成與神靈的交往；反之，神靈可能不高興、發怒，就會惹來災禍。

當「禮」通過一定的外在形式，如衣飾、用物、姿勢、語言、語調等外在的差別、節度表現出來，則稱為「儀」。儀者，義也、宜也，就是恰到好處的意思，就是度。比如，在個人為「容儀」，個人的容儀在於表明其修養；在朝廷為「朝儀」，屬國家所有，有威，故又曰「威儀」。古代，官員有儀仗隊隨行，出行時鳴鑼開道，前呼後擁，顯示其威嚴和等級。帝王的儀仗隊稱「鹵簿」。

總之，禮、禮儀是社會的產物，以此顯示人們之間的親疏、尊卑、長幼的等級差別，由此造成「秩序」，使人們有所趨赴。孔子基本的政治綱領是「克己復禮為仁」，用心即在於此。

即便是現代社會，我們生活的各個方面也都由一定的「禮儀」形式構建起來，社會生活有多少領域就有多少禮儀範疇，不同的禮儀活動有不同的性質規定，表達一種主題、造成一種氣氛、烘托一種氛圍，並確定一種人際關係。諸如開業禮儀、奠基禮儀、公關禮儀、學校禮儀、政

現代人模擬古代祭祀的場景

廣東省北江某輪船，船側有一個祭江神的簡易祭台，裡面插了幾根香（2012年）（王夫子攝）

府機關禮儀、外交禮儀、軍隊禮儀、祭祀禮儀……如婚慶禮儀，用的是鮮豔、明朗、愉快、歡慶的基調，就是為了造成、表達並烘托「喜慶」的主題，殯葬禮儀多用白或黑色。

鑑於上述，「禮」由三要素或三方面的內容組成：一是禮義，指禮的含義，即對禮的內容、意義的理解與詮釋等。二是禮儀，指禮的實施過程，包括禮儀活動中的儀容、儀表、行為舉止、儀式程序等，如明清皇帝祭祀天地與先祖時就有一套相應的固定禮儀程序。三是禮器，指禮儀活動時所用的器具與物品，如服飾、旗幟、鼎簋、豆盤等，舊稱「祭器」。宗教活動中的器具稱為「法器」。在祭祀中會用到物品，或曰「禮品」，如奉獻給神靈的牛羊豕（舊稱「太牢」，羊豕稱「少牢」）、雞魚、糧食、果品、布帛、紙劄、玉錢之類，這些物品有的祭祀過程中或瘞或焚，有的則在祭祀後由人們分而食之（舊稱祭祀神靈後的肉為「胙」）。禮器與禮品可以理解為禮的物質部分。

禮、禮儀在民間形成「俗」，即所謂「民俗」。民俗是民間自發形成的一類風俗、習慣，舊有「十里不同俗」之說，故又稱「里俗」。按中國古代的文化傳統，禮是通過國家權威部門（如禮部）認可並形諸文字的，俗多為民間不成文的。一般而言，俗受禮的影響，其中包含著禮，而俗中具有普遍意義的東西則可能經由禮學家們上升到禮的範疇。國家制禮時要充分地考慮到俗，兩者的意義相近，層次不同。也就是

說，禮是國家用來規範民衆的，俗則是民間自我規範的。有時，兩者也連用，曰「禮俗」，如《周禮．天官．太宰》說，以「八則」治都鄙，「六曰禮俗，以馭其民」。

五、禮儀的意義

人類社會的禮儀源於原始人之間的某種約定，約定的「根據」，可能在於實力的不同、求偶的需要、群內同盟關係的確立等因素，並在文明社會中逐漸發展出愈益複雜的體系，構成人類社會「秩序的一部分」，對人類社會的結構起著不可或缺的作用。

在社會中，禮儀的一般意義大體在於：

其一，標示人們相互之間的社會地位或等級關係，以建立一定的秩序。如長幼尊卑之間、地位低者與地位高者之間的禮儀是不同的，就像兩隻猴子之間相互撓癢，或一隻弱勢猴子低頭俯首表示對猴王權威的認同，人類社會此類「表明社會地位關係」的禮儀實由動物世界的此類「禮儀」演化而來。

其二，確定某一事物的性質，幫助人們相互之間交換情感，以推動人們之間的對某一類關係存在的認同。如中國傳統的「加冠禮」（成人禮），如友善者之間的抱拳拱手、握手、擁抱之類的禮儀，婚姻禮儀等均如此。

其三，營造一定的氣氛，確定一定的主題，彰顯一定的威儀，以達成人們對某一類事物的共識。如升國旗儀式、閱兵儀式等就是顯示國威，營造國家莊嚴神聖的氣氛；開業典禮是爲了表達一種吉祥的開始；婚禮是爲了營造喜慶的氣氛；喪禮是爲了營造悲思的氣氛等。

莊嚴肅穆的升國旗儀式

其四，裝飾人們的儀容儀表、行爲舉止，以顯示一定的文明程度。中國傳統文化要求人們要衣冠楚楚，揖讓進退都要溫厚謙虛，所謂「謙謙君子」，大體上各民族社會成員都有此類的個人規範，這使人變得看起來有教養。

總之，禮儀在社會生活中起到了一種「社會化」作用，它使人變得愈來愈像「人」，而愈來愈遠離「野獸」。

第二節　殯葬禮儀的起源

殯葬禮儀是社會禮儀中的一類，屬「凶禮」範疇。關於殯葬禮儀的起源，一是心理上的起源，二是時間的起源。

在心理上，殯葬禮儀起源於原始人「思維水準」成熟到某一程度，其理解力達到了如此的水準，此時：

第一，原始人能將「生」與「死」這兩種不同的生命狀態區分開來，進而能明晰地「意識到」自己將來也會有「死亡」這一事件的降臨，因而，要將自己所屬的這一團體中每一成員的死亡，用一種儀式將死亡事件「包裝」起來，使生命具有某種「神聖性」。也就是說，原始人不再對死去同伴採取「棄屍」的行爲，而是通過一種儀式後，再將其安葬。這是原始殯葬禮儀的心理基礎[2]。

第二，原始人視「死亡」爲一類非常不幸的境遇，這是由「戀生」

---

[2]史料中的記述可作爲殯葬心理起源的參考。《孟子·滕文公上》：「蓋上世嘗有不葬其親者。其親死，則舉而委之於壑。他日過之，狐狸食之，蠅蚋姑嘬之。其顙有泚，睨而不視。夫泚也，非爲人泚，中心達於面目。蓋歸反虆梩而掩之。掩之誠是也，則孝子仁人之掩其親，亦必有道矣。」蠅蚋（ㄖㄨㄟˋ）：蒼蠅蟲子之類。姑嘬（ㄔㄨㄞˋ）：撕咬與吮吸。顙：ㄙㄤˇ，額頭。泚：ㄘˇ，流汗。虆梩（ㄌㄟˊ ㄌㄧˊ），土筐和鋤頭之類。梩通「耜」。

《後漢書·趙諮傳》：「但以生者之情，不忍見形之毀，乃有掩骼埋窆之制。」

的生命本能爲基礎的，因而，他們用「悲痛」禮儀來「裝飾」殯葬，以此「表達」對於生命永逝的懷念與感傷。這是原始殯葬禮儀的感情基礎。

第三，原始人視「死亡」、「彼岸世界」爲一類無法理解的神祕事件，並由於對「永生」的眷戀，對「死亡的焦慮」，因而產生了「靈魂」、「彼岸」、「來世」等觀念，以滿足對於「永生」的渴望。即便科學技術發達的今天，人們對死亡一類事件仍然是心存神祕和焦慮，對永生仍然是心存渴望。因而，任何一個民族的殯葬禮儀，都是以「死者有知」、「靈魂不死」爲前提或假設前提的，都是爲「死者的靈魂」去另一個世界「送行」，並表達生者對死者某些複雜的感情的法定程序。它們構成原始殯葬禮儀的認識論基礎。

第四，進入文明社會以後，人們的認識水準提高了，社會因素逐漸滲入，除了對「靈魂不死」時常懷有半信半疑的態度之外，殯葬禮儀變成了人們任意打扮的「小女孩」——統治階級則用殯葬禮儀來區別親疏、顯明貴賤、表功彰德，以維護既定的社會秩序或道德倫理；老百姓用殯葬禮儀來團結族群、溝通感情、教育後代，或是炫財富、爭面子、表孝心等，不一而足。這是殯葬禮儀的社會基礎。

殯葬禮儀時間上的起源，可以說，人類的殯葬從什麼時候開始，殯葬禮儀就從什麼時候開始。因爲，人們總是懷著「異樣的」心情去打理死者的後事，並用異乎正常生活的儀式去「包裝」喪儀。

我們現在所知人類最早的殯葬，是考古學提供的，距今十萬至四萬年前的尼安德特人（早期智人）的墓葬中已有了殯葬。因而，此時期一定就有了相應的殯葬禮儀。距今四萬至一萬年前的克羅馬農人（晚期智人），其殯葬行爲已非常固定化了，距今一萬八千年前北京山頂洞人遺址中發現有並列埋葬的三具遺體，被認爲是中國所知最早的殯葬，無疑地同樣存在著已相當成熟的殯葬禮儀了。

第三節　殯葬禮儀的社會意義

殯葬活動通常是由一系列的殯葬禮儀包裝起來的，人們是用異於對待生者的禮儀來對待死者的，並通過一定的「程序」或「儀式」將死者的靈魂送到「另一個世界」，從原始人類的治喪開始就是如此。

殯葬活動最早是原始時代氏族內部「自助式」的，即原始人類自己辦理去世氏族成員的喪事。定居農業時代，有人去世了，其家庭、家族的成員，姻親的成員，村子裡的人們就來參與辦理喪事，此稱為「自助－互助式」。隨著城市的興起，尤其近代大城市的出現，殯葬服務業產生，並且規模愈來愈大，殯葬活動成為「商業式」。

對商業利潤的追逐，提供了殯葬禮儀不斷繁瑣化一個強有力的推手。商家們用各種「文化」包裹布包裝他們「開發」出來的所謂「殯葬禮儀」，訴說其「重要意義」。如今，在中國即便是很多地方的農村，殯葬活動的商業化程度都已經相當高了。同時，歷代國家為了政治的需要，也在制訂繁瑣的殯葬禮儀。於是，殯葬禮儀中所包含的內容就愈來愈豐富了。人類心理的、宗教的、家族的、民俗的、商業的、國家政治的等，各種因素綜合作用，就逐漸形成了一個時代、一個民族、某一宗教的殯葬禮儀，構成為各時代民俗生活的重要組成部分。

在中國民俗生活中，婚、喪、節（逢年過節）、壽（做壽）是四大類民俗活動，既有熱鬧的活動內容，又都伴隨著一定的禮儀規範，而殯葬禮儀（喪禮）則是最為豐富、影響最為深遠的一類民俗禮儀。

殯葬禮儀的社會意義（或作用）大體在於以下幾方面：

一、營造治喪氣氛

一定的民俗活動內容配上一定的禮儀形式，一定的禮儀形式表達一定的內容，內容決定形式，形式保證內容。比如，「治喪」與「治喜」的形式不同，禮儀的氣氛就截然不同，如果取消了一切殯葬禮儀，就什麼氣氛也沒有了，什麼文化也沒有了，剩下了純粹的處理屍體。

中國傳統喪事用白色，設置靈堂、哭靈、奠祭、唱祭、出殯等，就都有營造喪事氣氛的含義。中國傳統喪事的氣氛一般是很沉悶的，有的甚至令人喘不過氣來。

二、完成人生之節

文化學家認為，人生是由一個一個的「節」組成的。比如：平安出生、幼年父母關愛、上學成長、青年工作、成家立業、養兒育女、中年享受人生、老年兒孫繞膝、壽終正寢。人生的每一階段的「節」，都會有相應的儀式彰顯這一個「節」，並幫助通過這一個「節」，我們稱為「人生之節」的模式。

當死亡來臨時，小殮、沐浴、遺體化妝與修復等，都是在裝飾死者，準備其遠行；再給一個體面的儀式，就相當於宣布「此人已死了」。這樣，親屬們就給去世的父祖輩完成了人生的最後一個「節」。按中國人的理解，死者該有的享受、程序應該給予死者，如果缺乏相應的殯葬禮儀，親屬們會覺得人生「不完整」，「對不住」死者，會有遺憾。

有時，當中年人死亡時，親屬們覺得其人生「不完滿」，因為後面還有很多「享受」沒有獲得，他們會替死者「惋惜」，當經濟條件允許時，通常會以加倍的殯葬禮儀來「補償」死者。

三、抒發悲痛

殯葬禮儀設置了一定的儀節，並有一定的時間規定（如三、五、七天或四十九天不等），這就給親人提供了一個抒發悲痛的機會，同時這也是一個心理上的過渡期。如通過停柩等待期（「殯」）、守靈、舉行一定的悼念形式，使親屬接受親人「已死亡」的事實，並逐步從喪親之痛和慌亂中擺脫出來，重新走向新生活。停柩、守靈、儀式都具有這一功能，守靈還是孝子賢孫靜坐思過、反省自我的時刻。

四、致敬示愛

死者對我們有養育之恩（如父母），或大有益於團體和社會（如傑出者），或與周邊人群相處和睦（如善人），現在去世了，生者通過一定的殯葬禮儀表達對去世者的諸如感恩、懷念、內疚、贖罪、崇拜等複雜的感情。對去世父母有「報恩」之義，因爲自己欠著他（她）們的養育之情、教導之義，親友的弔唁則表達對死者的社會性尊敬。中國人歷來視殯葬爲「人生的最後一次消費」，因而，要給去世父母或祖輩以足夠的「消費」乃至排場，藉此給他們以「尊嚴」，表達自己的「孝心」。

同時，在中國社會，如果親朋鄰里的尊長去世而不去弔唁（並贈一定的禮金禮物），又沒有正當的理由，雙方的關係一般會就此斷絕。

人們認爲這是在奉獻自己的尊敬和愛戴，遵循的是「事死如事生」的原則，即活著如何侍奉，死了就如何對待，甚至要超過。比如，殯葬禮儀中的披麻戴孝、祭品、奠酒、奠禮儀式、守靈、向死者磕頭、向弔唁者磕頭等，就包含有這些感情。殯葬活動正是依賴這些禮儀形式將人們聯繫起來的，就像清明節將同一祖先的後人們聯繫起來一樣。

五、趨福避禍

在中國人的理解中，人由身體與靈魂兩部分組成，死後靈魂就成了鬼魂，喪事辦完了，鬼魂就升格爲神靈。中國人恐懼鬼魂，並不恐懼神靈。對鬼魂的恐懼主要在喪期。生者會以爲，死者的鬼魂就在附近遊蕩，正在關注著自己，如果以前冒犯過死者，這一恐懼就會達到非常嚴重的程度。文化史家說，原始人正是爲了平息死者的「憤怒」，才制訂了繁多的禮儀，向死者上供，以求得死者的諒解或保佑。即便現代人的殯葬禮儀中也深深包含了這一因素，生者以繁瑣的禮儀、豐富的供品、虔誠的態度奠祭死者，其中包含著「賄賂」鬼魂的用心。因而，殯葬禮儀可視爲生者與死者之間的一種文化契約。

六、社會教化

各民族的殯葬禮儀中都包含著社會主流意識型態所宣導的對生者的教化。中國傳統的殯葬禮儀是以儒家「孝文化」、「忠文化」爲經線編織起來的，旨在培養孝子忠臣。比如，在殯葬禮儀中，孝子賢孫對亡故尊長的三跪九叩首，一跪三叩首，守靈，對爲國捐軀者蔭及子孫等，都是在宣導孝道和忠道。

七、彰身分，顯等級

至少從殷商以來的歷代中國，都有意識地設置了一整套「殯葬禮儀等差」制度來彰長幼、顯尊卑的「差別」，即彰示長幼身分、顯明尊卑等級，歷代都存在的隆喪厚葬、隆重的出殯儀式，以求達到社會「震撼」的目的，如《紅樓夢》中賈府秦可卿大出殯、賈母治喪等。周禮所傳承的「五等喪服制」就是彰顯家族關係中的長幼身分，不同官職者享受不同的殯葬禮儀待遇，就是彰顯國家關係中的政治等級，歷代相沿，構成中國殯葬文化傳統的重要部分，以此訓導人們「尊老」、「尊貴」。所謂殯葬等差，就是不同身分、不同等級者享受不同規格的殯葬禮儀。

反之，為主流社會不齒者就可能被剝奪享受正常殯葬禮儀的資格，如中國古代被處死刑者就是如此。

必須指出，也正是這些殯葬禮儀形式，給傳統中國提供了一條社會聯繫的紐帶，包括縱向代際之間的聯繫和橫向族群之間的聯繫。

八、炫耀與攀比

毫無疑問，殯葬禮儀還成了一些人藉機炫耀自己的優勢地位，即顯示財富、社會地位、家族勢力、人情關係、個人能力的一次合法機會，因為它是打著「孝道」的旗號進行的，一般不會受到社會的指責，反而會被認作為孝行。

當社會形成某一「標準配置」的殯葬禮儀規模時，就會對人們形成某種壓力，使人們不得不屈從於這一標準，於是就造成了喪事上的攀比。炫耀是主動性行為，攀比則是被動性行為，喪主內心並不希望如此，但一想到太過從簡會「委屈」了去世的父母親，也就咬咬牙，照著社會一般模式辦理。喪事上的炫耀與攀比，促進了民間殯葬禮儀的規模與花樣日益翻新，逐漸走向隆喪厚葬。

總之，殯葬活動及其禮儀是個非常複雜的系統，包含了社會的各方面因素，單從某一方面是說不清楚的。上述主要是以中國傳統的殯葬禮儀為討論對象，而且這些社會意義僅就存在判斷而言，並未涉及到良性與非良性的價值判斷。其他民族或宗教殯葬禮儀的社會意義，可能沒有中國傳統的那麼複雜，但其基本精神則是大同小異。

殯葬禮儀是圍繞著死者設定的，但死者已經沒有了感覺以及是非判斷能力，因而實際上是生者藉著死者「名目」進行著自己的活動，即生者在滿足自己的某些心理需求、感情寄託，抒發生者的某些祈求和願望。

長沙縣村民送殯時的路祭場面（2005年）（王夫子攝）

清明桂林某陵園骨灰下葬儀式準備出發（2007年）（王夫子攝）

第二章
殯葬禮儀的構成及其規定

- 第一節　殯葬禮儀構成三要素
- 第二節　殯葬儀式的六個方面
- 第三節　殯葬儀式的七個操作要點
- 第四節　現代殯葬活動中常用的禮儀

第一節　殯葬禮儀構成三要素

前述提到，禮是由禮義、禮儀、禮器三要素構成。殯葬禮儀也是如此，亦由禮義、禮儀、禮器三要素構成，稱爲殯葬禮儀的「三要素」。

就中國傳統的殯葬禮儀而言：

1.禮義是殯葬禮儀所要表達的意思。中國傳統殯葬禮儀的禮義體現了儒家的「仁」、「禮」思想：「仁」是儒家所設定的爲人（或爲政）最高理想境界，其核心內容就是孝、忠；「禮」就是要達到這種理想狀態所採用的強制手段，謂之「禮法」，約定俗成手段謂之「禮俗」。所以「禮義」又是舉辦殯葬禮儀的目的，同時也是一種教育活動，是殯葬禮儀三要素中最重要的。我們不能爲禮儀而禮儀！

2.禮儀是殯葬禮儀的儀容舉止和程序。人們的舉手投足，語言和語調，姿勢，儀式程序，如家奠禮、公奠禮、告別儀式等，是一般化的或個性化的，以此達成禮義，並表達生者的感情和願望等。

3.禮器指在殯葬禮儀活動中所運用到的各種物品。如殯葬活動中使用的法器、喪服、祭器、魂幡、輓聯、鮮花，殯禮的場景布置、道具、服裝，以及奉獻的祭品等。它們能烘托氣氛、渲染場景，或是直接表達禮義。殯葬禮儀主持者必得懂得禮器的安排、布置與作用。

禮義是內在之物，禮儀是外在之物，禮器是仲介之物。我們研究殯葬禮儀，其實就是研究殯葬的外在形式、程序等。古今的殯葬禮儀有繼承，有發展，如果強行復古，或是隨意創新，都是不可取的。

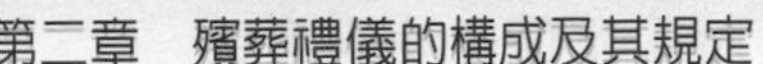

莊嚴肅穆的悼念靈堂

溫馨淡雅的悼念靈堂（臺灣）

第二節　殯葬儀式的六個方面

殯葬禮儀是通過殯葬活動中的儀容舉止、儀式及程序來實施與體現的。殯葬儀式是殯葬禮儀中最重要的組成部分，即我們通常所從事的接靈、守靈、家奠、公奠、追悼會、出殯、下葬等活動所展示的一系列儀式活動。

殯葬儀式是殯葬服務人員（司儀、襄儀、禮生等）在爲殯葬服務對象（死者、家屬、弔唁來賓等），通過一定的儀容儀表、姿勢行爲、場景布置、儀式程序、語言（口頭語言和書面語言）、音樂所提供的服

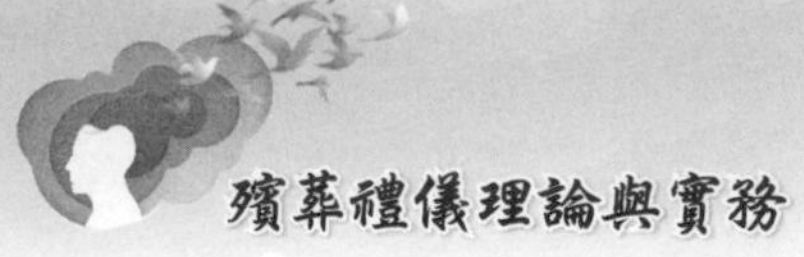

務，可以稱爲殯葬儀式的六個方面。本書將對這六個方面的實際操作進行討論。

我們也可以將殯葬服務分兩個部分：其一是「事形」，即處理遺體的活動；其二是「事神」，即悼念死者並撫慰家屬的精神活動。神者，精神、神靈也。前者多爲技術活動，後者多爲精神活動。殯葬儀式是這兩類服務中不可缺少的組成部分，也是殯葬服務的形式組成部分。

現代殯葬服務包括了清明祭祀，因而，我們將祭祀（如祭祖、公祭）也歸於殯葬服務的範疇。以「葬」爲界線，可區分出如下三類：

1.殯禮——葬前禮。
2.葬禮——葬時禮。
3.祭禮——葬後禮。

即所謂一殯，二葬，三祭。

殯葬禮儀是一定的形式與內容的統一，它表達的是一種精神層面的東西，反映了一定的文明水準和文化修養。

殯葬禮儀是殯葬服務中最具文化內涵的部分，是最能反映殯葬從業人員文化素質的一個環節，也是我們殯葬服務重要的亮點、賣點。

人類的兩類智慧：複雜問題簡單化，簡單問題複雜化。可以說，殯葬禮儀就是將簡單問題「複雜化」的過程。

第三節　殯葬儀式的七個操作要點

殯葬儀式很多時候是以「靈堂」爲核心展開。這裡要討論的是，策劃和實施一場殯葬儀式應當注意的七個要點。如果殯葬儀式在出殯、下葬或清明祭祀等場合舉行，這些應注意的要點也是一樣的。

一、確定殯葬儀式的主題

不同的儀式活動有不同的儀式氣氛要素，以達成儀式美和內容美的統一。如婚禮，可以有多一些的歡慶、隨意的氣氛；而喪禮，則更多地要求嚴肅性、準確性，乃至整齊劃一性。當然，這裡並不排斥個性化的方式。

死者以及家屬的文化水準不同、宗教信仰不同、經濟能力不同、社會地位不同、對治喪的價值取向不同等，殯葬業者要因人而異地確定本次治喪的「主題」，即定一個「調子」，以符合主題產生出「氣氛」。殯葬儀式的主題是殯葬儀式的靈魂。

比如：青年人喪事一般是悲傷調；中年人喪事是哀婉調；少年幼兒喪事是傷感調；老年人喪事多半被認爲是「白喜事」，多從容調；大型公奠、追悼會、祭祀是莊嚴肅穆調等。家屬如果非常地悲痛，那麼，就要讓想哭的家屬盡可能地放聲哭出來，並幫助哭夠了的家屬及時收淚，所謂「先盡哀，再節哀」。不可強行止哭，否則與家屬的心情相矛盾。

但也有一些超凡脫俗者，執意要將喪事辦成「喜事」，或平緩，或詼諧，或充滿生命活力等，比如近些年一些地方興起的音樂葬禮。也就是說，喪事主題不一定非要辦成悲傷氣氛，喪事也可以辦得很溫馨。這就是殯葬儀式的「主題」。

二、要有一定的場景布置

場景指禮儀的排場或規模。場景是由一定的人，設置一定的物，進行一定的操作（如吹拉彈唱）構成的。

通常，人們通過追求一定的場景，即視覺效果，來顯示本場儀式的「規模」與自己的「身分」，而不同的場景規模需要一定的財力作爲支撐，並需要相當的人士出場作爲保障的，即所謂「人氣」。

由於死者及家屬的文化水準不同，因此也會對殯葬儀式、祭祀的場景布置有不同的要求。

三、要有一定的色彩

比如，選用何種色彩的鮮花布置靈堂的祭台以及會場的兩側，白色（喪服）、黃色（祭文紙等）、紅色（七十歲以上可掛紅）、燈光、香燭、電子香燭或燃燒紙錢等，使儀式場面顯得莊嚴、光亮和生動，並應考慮死者的年齡、職業與社會身分。

清明祭祖之類屬於「吉禮」範疇，故可多用大紅、大黃一類的顏色。

四、要有一定的時間和程序

將儀式的時間（及治喪的時間）做合理的延長，設置一定的程序，使儀式看起來飽滿、充實，這也是殯葬儀式的「時間規定」和「程序規定」。

從前在大陸地區，三分鐘、十分鐘的追悼會，戲稱爲「一三一」，即一首哀樂、三鞠躬、繞靈一周，完了。這樣，體現人的尊嚴應有的殯葬儀式也就無從施展了。現在很多地方的殯葬儀式仍流行追悼會，一般應控制在三十至四十分鐘爲宜，太長了，人家會站不住，因爲參加追悼會的來賓都是站著的。現在，相當多的追悼會上，親屬哭得死去活來，參與的來賓在下面嘰嘰喳喳，談笑自如，使會場變得極不嚴肅，對死者和親屬來說都非常不尊重。如果家奠禮、公奠禮分開進行則另當別論，因爲家奠禮，來賓是坐著的，只有行奠禮的來賓是站著在靈前行禮的，行完禮後，就下去休息了。

五、要有一定的聲音伴隨

如靈堂音樂、樂隊演奏、鞭炮或電子鞭炮等，使儀式的氣氛顯得或熱鬧、或壯觀、或委婉、或生動，具有相當的聽覺感染力。靈堂內及儀式上播放什麼主題的音樂，應考慮到死者的性別、年齡與職業等，尤其應尊重家屬的意願。當然可以向家屬推薦音樂。

靈堂上不能太寂寞，否則會太顯壓抑，使人們的神經非常緊張。在農業社會，農村辦喪事放鞭炮、請人唱戲等，其實就是吸引周邊人群來觀看以增加熱鬧度，並藉以驅散寂寞。儘管這些治喪方式被歷代的正統儒家人士斥爲「喪事娛樂化」，但卻一直禁而不止，原因就在於此。

六、要有一定的肢體行為表演

殯葬儀式中，禮儀人員的站步、移步、行走、上香，以及各人員之間的配合等，一招一式的舉止動作都應非常的標準，協調，也不能僵硬，使儀式顯得整齊有序，威武雄壯，或溫柔含蓄，具有相當的視覺衝擊力。

同時，應防止過分的肢體行爲表演，如幅度太大、張牙舞爪、走舞蹈步等，使人看起來過於做作，爲表演而表演，從而使儀式變得極不嚴肅。

七、要有一定的語言表演

殯葬儀式中的語言表演，一是書面語言，如輓聯、奠文等；二是口頭語言，即主持者的遣詞造句、聲音語調、語速等語言技巧等。

如奠文、祭文、演講詞等，達到或悲切感人、或振奮、或感恩、或孝道等目的，以提升儀式的文化內涵，造成對人的心靈震撼力，具有教育意義和情感宣洩作用。可以適度的「煽情」，但要把握分寸。

可以說，殯葬儀式是一種綜合的表演藝術。

一是表（現），二是演（出）。表現就是要虔誠、認眞；演出就是要演得有力度、水準。表演出來要好看、耐看，有氣勢、有靈動，不俗氣，既有感染力，幫助親屬宣洩情緒，又有一定的教育意義。整合起來就是要造成一種無形的「氣氛」，震撼視覺、震撼聽覺、震撼情感、震撼人心，既震撼家屬，又震撼弔唁者，這就是賣點。這樣的殯葬儀式就是成功的。

第四節　現代殯葬活動中常用的禮儀

現代殯葬禮儀是從古代傳統的殯葬禮儀傳承而來，但摻入了大量的現代因素。所謂現代因素，就是自十五、十六世紀以來由義大利「文藝復興」運動所產生，後席捲全世界的人文主義思想。十九世紀以來中國巨大的社會變化，其中包括工業化、城市化、舊式家族制度的解體和個性解放等，這些社會劇變過程給殯葬活動的內容和形式也帶來了深刻的變化，其中包括殯葬禮儀的改革與改良，以至於企圖全盤恢復古代的殯葬禮儀成爲不可能。

中國現代殯葬活動中常用的禮儀大致有以下八大項：

1.靈堂禮儀。包括家庭靈堂、治喪場所靈堂。
2.家奠禮儀。
3.公奠禮儀。
4.追悼會。
5.出殯禮儀。
6.骨灰交接禮儀。
7.下葬禮儀。
8.祭祀禮儀。包括家祭、公祭。

這些禮儀形式的操作是本書討論的對象。

第三章 殯葬禮儀人員的儀態

第一節　殯葬禮儀人員簡述

殯葬服務是社會服務業的一個門類，與其他服務業相比，既有普遍性也有特殊性。普遍性在於，一般服務業都要求遵循「以人為本，服務至上」的原則，以及服務品質的專業化與標準化；其特殊性則主要在於殯葬服務是圍繞著「死者」而展開，而其他所有服務業都是直接為「生者」服務的。

殯葬服務的對象是死者遺體，如收殮遺體、給死者沐浴更衣、治喪過程中搬運遺體、下葬或火化等，大抵屬於為死者服務範疇。中國傳統殯葬文化遵循「死者為大」的原則，但是前來參加治喪的家屬、親友及來賓則是成百上千累萬，甚至更多，這些生者無疑也是我們服務的對象，而且構成了服務對象的絕對多數。他們具有活人的感情、不同的價值觀念及其信仰、不同的社會地位及人生閱歷，因而是更難「伺候」的服務對象。於是，殯葬服務就具有了「送死」、「事生」的所謂服務雙重性。

由於殯葬服務的性質是「送死」，因而是一個專業性、禁忌性都很強的服務業門類。殯葬禮儀是殯葬服務中一個非常重要的組成部分，禮儀人員由於經常要與家屬、親友及來賓交往，因而對其綜合素質的要求也相對較高。換言之，不是每個人都能勝任這一崗位。

殯葬禮儀人員，從狹義上，專指在治喪活動中提供儀式服務的人員，有時也將接待、引導家屬和親友及來賓的人員包含在內。他們與家屬、親友及來賓直接交往最多，因而對他們的儀容、儀表和姿勢要求也相對更高，乃至對身高、外貌也有一定的要求。從廣義上，則可以包括殯葬服務單位的所有員工，甚至衛生人員、食堂工作人員均具有殯葬禮儀的性質，因為他們是作為本殯葬單位（殯儀館、火化場、殯儀服務公司、陵園等）的工作人員出現在家屬、親友及來賓面前，也代表著本單

位的「形象」。試想，一名火化人員如果衣冠不整、鬍子拉渣、語言粗魯，站沒站相、坐沒坐相，當他出現在家屬、親友及來賓面前時，就會給本殯葬單位造成一個壞印象，其他人員所做的正面形象展示就要大打折扣了。當然，本書更多地從狹義上討論問題。

隨著社會文明程度的提升，尤其是世界各國都普遍提升服務行業的品質、水準以求生存與發展時，也對殯葬禮儀人員逐步提出了更高的要求。近些年，國內殯葬禮儀人員明顯地感到社會對自己更高的期待與壓力。

一個合格的殯葬禮儀人員，必須具有以下三方面的修養：

一、人文修養

指殯葬文化與職業意識，它屬於「內心修練」範疇。

殯葬文化即是對殯葬歷史、殯葬理論、民俗習慣的瞭解，這是殯葬禮儀人員賴以繼續提升的理性積澱，否則我們可能只是一個品位不高的純粹殯葬操作人員，甚至是民間所說的「一個繡花枕頭」。

職業意識是指對於職業的理解與忠誠，是我們應當遵守的職業道德。在職業意識上，殯葬禮儀人員還應當遵循「以人爲本」的職業價值理念。它表現爲：

(一)尊重遺體

服務死者即服務其遺體，及其骨灰盒、墓地墓碑等。儘管死者無知，但這是一個生命過程尙未徹底完結的曾經的「生命體」，也是家屬對自己親人的一個情感「寄託物」，具有一種神聖意義，須虔誠對待。因而，殯葬禮儀人員在面對遺體及搬運遺體時，儀態上應恭謹莊重，表現出對生命的尊重與敬畏，而不能家屬在時就做好，家屬不在時就隨意亂做。中國古代的殯葬服務及祭祀信條是「視死如視生，事亡如事

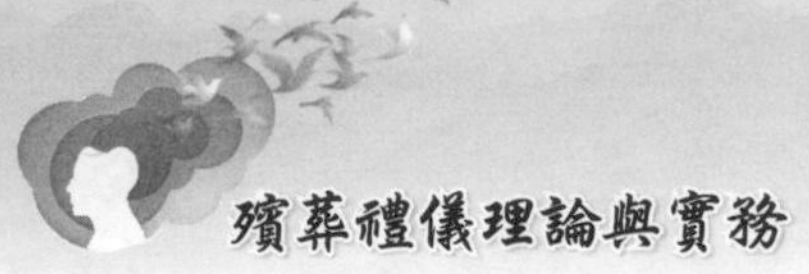

存」，即是此意。

(二)理解家屬

殯葬禮儀人員應當理解家屬，尤其是面對親人突然死亡而失去親人的家屬，理解他們的悲痛，懂得他們的心情，正如一些殯儀館提出的「親情服務」，要站在親屬感情的立場提供服務。

有的家屬非常悲傷，如中老年人的喪子之痛，他們很容易將這種悲傷變成憤怒，轉移並發洩到服務人員的身上。這是因殯葬服務的性質所帶來的一類特殊事件。所以，殯葬禮儀人員需要謹慎小心，懂得體貼關懷，做好細節，不出差錯，使家屬平穩的度過治喪期。所謂殯葬無小事。

(三)瞭解親友及來賓

治喪過程中的親友及來賓是個複雜的人群集合體，他們來自不同的社會階層和地域，在職業、收入、信仰、閱歷等各方面存在著千差萬別，這些都會影響到他們對治喪的判斷與理解，並可能對你提供服務的性質、起源、必要性或合理性提出一些見解，或批評，甚至指責。這就需要我們對自己的職業有專業性的見解，耐心，能回應他們的疑問，在他們面前表現爲他們可以依賴的「專業性」職業人。

再者，應當將職業價值觀念當成職業信條來遵守，融入內心深處，而不是掛在牆上的「守則」之類，我們自己的內心才會心平氣和。

二、職業技能

指殯葬禮儀的操作技能，屬「職業能力」範疇。本書後面將會側重討論八類殯葬禮儀。

殯葬禮儀人員應當通曉殯葬禮儀程序，並能實際操作，如布置靈

堂，協調服務人員，配置任務，疏導親友及來賓，主持司儀等，還需要口齒伶俐，能說會道，且把握分寸。

三、儀態

屬「外表形象」範疇，也是本章側重討論的對象。

儀容、儀表、姿勢等能造成感觀印象的直接呈現，簡稱「儀態」，如服務人員的衣著裝飾、化妝打扮、站立行走、舉手投足、面部表情、與客戶交談時的手勢及姿勢等，乃至語氣、語調等亦可歸於儀態。儀者，適宜也。態者，樣態也。儀態即適宜的樣態。比如，殯葬禮儀人員穿什麼式樣和顏色的服裝，化什麼妝，坐姿、站姿、行姿、跑姿、與親友及來賓交談時的談姿等，均屬於儀態的範疇。殯葬服務不能像其他服務行業那樣「微笑服務」，只能提倡莊重服務、溫馨服務、親情服務、體貼服務等口號，因而禮儀人員的面部表情、語氣語調都是非常重要的。儀態是服務人員個人修養水準的直接呈現，也是表達企業文化或行業水準的重要視窗。

儀態是一種氣質，需要通過嚴格的訓練才能獲得，絕不是只要外表漂亮就行。

社會人士對殯葬服務行業的認識，首先就是從我們的儀態開始的，然後才是在服務過程中所展示的內在素質與服務內含，這也遵循了從「感性到理性」的認識規律。如果我們在儀態方面展現了良好的形象，這會大大地有利於爾後的服務開展；反之，儀態形象極差，就會給爾後的服務帶來被動，想挽回形象就將是一件非常困難的事情。

殯葬禮儀人員是與服務對象直接接觸最頻繁的員工，他們通常需要站立相當長的時間，有時還需要熬夜，這就不僅需要有良好的職業道德，嫻熟的服務技能，高雅的儀態，而且還需要較好的身體素質。比如，殯葬禮儀人員在夜晚面對家屬時不停地打哈欠，或靠牆而立，就會非常的不雅，大大地影響形象。因而，殯葬禮儀人員在禮儀和身體素質

方面的訓練同樣是必不可少的，而且必須定期進行。

我們應當記住自己的職業性質，並為高品質的服務而嚴格訓練。只有做到上述那些要求，才可能稱為高品質的殯葬禮儀人員，樹立起一流的殯葬禮儀職業形象，提供真正高品質的殯葬禮儀服務，家屬才會覺得我們是值得託付的專業工作者，而不是一個冒牌貨。

第二節　殯葬禮儀人員的儀態訓練

一、儀容儀表規範

儀容儀表是我們處於靜態時所呈現給人的直觀靜態形象，即人們常說的「衣著打扮」。由於殯葬職業的特殊性，因而殯葬禮儀人員執行職務時，對儀容儀表不僅有一般服務業的規範，還有自己職業的一些特殊規範。比如：

禮儀人員面對家屬時，要精神飽滿，情緒友好，表現溫情，但不能面露微笑，要防止流露出厭煩、冷淡、無奈，甚至僵硬、緊張和憤怒的表情。這不僅是一種職業態度，也是一種積極的人生態度，它使我們對自己的職業充滿熱情，而不是充滿無奈。

勤換衣服，工作服要經常洗，熨燙整齊無皺褶，保持身體清潔，無異味。這不僅是健康的需要，也是文明的表現，有利於與人交往。

頭髮梳理整齊，面部保持乾淨。男士一般不得留鬍鬚，不留披肩長髮；女服務人員不化濃妝、豔妝。

保持唇部潤澤，飯後以水清理口腔，保持口腔清新，以適合近距離交談。

手部保持乾淨，指甲修剪整齊，男服務人員不留長指甲，女服務人員不塗抹鮮豔指甲油。

女服務人員宜使用清新、清淡的香水。男士亦可於腋下等處噴一點點清淡的香水。

男女禮儀服務人員均須穿著工作服。

男女禮儀服務人員均須佩戴工作證；卡式工作證一般端正佩戴於左胸前。

男服務人員腰帶以黑色爲宜，無破損，寬窄得體。

男服務人員的襪子以深色爲宜，無破損，長度以抬腿時不露出皮膚爲準。

女服務人員夏天不得穿裙（工作裙除外），褲子不得露出小腿，絲襪無勾絲、脫絲的現象。

男女服務人員均不得戴墨鏡。

不佩戴發出聲響的飾物。

此外，各地民俗中若有殯葬禁忌一類的裝束，宜須一體遵守。

二、形體訓練

形體是人們處於動態時所表現出來的運動形象，即人們常說的一舉手、一投足。這裡分列了九類，並可參考其他行業的禮儀類教科書。分述如下：

(一)坐姿規範

從容就座，動作要輕而穩，不宜用力過猛。

就座時，身體不得呈斜倚狀，不宜將座椅或沙發坐滿，也不宜坐在座椅邊上。

就座後，上身應保持正直而微前傾，頭部平正，雙肩放鬆。

男服務人員就座後，雙手可自然放於膝上，或輕放於座椅扶手上；手心向下，注意手指不要不停地彈抖。

女服務人員就座後雙手交叉放於腿上，手心向下。

男服務人員就座後雙腿平行分開，不宜超過肩寬；女服務人員就座後雙腿併攏，採用小腿交叉向後或偏向一側。注意：雙腿不可向前直伸，不可翹二郎腿。

若需要同側邊的人交談，宜將身體稍轉向對方。

離座站起時要穩重，可右腳後收半步，然後從容站起。

坐下後注意雙腿不可不停地抖動。

坐姿訓練方法：按坐姿基本要領，著重腳、腿、腹、胸、頭、手等部位的訓練，可以伴舒緩、優美的音樂，以減輕疲勞，每天訓練二十分鐘左右，持之以恆。

(二)禮儀站姿規範

抬頭，挺胸，收腹，雙肩舒展，雙目平視。

雙臂和手在身體兩側自然下垂，女服務人員雙臂可下垂交叉放於身體前。

女服務人員站立時，雙膝和腳跟要靠緊，雙腳呈「Y」字型。

男服務人員站立時，雙腳可併攏呈「V」字形，也可自然分開。分開時雙腳應與肩同寬。

站立時，身體重心須落在兩隻腳掌上，切忌落在一隻腳掌之上。

站立時，雙手不可叉腰，不宜放入褲口袋中，也不宜在胸前抱臂。

站立時，雙腿不可不停地抖動。

禮儀站姿訓練方法：個人靠牆站立，要求後腳跟、小腿、臀、雙肩、後腦勺都緊貼牆壁；也可在頭頂放一本書，使其保持水平，頸部挺直，下巴內收，上身挺直。每次訓練二十分鐘左右，每天一次。

(三)儀仗站姿規範

在殯葬禮儀服務中有儀仗護靈等服務內容，此站姿比一般服務場合

的要求更高，標準更嚴。具體要求如下：

兩腳跟靠攏並齊，兩腳尖向外分開約六十度；兩腿挺直；小腹微收，自然挺胸；上身正直，微向前傾；兩肩要平，稍向後張；兩臂自然下垂，拇指尖貼於食指的第二節，中指貼於褲縫；頭要正，頸要直，口要閉，下頷微收，兩眼向前平視。其要求可概括爲「三挺三收」，即「挺胸，挺膝，挺後頸；收腹，收腰（腰肌上提），收下巴」。

儀仗站姿訓練方法：個人靠牆站立，要求後腳跟、小腿、臀、雙肩、後腦勺都緊貼牆壁，注意胸部、膝部、後頸挺直，腹部、下巴收緊，腰肌上提，重心在前腳掌。每次訓練三十分鐘左右，每天兩次（女士訓練可適度減少）；也可使前腳掌立於高階，後跟懸空進行訓練。

(四)走姿規範

行走時，上身保持正直，雙肩放鬆，目光平視，雙臂自然擺動。男服務人員注意手不宜放在褲口袋裡。

行走時應從容自然。男服務人員步伐矯健、有力，女服務人員步伐自然、優雅。

行走時不得左顧右盼，不得低頭（視地或前排者的腳），腳步不宜太沉重而發出較大聲響。

要領：上身保持挺直，肩膀放鬆，兩手前後自然擺動，步伐輕且穩，勿太大步，勿拖泥帶水，兩腳並行直線前進，避免雙腳呈「外八」與「內八」，同時要有律動和節奏感，以拍子、節奏帶動雙手、雙腿及身體的律動。

走姿訓練方法：在地上畫一條直線，行走時雙腳內側踩在繩或線上。抬頭平視前方，雙臂自然下垂，手掌心向內，以身體爲中心前後擺動。上身挺拔，腿伸直，腰放鬆，腳步要輕，並且富有彈性和節奏感。擺動雙臂時，要前擺約三十五度，後擺約十五度。

(五)蹲姿規範

在查看位置較低的事物或拾取物品時，往往需要蹲下，不宜直接彎腰，殯葬禮儀服務時也可能出現此動作。

要領：右腳後退半步，臀部坐在右腳跟上（膝蓋不著地），兩手自然放在兩膝上，上身保持正直。女服務人員兩腿靠緊，若身著裙裝，用手把裙子向雙腿攏一下再下蹲。

蹲姿訓練可分解為「側，停，蹲；起，停，靠」。

(六)跨立規範

此姿勢主要用於殯儀儀仗服務。

口令：「跨立！」

要領：左腳向左橫跨出一腳距離（重心左跨，不彎腿），與肩同寬。左手握右腕，快速提於腰帶以上部位，肩膀向後，重心前傾。頭正，眼睛平視前方。立正時手快速放下，回靠左腳。

(七)交談規範

與服務對象談話時，要面對對方，望著對方的嘴唇及下巴處，偶爾與對方交流一下眼神，但不宜長時間直視對方的眼睛。

交談時，手勢不宜過大，不得手舞足蹈；表情平緩，聲音適中，防止唾沫橫飛。

防止交談聲音過大，干擾鄰近他人。

不能側著與對方談話。如果對方的人數在兩人以上，則應兼顧兩人，不可長時間冷落其中一人。不得與某人談話而眼睛望著另一個方向或東張西望，顯得心不在焉的樣子。

聽對方說話時，要面對對方，並時常點頭，以示正在聆聽，並聽懂了對方的意思。不要輕易打斷對方的講話。如有未聽懂而需要詢問時，

應當等對方的談話告一段落時，再以「您等等，您剛才說……」的方式進行詢問。

近距離與對方講話時，最好以一隻手掌擋住自己的口腔，防止口腔氣流直沖對方。

(八)儀仗行進規範

殯儀儀仗的行進基本步法可分爲齊步走、正步走、儀仗緩步，很少用到跑步。

■齊步走

齊步走是儀仗進行的常用步法。

口令：「齊步——走！」

要領：步距間隔七十五公分。擺臂時，前臂與身體成三十度角，後臂與身體成四十度角，擺動時，臂要直，向裡合於前胸線。要有腳跟聲、嚓褲邊聲，腳跟先著地。

■正步走

在殯葬禮儀服務過程中，正步走主要用於敬獻花籃和其他禮節性場合。

口令：「正步——走！」

要領：先出左腳，向前踢出，腳掌繃直，離地三十釐米，並用力踏向地面，踢腿如射箭，砸地如砸坑。擺左小臂平於胸前，掌心向內稍向下。腳砸地臂不動，踢腿和擺臂動作同時進行。行進速度大概每分鐘111–116步。

■儀仗緩步

儀仗緩步在殯儀服務過程中，主要用於護靈儀式以及其他一些場合。

要領：上身保持平直、挺胸。先出左腳，穩重向前邁出，腳跟先著地，並連貫的變為腳尖著地。重心由後向前移動，步調整齊、莊重，富有韻律感。手臂不擺動（也可托物或扶靈）。行進速度大概每兩秒一步。

(九)儀仗敬禮

在殯葬禮儀服務過程中，行禮方式主要有行軍禮、行鞠躬禮、行脫帽禮三種。

■行軍禮

對於逝者是軍人及武警戰士等身分時，葬禮上可用行軍禮以表敬意。

口令：「敬禮！」

要領：上身正直，右手取捷徑迅速抬起，五指併攏自然伸直，中指微接帽簷右角前約兩釐米處（戴無簷帽時，微接太陽穴上方帽牆下沿），手心向下，微向外張（約二十度）；手腕不得彎曲，右大臂略平，與兩肩成水平線，同時注視受禮之去世者。

■行鞠躬禮

鞠躬禮是殯葬禮儀服務時最常用的禮儀形式之一。

口令：「行鞠躬禮！」

要領：行禮者面向逝者，肅立；鞠躬約七十度，停留時間約兩秒。

口令：「禮畢！」再重新肅立。

■行脫帽禮

口令：「脫帽！」

要領：雙手捏帽簷或者帽前端兩側，將帽取下，取捷徑置於左小臂，帽徽向前，掌心向上，四指扶帽簷或者帽簷前端中央處托住帽子，小臂略成水平，右手下垂於右側。

口令：「戴帽！」

要領：雙手捏帽簷或者帽前端兩側，取捷徑將帽迅速戴正。

口令：「禮畢！」

要領：右手下壓，指掌向下，微向前翻，食指抵於太陽穴，放下時前劈，快速放下，重心前傾。

殯葬禮儀人員良好的儀態表現的是一種優雅美、莊嚴美、力度美、統一美，它給逝者以尊重，給家屬以慰藉，同時也展示了自己的形象，改善了殯葬服務的社會觀瞻，因而構成殯葬服務中一個非常重要的環節。殯葬禮儀人員必須經過嚴格的訓練才能勝任，才被允許勝任職務，而且有必要定期訓練，持之以恆。過去，殯葬行業沒有意識到儀態的重要性，殯葬服務人員及禮儀人員精神鬆鬆垮垮、儀容不整等嚴重有損行業觀瞻的現象隨處可見，而且長時期不引起重視。這極大地影響了殯葬行業的形象，使中國的殯葬行業長期處於落後的局面，爲主流社會所輕視與排斥，這是可悲的，也是一個歷史教訓。近年來，殯葬禮儀人員的儀態愈益引起有識之士的關注，並不斷地獲得提升，希望這一進步能延續下去。

附錄：單兵佇列動作標準與訓練方式

一、紀律

1.堅決執行命令，做到令行禁止。

2.按規定的順序列隊，牢記自己的位置，姿態端正，精神振作。

3.集中精力聽指揮員的口令，動作要迅速、準確、協調一致。

4.保持佇列整齊、肅靜、自覺遵守佇列紀律。

5.將學到的佇列動作，自覺地用於訓練、執勤和日常生活中。

二、立正

立正是軍人的基本姿勢，是佇列動作的基礎。

口令：立正！

要領：兩腳跟靠攏並齊，兩腳尖向外分開約六十度；兩腿挺直，小腹微收，自然挺胸；上身正直，微向前傾；兩肩要平，稍向後張；兩臂自然下垂，手指併攏自然微曲，拇指尖貼於食指第二節，中指貼於褲縫；頭要正，頸要直，口要閉，下頷微收，兩眼向前平視。

三、稍息

口令：稍息！

要領：左腳順腳尖方向伸出約全腳的三分之二，兩腿自然伸直，上身保持立正姿勢，身體重心大部分落於右腳。攜槍（筒、砲）時，攜帶的方法不變，其餘動作同徒手。稍息過久，可自行換腳。

四、跨立（即跨步站立）

跨立主要用於軍體操，可與立正互換。

口令：跨立！

要領：左腳向左跨出約一腳之長，兩腿自然伸直，上身保持立正姿勢，身體重心落於兩腳之間。兩手後背，左手握右手腕，右手手指併攏自然彎曲，手心向後。攜槍時不背手。

五、整隊看齊

列隊人員按規定的間隔、距離，保持行、列齊整的一種佇列動作。整齊分為向右、向左、向中看齊。

口令：向右看齊！向左看齊！向中看齊！

要領：基準兵不動，其他士兵向右（左）轉頭，眼睛看右（左）鄰士兵腮部，前四名能通視基準兵，自第五名起，以能通視到本人以右（左）第三人為度。後列人員，先向前對正，再向右（左）看齊。

口令：以XXX同志為準，向中看——齊！

要領：當指揮員指定以「XXX同志為準」（或以第X名為準）時，基準兵答「到」，同時左手握拳，大臂前伸與肩略平，小臂垂直舉起，拳心向右。聽到「向中看——齊」的口令後，迅速將手放下，其他士兵按照向右（左）看齊的要領實施。

口令：向前——看。

要領：迅速將頭轉正，恢復立正姿勢。一路縱隊看齊時，可下達「向前看齊」的口令。

六、報數

口令：報數！

要領：橫隊從右至左（縱隊由前向後）依次以短促洪亮的聲音轉頭（縱隊向左轉頭）報數，最後一名不轉頭。數列橫隊時，後列最後一名報「滿伍」或「缺X名」。

要領：連實施統一報數時，各排不留間隔，要補齊，成臨時編組的橫隊隊形。報數前，連指揮員先發出「看齊時，以一排長為準，全連補齊」的預告，爾後下達「向右看——齊」口令，待全連看齊後，再下達「向前——看」和「報數」的口令，報數從一排開始，後列最後一名報

「滿伍」或「缺X名」。

七、敬禮、禮畢

(一)敬禮

口令：敬禮！

要領：向右看——敬禮。上身正直，右手取捷徑迅速抬起，五指併攏自然伸直，中指微接帽簷右角前約兩釐米處（戴無簷帽時，微接太陽穴上方帽牆下沿），手心向下，微向外張（約二十度），手腕不得彎曲，右大臂略平，與兩肩成一水平線，同時注視受禮者。

(二)禮畢

口令：禮畢！

要領：行舉手禮者，將手放下；行注目禮者徒手或背槍時，應面向受禮者立正，舉手敬禮，將頭轉正；行舉槍禮者，將頭轉正，右手將槍放下，使托底鈑輕輕著地，同時左手放下，成持槍立正姿勢。

八、蹲下

口令：蹲下！

要領：右腳後退半步，臀部坐在右腳跟上（膝蓋不著地），兩手自然放在兩膝上，上身保持正直。蹲下過久，可自行換腳。

九、起立

口令：起立！

要領：全身協力迅速起立，成立正姿勢。

十、向右（左）轉

口令：向右（左）——轉！

要領：以右（左）腳跟爲軸，右（左）腳跟和左（右）腳掌前部同時用力，使身體和腳一致向右（左）轉九十度，體重落在右（左）腳，左（右）腳取捷徑迅速靠攏右（左）腳，成立正姿勢。轉動和靠攏右（左）腳時，兩腿挺直，上身保持立正姿勢。

半面向左（左）轉，按向右（左）轉的要領轉四十五度。

十一、向後轉

口令：向後——轉！

要領：按向右轉的要領向後轉一百八十度。

十二、行進

行進的基本步法分爲齊步、正步和跑步。

(一)齊步

齊步是軍人進行的常用步法。

口令：齊步——走！

要領：左腳向正前方邁出約七十五釐米著地，身體重心前移，右腳照此法動作；上身正直，微向前傾；手指輕輕握攏，拇指貼於食指第二節；兩臂前後自然擺動，向前擺臂時，肘部彎曲，小臂自然向裡合，手心向內稍向下，拇指根部對正衣釦線，並與最下方衣釦同高，離身體約二十五釐米；向後擺臂時，手臂自然伸直，手腕前側距褲縫線約三十釐米。行進速度每分鐘116–112步。

(二)正步

正步主要用於分列式和其他禮節性場合。

口令：正步——走！

要領：左腳向正前方踢出（腿要繃直，腳尖下壓，腳掌與地面平行，離地面約二十五釐米）每步約七十五釐米，用力使全腳掌著地，同時身體重心前移，右腳照此動作；上身正直，微向前傾；手指輕輕握攏，拇指伸直貼於食指第二節；向前擺臂時，肘部彎曲，小臂略成水平，手心向內稍向下，手腕下沿擺到高於最下方衣釦約十釐米處，離身體約十釐米；向後擺臂時（左手心向右，右手心向左），手腕前側距褲縫線約三十釐米。行進速度每分鐘111–116步。

(三)跑步

跑步主要用於快速行進。

口令：跑步——走！

要領：聽到預令，兩手迅速握拳（四指蜷握，拇指貼於食指第一關節和中指第二節），提到腰際，約與腰帶同高，拳心向內，肘部稍向裡合。聽到動令，上身微向前傾，兩腿微彎，同時左腳利用右腳掌的蹬力躍出約八十五釐米，前腳掌先著地，身體重心前移，右腳照此法動作；兩臂前後自然擺動，向前擺臂時，大臂略直，肘部貼於腰際，小臂略平，稍向裡合，兩拳內側各距衣釦線約五釐米；向後擺臂時，拳貼於腰際。行進速度每分鐘170–180步。

註：此《單兵佇列動作標準與訓練方式》係黃明利先生整理，供殯儀學生訓練之用。

第四章 殯葬語言

- 第一節　語言與殯葬語言
- 第二節　中國傳統的殯葬語言
- 第三節　現代殯葬服務用語
- 第四節　現代殯葬禮儀語言

第一節　語言與殯葬語言

語言，作爲資訊交流的手段，是人類和動物共有的。但是，人類的語言達到認識「類」的高度抽象，深入事物的本質，因而被認爲是人類與動物的根本區別之一。按人類語言發展的規律，人類是先有了口頭語言，後來才有了書面語言，即以文字記載事物與自己的情感。此外，人類還發展出表情語言、身姿語言、音樂語言，乃至服飾語言，並且講話時的語調、語速也具有表達思想的意義，我們的表達方式也就愈來愈豐富了。

人類進入文明社會，隨著行業的形成與發展，於是有了「行業語言」，即在一個行業中獨有的語言方式，如殯葬語言。在漫長的治喪實踐中，任何民族都會形成一套自己獨特的、帶有某種封閉性的殯葬語言系統，在中國尤其如此，殯葬語言之發達構成了中國傳統文化一個非常重要的組成部分。當然，並非說殯葬行業不使用社會通行的語言系統，而是在社會通行的語言系統之上，還有自己的一套表達方式，它運用於殯葬服務過程中，受體是殯葬服務的對象（包括死者與家屬、來賓等）。

殯葬語言的特殊性與自己的行業性質——「服務於死亡」——相聯繫。由於人們忌諱死亡事件，厭惡屍體，力圖迴避而又無法迴避這一最不能接受的「壞事」，並且由於其他社會性原因，於是創造了殯葬語言系統。

殯葬語言的產生，大約源於三個方面：

其一，源於原始人類對鬼魂的恐懼。人們相信，人去世後，其靈魂會化爲鬼魂，會隨時干預生者的生活，因而原始人不再提死者的名字，否則，死者的鬼魂「聽到後」會跑出來給呼喚者找麻煩。於是人們創造一些替代語言以避免提到死者的名字，或如文明時代提到死者的名字

時，在名字前加上「諱」首碼，以示敬重或避免觸怒死者的神靈，例如靈牌位上寫「劉公諱三立之靈位」之類。

其二，人們厭棄死亡、厭惡僵硬而冰涼的屍體和悲哀的喪事場面，於是發明一套隱喻死亡及其物品的稱謂。如壽終正寢、白喜事、壽器（棺材）、壽具（棺材）、陰宅、千年屋等，以免給生者帶來不快，這源於人們對塵世生活的熱愛。

其三，進入文明社會，由於紀念、歌頌、尊崇死者和激勵生者等社會性需要，經國家之手進行推導，以尊崇社會等級，懷念死者的社會功績，殯葬語言也愈益豐富起來。如對死亡的稱謂、謚號、避諱、祭文、哀樂、殯葬文書等等，其中充滿了價值觀上的褒貶之詞，如「懿範萬代」、「忠義千秋」、「青史留名」之類。自然，殯葬語言離它的原始出發點就愈來愈遠了。社會性需求中，還包括一些安慰家屬的語言，如「節哀順變」之類。

從起源上看，殯葬語言大約是一些替代性語言、阿諛性語言、歌頌激勵安慰性語言，屬於死亡事件中，人們處理生者與死者、生者與生者之間關係的一類語言藝術。

中國傳統文化有數千年的積澱，殯葬語言是一個非常複雜的系統，僅從口頭語言和書面語言看，其形式就有死亡稱謂、謚號、避諱、廟號、碑文、銘文、墓誌銘、訃告、輓聯、祭文、哀樂、禁忌語、殯葬服務操作語等。還有一些雖非專用的殯葬語言，但殯葬行業經常會使用到，如家屬關係稱謂。

中國傳統的殯葬語言幾乎都具有「禮儀」的意義，如「崩」、「駕崩」，指皇帝一類國喪，「考妣」指父母亡故，尊卑貴賤的等級禮儀意義就出來了。但是，本章側重於殯葬禮儀語言，一是中國傳統的殯葬語言，二是現代使用的殯葬語言，包括書面語言和口頭語言。

傳統的殯葬語言有一部分今天仍在使用，一部分不用了，或用得非常少，成了一種所謂「死語言」或「文獻語言」。但作爲一位高層次的殯葬策劃人員或禮儀人員應當懂得這些語言，因爲它們所包含的殯葬文

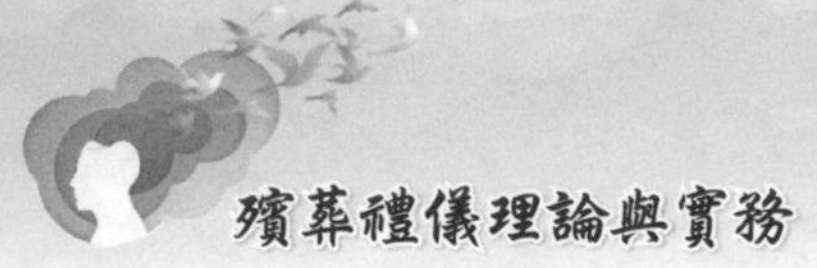

化是現在殯葬操作的理論源頭，因而對於我們從理論上理解殯葬語言的起源以及現代的殯葬語言的意義，無疑會有極大的幫助。如果我們僅會操作某些儀式，而沒有一定的殯葬文化的理論修養，那麼充其量也只能是一位熟練的「操作匠」而已，上不了檯面，缺乏可持續發展的能力。比如，我們經常可以見到一些殯葬禮儀操作者，知道如何做，但不知道爲什麼要這樣做，所謂知其然而不知其所以然，就是如此。

一場殯葬禮儀的策劃和主持是否專業與成功，很大程度上取決於殯葬語言運用得是否恰當。

此外，語速和語調屬於殯葬語言的運用範疇，與殯葬禮儀有著極大的關係，我們在訓練和實際操作中應當予以關注。在這方面，我們可以參照電視、廣播的播音予以把握。

第二節　中國傳統的殯葬語言

古今殯葬語言既有繼承也有發展，傳統殯葬語言是古代農業社會所使用的，現代殯葬語言則是古代殯葬語言在現代社會的變化與改良，殯葬禮儀人員應當熟悉一些古代傳統的殯葬語言，因爲它們今天還被大量地使用中。

一、對死亡的稱謂

中國既有本土生長的儒、道及民間迷信等成分，又歷受西方文化的滲入，如魏晉以後的佛教、十九世紀以來的西學，這些外來文化也在中國殯葬語言中留下了痕跡。一個人死了，其社會地位、死法不同，則以不同的詞語稱謂之，其含義也不同。

在關於死亡的各種稱謂中，大體可分以下五大類：

第一類，屬於自然色彩的。即自然宗教、自然哲學和生活信念的觀

點，如：死、亡、歿、殂、沒、夭、殤、歸壽、壽終、百年、殞命、老了、走了、去了、善終、謝世、絕氣、咽氣、氣盡、數盡、氣數已盡、氣散、物故、物化、就木、歸泉、歸天、不諱、夭折、夭昏、短折、早逝、辭世、損館、見背、作古、夢桑、倚槐、星墜、星殞、殞墜、回老家、壽終正寢、千秋萬歲、太陽落山等。

《史記》載：漢高祖臨崩，呂後問：「陛下百歲後，蕭相國既死，誰令代之？」後蕭何臨終，漢惠帝亦問「君即百歲後，誰可代君？」這反映了漢代不直面講對方之死的忌諱，如呂後直面高祖、惠帝直面蕭相國均不直言對方之死，故以「百歲後」代之，但指他人之死則可明言，如呂後對高祖說「蕭相國既死」，誰可以代替他？這一忌諱到今天仍流行。

第二類，屬於國家政治色彩的。通常又包含著儒家政治色彩的褒貶精神，如：「天子死曰崩（亦謂駕崩、山陵崩），諸侯死曰薨，大夫曰卒，士曰不祿，庶人曰死。」

皇帝剛死曰「大行皇帝」。《後漢書．安帝紀》韋昭注：「大行者，不反之辭也。天子崩，未有謚，故稱大行也。」皇帝死亦有稱「千秋萬歲」、「宮車晏駕」等。

此外，有丁艱、私艱（父母死）、私喪（妻死）、殉難、殉國、殉義、就義、赴義、赴難、成仁、犧牲、獻身、捐軀等；以及授首、納命、戮首、身首異處、嗚呼哀哉、一命嗚呼等。

第三類，屬於道家（包括道教）色彩的。如歸室、歸天、長眠、長往、喪元、升天、千古、駕鶴、羽化、遁化、返眞、順世、登仙、登遐、遷形、隱化、玉樓赴召、逝（世）等。

第四類，屬於佛教色彩的。如歸西、大限、滅度、圓寂、涅槃、成佛、示滅、示寂、順世、恆化、坐化等。

第五類，屬於近世西學色彩的。如辭去人世、與世長辭、告別人生、見馬克思、見上帝、安息、主懷安息、光榮了、蒙主之召等。

這些區別有的只具有相對意義，如「逝世」一詞，既像道家語，又是自然色彩語。這是因為各學派詞彙的產生均源於自然，而各成分之間也存在著一個融合過程。

在民間，表示死亡詞彙的使用頻率以自然色彩、道家居多，官方場合則以儒家語言居多。在輓聯一類文學表達方式中，尤以道家語言居多。由於替代詞彙的豐富，直接用「死亡」一詞的場合反而不多了。而且，各地對死亡還有一些屬於地方表達方式，此處未能一一列出。

在民間，表示死亡詞彙的使用頻率以民俗語、道家語居多；官方場合則以儒家語言居多。由於替代詞彙的豐富，直接用「死亡」一詞的場合反而不多了。中國文化對「死亡」代稱的詞彙非常豐富，不同的稱謂一般反映了死者的死法以及對死者的社會評價褒貶等內容，此處不能盡舉。

二、對死亡的稱謂

壽終：自然死亡。《釋名．釋喪制》：「老死曰壽終。壽，久也；終，盡也。」但究竟多大年紀可稱「壽」，並無確指，古代以「人到七十古來稀」，也有的以六十歲以上的死亡為壽終，如元．王實甫《西廂記》第二本第一折：「老身年六十歲，不為壽夭。」

壽終正寢：舊謂年老在家自然死亡。正寢：舊指住宅的正屋，為長輩居住之處。如逝者是女性，則稱壽終內寢。內寢，舊指住宅堂屋後面的房間，喻指婦女居住之室。

疾終：死於疾病。

夭折：短命早逝。《釋名．釋喪制》：「少壯而死曰夭，如取物中夭折也。」參「夭逝」。

夭昏：亦寫作「夭昬」。參「夭逝」。《左傳．昭公十九年》：「鄭國不天，寡君之二三臣，劄瘥夭昏。」杜預註：「大死曰劄，小疫曰瘥，短折曰夭，未名曰昏。」劄（ㄓㄚˊ），疫病；溫疫而死。瘥（ㄘㄨㄛˊ），病。孔穎達疏：「子生三月，父名之，未名之曰昏，謂

未三月而死也。」

夭逝：短命早逝。同夭折。民間亦謂爲短命。清·紀昀《閱微草堂筆記·灤陽續錄一》：「其婢玉台侍余二年餘，年甫十八，亦相繼夭逝。」但究竟多少年齡爲夭逝與否的界限，史無文獻明文，民間有的地方以三十六歲死亡不爲「短命鬼」，大約是三個十二生肖的意思。

終於、卒於：均指死亡。但似乎多用於死於非命，如自殺、淹死等。

享壽：民間有的稱六十歲以上稱享壽。

享年：民間有的稱三十歲以上不及六十歲稱享年。

得年、存年：民間有的稱不及三十歲稱得年或存年。

享壽、享年、得年、存年，均有「在世的歲月」的意思，但舊時有的師公替人治喪作奠祭文時，作爲區分不同年齡去世的代稱。這一做法似乎並無文獻上的依據。

凶死：舊指非正常死亡。如溺水、自殺、被殺等，亦稱「不得其死」，就是不得正常死亡。

中國人稱父死爲「嚴制」，母死爲「慈制」。通常寫在一張白紙條上，貼於門側，取男左女右（立於門對外而定），以示鄰里，此家有父喪或母喪。「嚴」源於「嚴父」，「慈」源於「慈母」，「制」則爲「居喪守制」之意。

中國很早以來就將長者的喪事稱爲「白喜事」。

中國文化中對「死亡」事件的稱謂非常豐富，不同的稱謂一般反映了死者的死法，以及對死者的社會褒貶評價。此類稱謂不能盡舉，但仍應知道這一文化現象的存在。同時，我們在奠祭場合使用詞彙應注意古代文獻的用法，不宜生造詞彙，以致詞不達意。

三、謚號

中國古代，帝王、諸侯、卿大夫或士人死後，朝廷根據他們生前的德行、遭遇，會給予一個具有褒貶含義的稱號，稱爲「諡號」。諡號是一些固定的字或詞，它們被賦予特定的含義，用來標誌逝者生前的德行及遭遇。這種制度以及給諡的標準稱「諡法」。此後，在祭祀或神主牌位上不再呼逝者的名字，而以諡號稱之。如南宋朱熹死後，朝廷給予「文正」諡號，意謂朱熹一生既堅持、宣揚了儒家的「文化道統」又一身「端正」，因而後世就稱爲「朱文正公」。諡號是儒家追求人生「三不朽」生命永恆的一類具體體現。

下面是一些專用於帝王的諡號：

1.表揚的，例如：

經緯天地曰文　布義行剛曰景
威強睿德曰武　柔質慈民曰惠
聖文周達曰昭　聖善聞周曰宣
行義悅民曰元　安民立政曰成
布綱治紀曰平　照臨四方曰明
辟土服遠曰桓　聰明睿知曰獻
溫柔好樂曰康　布德執義曰穆

2.批評的，例如：

亂而不損曰靈　去禮遠眾曰煬
殺戮無辜曰厲　怙威肆行曰醜

3.同情的，例如：

恭仁短折曰哀　在國遭憂曰愍
慈仁短折曰懷

這裡再介紹幾個有關諡法的名詞。

賜諡：周禮，死後待葬的期間朝廷給予諡號。

追諡：給已死去很久的人賜諡，一類是開國皇帝給先祖追諡，一類爲追諡已死去很久的英烈、聖賢以砥勵風俗，兩漢以後，各朝都有。如明朝開國皇帝朱元璋給自己的高祖、曾祖、祖父、父親都追了諡號，

以提高自己血統的優越性。唐玄宗開元27年（西元739年）追諡孔子爲「文宣王」。

加諡：在原來的諡號上加字。如元朝在孔子「文宣王」的基礎上加諡「大成至聖」，後世就稱爲「大成至聖文宣王」，迄於今日。

改諡：對原有的諡號予以更改。如南宋宰相秦檜，死後諡「忠獻」，意謂「忠於朝廷且勇於任事」。宋寧宗時，抗戰派主政，力倡北伐，追奪秦檜諡號，改諡「謬醜」，意謂「荒謬又醜惡」。後北伐失敗，主和派主政，又復秦檜諡號。宋理宗時，又詔命改秦檜諡號爲「謬狠」，意謂「荒謬而狠毒」。這類奪諡與改諡反映了朝政的變化。

奪諡：又稱削諡，撤銷諡號。見「改諡」。

私諡：周制，士大夫以下不得請諡於上。後世有的門生故吏爲之立諡，稱爲私諡。如東晉陶淵明死，顏延年爲他作誄文，諡爲「靖節」，後世稱「陶靖節」；北宋學者張載死，門人諡爲「明誠」，後世稱「張明誠」。這些都不是朝廷給的諡號。

四、避諱

避諱，是中國古代史上特有的一種歷史文化現象，它指臣下（或後輩）對當代君主、尊者不得直呼其名，而要用其他方法代稱。此時，「諱」即指君主、聖人、尊長的名字，它們不能被直呼，須迴避不用或改寫，否則有冒犯之意。避諱不包括姓。

避諱作爲一項制度，被認爲形成於西周末東周初，它構成周禮的一部分。至秦漢大一統的專制主義帝國的建立和鞏固，皇權日隆，避諱乃日臻完備，成爲一項經常的國家法律制度，犯諱也就成了一樁非常嚴重的罪行。

避諱大體有「國諱」、「聖人諱」、「家諱」三類。

「國諱」是包括皇帝在內舉國臣民所必須遵守的，主要是避皇帝本人及父祖的名諱，也有進而諱及皇帝的字者，有諱及皇后及其父祖者，有諱及前代年號者，有諱及帝后諡號者，有諱及皇帝陵名，有諱及皇帝的生肖及姓者，各朝具體情況不一。

「聖人諱」，即對聖人名字的迴避。聖人諱各朝不一，一般有黃帝、周文武王、老子、孔子、孟子等。

「家諱」僅限於親屬內部，族外之人與之交往時，須注意對方父祖名諱，不能違諱直呼。

當遇到須避諱的字時（這裡指國諱和聖人諱），古人有如下幾種處理方法：一是改字法，二是空字法，三是缺筆法。

上述避諱，一類是避生者諱，即當朝的皇帝、皇后等；二是避逝者諱，如先帝、先后、先聖人等，此類避諱占據絕大部分。爲理解方便，我們稱前者爲「生避諱」，後者爲「死避諱」，它與殯葬文化相聯繫。

後世行文時，「諱」字用在逝者的名字前表示對逝者的尊敬，如治喪時牌位上寫「吳公諱至人之靈位」等，墓碑上寫「吳公諱至人之墓」等；也有不用「諱」字的，而以「吳公至人老大人之靈位」等直稱方式。

我們在主持喪禮的家奠時，就不能張口就直呼死者的姓名，而要稱諸如「吳公至人老大人」、「吳母朱氏蘭萍老孺人」之類；如果直稱「吳至人」或「朱蘭萍」就是「大不敬」。當然，在公奠禮的場合，尤其是追悼會，現在時興使用「某同志」之類，這需要依當地風俗而定。

對於避諱，我們可以參見專門的著作。

五、傳統殯葬禮儀名稱及專用語

《儀禮》、《禮記》和《周禮》（號稱「三禮之書」）是中國兩千多年禮制的理論源頭。其中，貴族殯葬禮儀中的操作者，他們同時也是某一級別的官員或吏員，「三禮之書」大體確定了治喪的基本程序。這些稱呼後世多沿用，至今仍有一些在使用中。此處的介紹引自《大唐開元禮》。

(一)殯葬禮儀操辦主持者專用名稱

祝：掌管祭祀之人。古代有如下一些稱謂：「祝人」（古代掌祭祀的）；「巫祝」（巫婆師公）；「祝伯」（掌宗廟祭祀之官）；「祝宗」（古代主持祭祀祈禱者）；「祝官」（古代掌管祭祀祝禱等事宜之官）；「祝嘏」（祭祀時致祝禱之辭和傳達神言的執事人）。

司祝：祭祀中致禱辭的人。

司儀：《周禮．秋官》設此官，北齊有司儀署，隋唐因之，屬鴻臚寺，掌凶禮喪葬之事，即今之葬禮主持人。

贊儀：又稱贊禮；贊者，司禮之人，即司儀，祭祀或舉行婚喪典禮時在旁宣讀行禮項目，讓人行禮。

襄禮：舉行婚喪祭祀之禮時，協助主事者完成儀式。亦用以稱擔任這種事情的人。襄者，協助也。

贊引：贊禮並引導。相當於襄禮、襄儀。

執事：從事工作，亦稱執事人，相當於「襄禮」。《周禮．天官．大宰》：「九曰閑民，無常職，轉移執事。」

今天，我們稱主持喪禮者爲「司儀」；協助者爲「襄儀」，多爲兩位；其他協助者則稱爲「禮生」，以示區別。

(二)古代殯葬禮儀程序專用語

初終：指人在氣絕前後時段舉行的禮儀。有「屬纊」之舉，就是將絲綿置於臨終者的鼻孔處，看是否落氣。屬：放置。

複：古代稱人死後招其魂歸來。

設床：即在地上鋪墊席，移屍於地。

沐浴：給遺體洗浴。

襲：爲逝者穿上壽衣。

含：逝者入殮時，把米、貝、錢、珍珠等物放置於死人口中。

奠：用祭品向逝者致祭。

銘：豎在靈柩前的旗幡，標有逝者官銜和姓名。

設重：重（ㄔㄨㄥˊ)，喪禮中死者神主（即牌位）未雕刻出來以前，以木代死者神靈受祭，懸之中庭。喪禮完畢將重埋掉或燒掉，神主則放入宗廟。

小殮：指爲逝者穿著屍衣（殮服）。

大殮：將裝裹好衣服的遺體移入棺木。

成服：大殮之後，親屬按照與逝者血緣關係的親疏穿上不同的喪服。

朝夕哭：親人去世後早晚至靈柩前哭泣。

筮宅兆：用占卜的方式選取墓地。

筮葬日：用占卜的方式選定下葬日期。

啓殯：把靈柩送到墓地去，又稱「出殯」。

陳車位：出殯時將送葬車進行排列。

陳器用：出殯時將陪葬物品進行陳列。

進引：開始出殯時用輓繩拉棺車。

舉柩：抬起棺柩。

祖奠：出殯時於柩車之前的祭奠。

遣奠：將葬時的祭奠。

遣車：送葬車出發。

器行序：陪葬物品依序出發。

諸孝從柩序：孝眷依序隨著棺柩出發。

行次奠：在送葬路上祭奠。

親賓致賵：送葬路上各親朋好友向喪家贈送物品或錢財助喪。

卜宅：在墓穴前占卜定吉凶。

啓請：墓穴前念經時奉請佛祖、菩薩。

開墳：清理墓穴。

設靈筵：下葬前設立祭品祭奠。

告遷：向土地神稟報入葬事情。

虞祭：既葬之後的祭祀，有「葬日而虞」之說。

卒哭祭：卒哭祭爲終止「無時之哭」的祭禮。佛教進入後逐漸以「百日祭」代稱。「卒」是「結束」的意思。

小祥祭：對逝者的週年祭。一般在十三個月時舉行小祥祭。

大祥祭：去世兩週年舉行的祭禮，一般在二十五個月時舉行大祥祭。

禫祭：除喪服之祭，一般在二十七個月時進行禫祭。

祔祭：奉新逝者的木主於祖廟，與祖先的木主一起祭祀，一般在百日祭的第二天進行。

第三節　現代殯葬服務用語

殯葬服務用語，指與喪事家屬溝通過程中所經常使用的語言。中國幅員遼闊，各地的殯葬禁忌不同，同一句話，有時此地可用，而彼地則不可用。這裡列出殯儀館常見的「文明用語」和「禁忌用語」供參考。

一、殯葬服務文明用語

殯葬服務文明用語，是一類具有文明性質的殯葬服務語言，其意義在於避免刺激家屬，營造和諧的殯葬服務氣氛，使家屬產生親切感並獲得慰藉，從而有利於殯葬服務的順利進行。

現分列如下：

1.稱呼：同志，先生，夫人，女士或小姐，那位同志（男士、女士）；我，我們；您，您們；亡者，逝者，往生者；故老先生，故老太太；遺體、尊體等。注意：「往生者」是佛教用語，在基督教、伊斯蘭等宗教的治喪中不能使用。

2.對家屬作邀請時用「請」。如：請進，請坐，請用茶，請到那邊休息室休息等。

3.要求家屬做某事用「請」。如：請付款；請節哀；請不要在汽車上燃放鞭炮；請不要放易燃易腐的祭品；請核對花圈和輓聯上的文字；請核對碑文；遺體上換下來的東西，請點收；因XXX原因，請到某處等候；請協助我們做好工作等。

4.提醒家屬做某事用「請」。如：請先到總服務台辦理（有關）手續；單據、證明請放好；找給您的錢請點清；請放心，一定辦好，讓您滿意；請問遺體安放在哪裡；請不要靠近火化爐；請收拾好自己的東西；請問您需要什麼喪葬用品；請稍等，石碑（或某事）很快就辦好；請核對碑文，以免有差錯；請家屬上車，請注意坐好。請檢查自己的東西，避免丟在車上；請您們做好開追悼會（或某事）的準備等。

5.發現家屬有疑惑之處，應主動「請問……」。如：請問有什麼我們可以協助的嗎？自己一時忙而照顧不到某喪戶時，應對他說：請您稍等，我馬上就給您辦理；您有不清楚的地方，請隨時來問。

6.建議喪戶用某種喪葬用品，選取某些服務專案。如：我建議您如何如何；我覺得如何如何；我個人認為如何如何；一般的客戶多半用XX產品；當然，最後還得您自己拿主意等。

7.常用的客套語。如：謝謝；不客氣；對不起；這是我們應該做的；謝謝合作；我們的工作還做得不夠，請提供意見；如有服務不周到之處，敬請原諒；您走好，請走好……等。注意：不能對家屬使用諸如「下次再來」、「一回生二回熟」之類的客套話。

8.接業務電話用語：有的殯儀館提起話筒就說：「你好，我是XX殯儀館，有話請講。」有些地方不能用「你好」一詞，可視當地風俗而定。

大體上，凡事用一個「請」字，常說「謝謝」和「對不起」，一般就錯不到哪裡去。

二、殯葬服務禁忌用語

殯葬禁忌語言是可能對家屬產生心理上不愉快的刺激性語言，嚴重的會冒犯喪戶，乃至引發糾紛，因而在禁止使用之列。現介紹如下：

1.見面招呼，不能用：嘿，喂，你好；怎麼這時候才來？誰叫你這時候來，過來等。

2.稱呼，不能用：咱爺們、姊們；那個男（女）的；「那個戴眼鏡的」、「那個腿有點瘸的人」、「那個胖子（瘦子）」之類。

3.家屬有疑問時，不能說：不知道；幹什麼？你又有什麼事？有意見找領導提；誰買的找誰；丟失了不能再補發等。當治喪者問廁所、辦手續等地方時，必須以手指示，並配以語言說明，而不能用頭一擇、嘴巴一呶等不文明的方式指示家屬。

4.不能說：怎麼死的；快點，我還要辦別的事；到點了，快點，我要下班了；到底辦不辦；你這人想好了沒有；快點繳錢；讓開、讓開，站起來；不要影響我們的工作；沒有零錢找；不能換；不買何必問；工作出點差錯是難免的；哪裡有這好的事；這是規定，我也沒辦法；不要亂來，這裡不准放鞭炮；眞囉嗦；你沒看見我正忙著嗎，等著吧；這屍體怎麼這麼臭等。

5.送別家屬時，不能說：再見；下次再來等。

6.當著家屬，不宜用「屍體」、「死屍」、「死人」等字眼，而應用更文明的「遺體」一詞。因而像「抬屍體」、「抬死人」、「抬死屍」、「燒屍體」、「燒死人」、「燒死屍」之類的語言就不應當出現。

7.不能因爲自己有足夠的「理由」而責難家屬，或對家屬大大咧

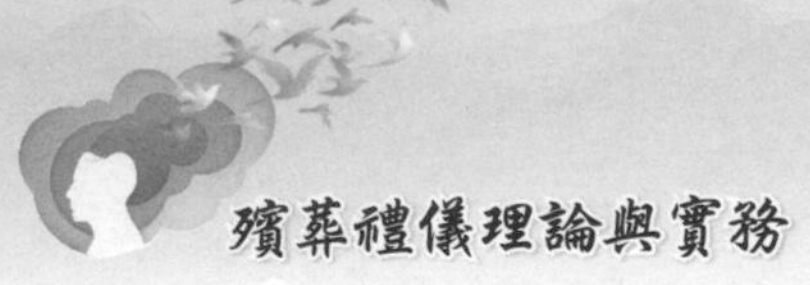

咧，不注意細節。

第四節　現代殯葬禮儀語言

現代殯葬服務已經走出了古代父子師徒傳承的封閉服務狀態，而轉變爲社會化服務。在殯葬禮儀的操作過程中，殯葬禮儀語言在傳統殯葬用語的基礎上有了很大的改變。這裡介紹一般的治喪禮儀用語，我們應當熟練運用這些語言：

1.請參加葬禮的人進入葬禮場地行禮時用語：恭請（孝眷、家屬、領導、主奠、陪奠、與奠、主祭、陪祭、與祭等）靈前就位。
2.請參加葬禮的人爲逝者靜默哀悼用語：請默哀、哀畢。
3.請參加葬禮的人於逝者靈前行禮用語：靈前上香、靈前行禮、靈前敬獻。
4.請參加葬禮的人於逝者靈前行拜禮用語：拜、再拜、三拜。
5.請參加葬禮的人於逝者靈前行鞠躬禮用語：一鞠躬、再鞠躬、三鞠躬。
6.指導孝子（女）下跪行禮的用語：孝子（女）靈前請跪、興（或請起）、請回位。由於是孝子（女）對父母尊長行禮盡孝道，是否使用「請」字，可視語言節奏而定，而對來賓則一定要使用「請」字。對此應當細心體會。
7.儀式過程中用音樂用語：請奏樂、樂畢。
8.某個程序完畢用語：禮畢、請復位。
9.禮儀完成用語：禮成。
10.指導家屬靈前行禮時常用語：靈前就位、上香、獻果（茶、饌）、敬獻花籃、請跪、叩首、再叩首、三叩首、請起、請回位、請節哀等。

上述禮儀語言的具體使用，可參見後文諸殯葬禮儀操作程序。

附：家屬關係稱謂表

逝者身分	家屬稱呼逝者	家屬自稱	他人對逝者稱呼
祖父	先祖父、先大人、先祖考	孝孫（女）	令先祖父、令先大人、令先祖考
祖母	先祖母、先大母、先祖妣	孝孫（女）	令先祖母、令先大母、令先祖妣
父親	先父、先嚴、先考	孝子（女）	令先父、令先嚴、令先考
母親	先母、先慈、先妣	孝子（女）	令先母、令先慈、令先妣
伯父	先伯父	孝侄子（女）	令先伯父
叔父	先叔父	孝侄子（女）	令先叔父
夫	先夫、亡夫	妻	令先夫、令亡夫
妻	先室、先妻、亡妻	夫	令先室、令先妻、令亡妻
兄（弟）	先兄（弟）	愚弟（兄）	令先兄（弟）
丈夫的祖父母	先祖翁、先祖姑	孝孫媳	令先祖翁、令先祖姑
丈夫的父母	先家翁、先家姑	孝媳	令先家翁、令先家姑
老師	先師	愚生	令先師

注意：中國的「孝子（女）」傳統自稱用語，父死母在自稱孤子（女）；母死父在自稱哀子（女）；父先死母後死自稱孤哀子（女）；母先死父後死自稱哀孤子（女）。即父死曰「孤」，母死曰「哀」。

第五章 殯葬禮儀中的音樂

第一節　中國傳統音樂簡介

中國傳統音樂，是指十九世紀「西學東漸」，中國與西方全面文化碰撞以前，在華夏大地上產生和發展的中國獨有音樂體系。此後，中國愈益接受西方文化，其中包括音樂領域，因而，中國傳統的音樂就成了只有少數專業音樂工作者、文化學家們才能理解的知識了。殯葬業者經常要接觸到音樂，或殯葬音樂，民間也經常說到某喪禮請了「國樂」一班，「西樂」一班，這「國樂」就是中國傳統樂器，「西樂」則是西洋樂器，它們演奏出來的效果當然各異。因此，對於中國傳統的音樂知識應當有一定的瞭解。

一、中國音樂的源頭

談到音樂，我們就聯想到樂曲、樂器以及相伴隨的舞蹈。樂曲是供人們唱的，樂器是用來伴奏的，而舞蹈則是人們的手足、身體伴隨著樂曲旋律有節奏的運動。

音樂史家們一致認爲，人類的音樂源於原始時代。

在1984–1987年中國考古工作者對河南省舞陽縣賈湖遺址進行了持續的發掘，這是一處新石器時期早期人類活動的遺址，出土了大量的文物。在一座編號爲M282的墓葬裡，發現了一具保存完好的屍骨及六十多件隨葬品，在墓主人左大腿一側就擺放著一支骨笛（參見下頁圖）。考古學家猜測，墓主人可能是一位巫師或部落酋長。

賈湖骨笛呈黃棕色，製作精美，全長二三．一釐米，笛身上鑽有七個圓形音孔，孔徑〇．三五釐米，分布均勻，經測音可發出完備的六聲音階和不完備的七聲音階。在目前發現的三十多支賈湖骨笛中，它是保存最完整的一支，堪稱「中華第一笛」，被視爲中國樂器發展的一個源

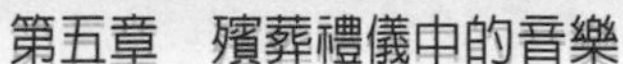

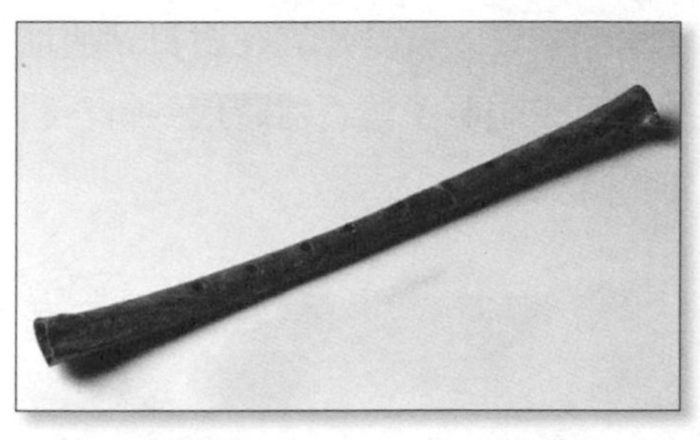
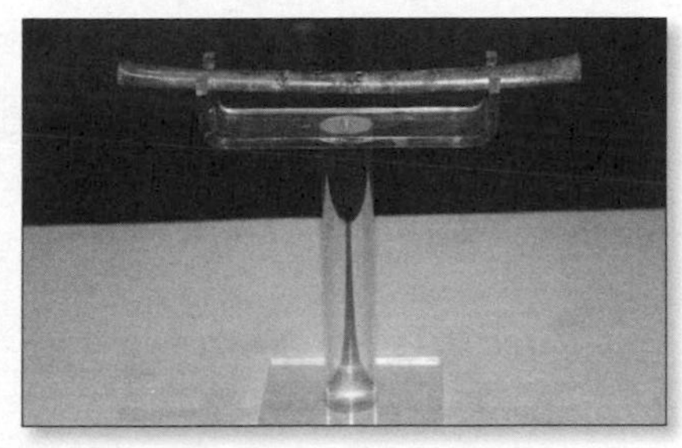

賈湖骨笛（現藏於河南省博物院）

頭。賈湖骨笛也是目前發現世界上最早的可吹奏的樂器。

經測試顯示，這支骨笛在地下沉睡了八、九千年。經過測音，骨笛不僅具備音階結構，而且還能演奏傳統的五聲或七聲調式的樂曲，是一種遠古的樂器。經動物學家鑑定，骨笛是用鶴類動物的尺骨製成。鳥類的尺骨薄壁中空，如果截去兩端骨關節就是一個理想的發音管，很適宜做笛子。

資料證實，賈湖骨笛是迄今世界上出土最早、保存最完整、現在還能演奏的樂器實物，比古埃及出現的笛子要早兩千年，被稱為中國管樂器的鼻祖。這也是繼湖北曾侯乙墓編鐘、編磬發現之後，中國音樂考古的又一重大發現。

有音樂理論家認為，衡量中國音樂文化文明的標誌是中國音樂五聲音階的形成。這批距今已有九千年的賈湖骨笛能奏出完整和相當準確的五聲音階，因此，在距今一萬年左右的新石器時代初期，居住在中國中原地區的先民們已經進入了音樂文化的文明時期。

從舊石器時期（從二、三百萬年前至一萬年前為止）出現的四聲音階，發展到新石器時期應用的五聲音階，就是中國音樂從蒙昧時期發展到音樂文化文明時期的分水嶺。

在舊石器時代晚期出現的四聲音階，它的應用範圍主要是勞動號子的方面，它也是當時的最高音樂形式。以後，人們為了表達更複雜的情緒，用聲音來表達喜怒哀樂，便在四聲音階基礎上發展成五聲音階，使音樂走入了文明的新時期，而這一理論的基礎，就是建立在對賈湖遺址所發掘的骨笛研究之上的。因爲這批骨笛，記載了舊石器時代到新石器時代這個階段中國中原地區的音樂文明概況。

二、中國古代的音樂理論

中國古代音樂有「五音」、「七音」、「八音」、「十二律」之說，因而談中國古代音樂首先就必須弄清楚這些名詞。

(一)八音

先講「八音」。八音原指八種樂器的材質或八類演奏樂器，即：金、石、絲、竹、匏、土、革、木。

金：鐘、鐸。

石：磬。

絲：琴、瑟。

竹：籥、簫。

匏：笙、竽。匏是葫蘆瓜的一種，現在仍有蘆笙一類樂器。

土：塤。

革：鼓、拊。

木：柷（ㄓㄨˋ）敔（ㄩˇ）。

後來八音泛指各類音樂。秦漢以前，常用的爲鐘、石磬、竽、瑟、鼓、管，認爲「此六者，德之音也。」（參見《史記．樂記》）

(二)五音和七音

所謂五音，指宮、商、角（ㄐㄩㄝˊ）、徵（ㄓˇ）、羽五個音階（有的書上寫爲「音級」），相當於現在音樂簡譜上的1–2–3–5–6（Do－Re－Mi－Sol－La）。關係如下：

Do　Re　Mi　Sol　La
1　2　3　5　6
宮　商　角　徵　羽

須說明，我們現在使用的1－2－3－5－6（Do－Re－Mi－Sol－La）音樂記譜方法是十九世紀以後「西學東漸」從西方引入的，中國傳統使用的記譜方法是宮－商－角－徵－羽「五音」記譜法。現在專業音樂人士是用表現力更豐富的五線譜記錄樂譜。當然，唱出來的音調大體是相同的。

所謂七音，就是在五聲音階的基礎上發展出兩個變音，稱爲「二變」。即在角、徵之間加「變徵」，相當於4（Fa），在羽、宮之間加「變宮」，相當於7 (Si)。變音，指五個基本音階的升高或降低。「#」是升音號，「ь」是降音號，相當於升高或降低半個音，如「#2」表示升2（Re），「ь2」表示降2（Re）。這也是音樂簡譜中的標示方法，總計七音，與現在的音階基本上一致了。關係如下：

Do　Re　Mi　Fa　Sol　La　Si
1　2　3　4　5　6　7
宮　商　角　變徵　徵　羽　變宮

音樂史家們認爲，七聲音階約產生於西元前十一世紀中期（相當於周武王克商時期），它豐富了原有五音的表現能力。須說明，這是基本的表述，4、7「變音」實際情況要稍微複雜一些。

(三)五種調式

即指宮、商、角、徵、羽五種「調式」。調式就是給一支樂曲定一個主音。因爲，宮、商、角、徵、羽五音之間，只有相對音高，而演奏一支樂曲則需要定一個主音的音高，其他音的音高就隨此主音音高而變化，然後才能演奏出起伏變化的樂曲來。比如，我們以「宮」聲爲某樂曲的主音，就稱爲「宮調式」，以「徵」聲爲主音，就稱爲「徵調式」，餘類推。

比如「宮調式」，是以宮音爲主音構成的調式。五聲音階是1－2－3－5－6，又稱爲「五聲宮調式」。由於以1（Do）爲基本音，該調式譜成的樂曲演奏起來就會顯得平緩古樸。

比如「商調式」，以商音爲主音構成的調式，五聲音階是2－3－5－6－i，又稱爲「五聲商調式」。由於以2（Re）爲主音，該調式就比宮調式高了一個音階，演奏出來的曲子就會顯得更優美恬淡，據稱古曲《春江花月夜》就是以商調式演奏的。

依次類推，「角調式」以3（Mi）爲主音，「徵調式」以5（Sol）爲主音，「羽調式」以6（La）爲主音。七聲調式，可依次類推。它們依次比前面的調式高一個音階。不同的調式對於表達不同的樂曲主題起到獨特的渲染作用，如「徵調式」有淒涼悲壯之感，「羽調式」則有慷慨激昂之聲。

> **《史記．刺客列傳》：「太子及賓客知其事者，皆白衣冠以送之。至易水之上，既祖，取道，高漸離擊築，荊軻和而歌，爲變徵之聲，士皆垂淚涕泣。又前而爲歌曰：『風蕭蕭兮易水寒，壯士一去兮不復還！』復爲羽聲慷慨，士皆瞋目，髮盡上指冠。於是荊軻就車而去，終已不顧。」**[1]

此是說，秦國攻燕甚急，燕太子丹爲挽救燕國危亡，四處尋找刺客刺殺秦王。燕國壯士荊軻受燕太子丹之託欲赴咸陽謀刺秦王，臨行前，燕太子丹在易水河邊置酒送行的場面。送行宴會上開始大約是演奏「宮

---

[1]白衣冠：荊軻此去，不論成敗，都不可能生還，白衣冠送行喻意送葬。祖：祭祀路神。既祖是祭祀路神已畢。築：古絃樂器，五弦。亦有說是十三弦、二十一弦，戰國時已流行。其形似箏，頸細而肩圓，弦下設柱以固定並調節弦。演奏時，左手按弦的一端，右手執竹片刮弦發音，故曰「擊築」。後失傳。長沙馬王堆一號漢墓中曾有出土，但弦已無存。

調式」，後變成「變徵調」，用4（Fa）作主音，奏出了悲壯的調子，故「士皆垂淚涕泣」。高漸離敲擊築樂器，荊軻和著樂曲而歌，又走到送行宴會的前面唱起了自編的《壯士歌》，樂曲變成「羽調」，用6（La）作主音，相當於現在的（後文十二調號中的「南呂」）A調，即以6（La）音高作爲1（Do）音，此調式更高亢，奏出了更爲慷慨激昂之聲，因而在場的人們，眼珠子都快要從眼眶裡蹦出來了，頭髮也一根根豎起來，直頂髮冠。宴畢，荊軻登車西去，一直走到看不見人影，他也沒有回頭望一眼（以示誓死如歸之志）。

不同的調式表達不同的音樂主題，產生不同的音樂效果。一支樂曲，中途變換調式，可以起到跌宕起伏的音樂效果。「變徵調」和「羽調」都是悲歌慷慨激昂一類的調子，所以在場送行者才有「士皆垂淚涕泣」，後又「士皆瞋目，發盡上指冠」的激憤效果。高漸離是荊軻刺殺秦王行動的副手，司馬遷繪聲繪色地描寫了這一悲壯的場面，如歷歷在目，堪爲中國武俠小說之鼻祖。如果我們不懂古代音樂知識，就讀不出這一段文字裡包含的豐富內容。

(四)十二律

前已述及，五音或七音沒有絕對的音高，而只有相對的音高，它們的實際音高是隨著「調子」轉移的。因而創作樂曲時，必須先確定該樂曲用何種調式，比如是用「宮調式」、「商調式」或「羽調式」等。而在演奏某樂曲時，又必須先確定該曲譜中居於核心地位的「主音」音高，而確定該主音音高就是用「十二律」的律管來決定的。該主音音高確定以後，其他音高亦隨之而定。前者爲「定調式」，後者爲「定調號」（可以理解爲「定音高」）。在《音樂基礎知識》一類的書籍或實際演奏中，也說成是先定1（Do）音的音高，以此確定主音及其他音的音高，意思是一樣的。

十二律是中國古代樂律學名詞。在中國音樂領域運用了四五千年，直到十九世紀以後引入西洋音樂方法才漸棄不用，只有專業的音樂工作者或古代音樂研究者才接觸到它。

律，古代用竹管或金屬管製成的定音儀器，共十二支，稱「十二律管」。又分爲六陽律：黃鐘、太簇、姑洗（ㄒㄧㄢˇ）、蕤賓（ㄖㄨㄟˊ ㄅㄧㄣ）、夷則、無射（ㄨˊㄧˋ）；六陰律，又稱「六同」、「六呂」：大呂、夾鐘、仲呂（一作「中呂」）、林鐘、南呂、應鐘。奇數爲陽律，偶數爲陰律，後世亦稱「十二樂律」。對照排列如下：

序號	1	2	3	4	5	6	7	8	9	10	11	12
十二律	黃鐘	大呂	太簇	夾鐘	姑洗	仲呂	蕤賓	林鐘	夷則	南呂	無射	應鐘
十二調號	C	#C	D	#D	E	F	#F	G	#G	A	#A	B
唱名	1	#1	2	#2	3	4	#4	5	#5	6	#6	7
五音	宮		商		角			徵		羽		
七音	宮		商		角	變徵		徵		羽		變宮

「七音」是全音（程）。全音之間有「半音」，上面「唱名」中的#1（升Do）、#2（升Re）、#4（升Fa）、#5（升Sol）、#6（升La）都是半音，半音之間沒有半音。七個全音加上五個半音，是十二個調號，這樣就與中國古代十二律正好相合。

十二律各有固定的音高，與現代西洋音樂對照，大致對應C、#C、D、#D、E、F、#F、G、#G、A、#A、B十二個固定的音。對此，王力在《古代漢語》（1980年版）第三冊第八單元「樂律」部分有一個註釋：「這樣的對照，只是爲了便於瞭解，不是說上古的黃鐘就等於現代的C，上古黃鐘的絕對音高還有待研究。其餘各音和今樂也不一一相等。」

十二支律管都是直徑三分、圍九分，管的長短按一定的比例而不同。漢．蔡邕《禮記．月令章句》說：「黃鐘之管長九寸，孔徑三分，圍九分。其餘皆稍短，唯大小無增減。」稍短，是逐漸短的意思。這是晚周的尺寸，一尺約現代的二十三釐米。律管長則發音低，律管短則發

音高，黃鐘管發音最低，應鐘管發音最高。十二支律管的長度有一定的比例，這意味著十二個標準音的音高也有一定的比例[2]。

一般來說，一個律就是一個半音，十二律就是十二個半音。十二律就是要在一個八度內，從第一律黃鐘到第十二律應鐘，按一定的生律方法產生每律之間的半音關係。

什麼是音的「度」呢？音樂上將兩音之間的距離稱爲音程，音程用「度」來計算。從1（Do）到 i （Dò）就是一個八度音程。關係如下：

1—1	一度（同度）	C調
1—2	二度	D調
1—3	三度	E調
1—4	四度	F調
1—5	五度	G調
1—6	六度	A調
1—7	七度	B調
1— i	八度	C調

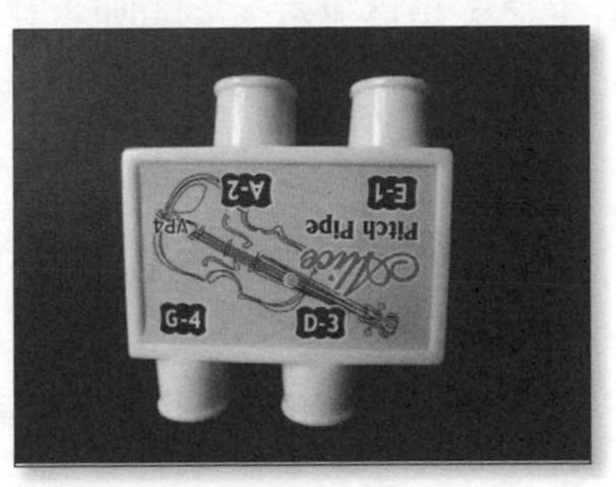

小提琴的定音哨

十二律用於確定十二個標準音高。現在演奏樂曲時定音，或校正樂器的音調，是一種專用的定音哨，而不再是竹製或銅製「律管」。比如，演奏某樂曲時以「宮」爲主音，定「黃鐘」律管所發之音爲該樂譜「宮」的音高，其他的音高則依次對應確定，此調式在中國古代音樂中被稱爲「黃鐘宮」調。調確定以後，曲譜就可以演奏、歌唱了（「黃鐘宮」調相當於現代的C調，是固定調，依次類推逐漸增高的其他調式）。

十二律可以輪流給宮、商、角、徵、羽五聲定音高，於是理論上就會有六十個調；十二律輪流給七音定音高，理論上就會有八十四個調式。此爲中國古代音樂上的「旋宮」理論。但是，實際上這些調式在古

---

[2]十二支律管的長短關係是按照「三分損益法」分配的，因太繁而不錄。對此，可參見《史記．律書》及柏楊先生著《白話史記．律書》的相關註釋。

代並非都使用，經常使用的只是一些常用的調。

《周禮．春官宗伯．典同》：「掌六律六同之和，以辨天地四方陰陽之聲，以爲樂器。」我們現在演奏或唱歌時，也是先要定調，還要定音高，調定高了、起音起高了，演唱時沒有很高的嗓門就會唱不下去，就是這個道理。《史記．律書》就是討論中國古代樂律的。

在十二律管中，古人以黃鐘爲十二律之本，曰「律本」，即律呂之根本，其餘十一律皆據之以生。《漢書．律曆志上》：「〔黃帝〕製十二筩以聽鳳之鳴。其雄鳴爲六，雌鳴亦六，比黃鐘之宮，而皆可以生之，是爲律本。」顏師古註：「可以生之，謂上下相生也，故謂之律本。」筩：同「筒」，竹管。

三、中國古代的音樂實踐

中國傳統的音樂，可分爲「雅樂」與「俗樂」兩大部分。雅，高雅。

所謂雅樂，就是宮廷、廟堂音樂，即君主在朝廷聚會或宴飲、宗廟祭祀等莊重場合演奏的樂曲，此類場合演奏的音樂無疑是莊嚴肅穆，氣氛堂皇。如《詩經．周頌．清廟》就是祭祀周文王的，此類場合是音樂、頌辭和舞蹈三位一體的，邊唱邊舞，音樂伴奏，所謂「載歌載舞」，那場面肯定是非常壯觀的。音樂沒有錄音機而失於傳，舞蹈沒有錄影機也失於傳，僅留下「頌辭」文字被記載在《詩經》之中。《詩經．周頌．閔予小子》是周成王祔武王神主於宗廟，合祭於諸先祖時的廟堂樂歌。此時周成王尚年幼，由周公旦攝政，故自稱「小子」。「閔予小子」就是可憐我這個小孩子啊！《詩經．魯頌．駉》是魯國貴族們歌頌魯國牧馬壯盛的樂歌，並引喻其人才之衆盛。駉：ㄐㄩㄥ，馬肥壯。《詩經．商頌》是殷商後裔祭祀商朝先王們的歌頌樂曲。周武王滅殷商後，將殷商遺民安置於宋國，以奉祀其先祖宗廟，該樂曲就出自於宋國殷商遺民之後裔。

所謂俗樂，就是民間音樂。它們大約是民間聚會、民俗活動及宴飲場合用來「湊熱鬧」用的。《詩經．風》部分，有十三風，曰：「周南」和「召南」的「國風」、「邶風」、「鄘風」、「衛風」、「鄭風」、「齊風」、「魏風」、「唐風」、「秦風」、「陳風」、「檜風」、「曹風」、「豳風」，基本上被認爲是東周時期黃河中下游和漢水流域十三個地域的民間樂曲，即「俗樂」。這些民間樂曲，同樣是音樂、辭章和舞蹈三位一體的。可以想像，那時人們在婚喪活動中是有樂曲的，在喪禮中也是音樂、歌辭和舞蹈三位一體地進行的，用以表達哀思、送行、聚族和宴飲之目的。

戰國時期就有「長袖善舞」一說。「長袖」即寬袍長袖，借指舞衣。長袖的舞姿自然婀娜多姿，富有動感。《韓非子．五蠹》：「鄙諺曰：『長袖善舞，多錢善賈。』此言多資易爲工也。」說明「長袖善舞」當時已是流行語言了。

古代中國人是能歌善舞的，秦漢之時都是如此。如西楚霸王項羽兵敗垓下，就演唱過自編自歌的楚辭《別虞姬歌》。

> 《史記．項羽本紀》載：「項王則夜起，飲帳中。有美人名虞，常幸從；駿馬名騅，常騎之。於是項王乃悲歌慨，自爲詩曰：『力拔山兮氣蓋世，時不利兮騅不逝。騅不逝兮可奈何，虞姬虞姬奈若何！』歌數闋，美人和之。項王泣數行下，左右皆泣，莫能仰視。」

書中沒有講到樂器伴奏，大約是那些軍樂班子在潰逃中都跑散了。一介赳赳武夫，是百萬軍中取上將首級如探囊取物的人物，然能編能歌，可見那時人對音樂歌舞的理解度和參與度都是相當高的。

又劉邦稱帝後，歸故鄉時也自編自唱自舞過楚辭《大風歌》。

> 《史記．高祖本紀》載：〔高祖十二年劉邦親率軍擊英布，獲勝。〕「高祖還歸，過沛，留。置酒沛宮，悉召故人父老子弟縱

酒，發沛中兒得百二十人，教之歌。酒酣，高祖擊築，自為歌詩曰：『大風起兮雲飛揚，威加海內兮歸故鄉，安得猛士兮守四方！』令兒皆和習之。高祖乃起舞，慷慨傷懷，泣數行下。」

劉邦是秦時亭長，好酒色，四處賒酒帳，一介無賴級的人物，也能編能唱能舞，還能擺弄「築」樂器，實為今日之中國人有些不可理喻。司馬遷寫《史記》時，漢武帝在位，他記下了劉邦這一段表現，絲毫也沒有高祖「輕佻」的意思，反而使人覺得「眞乃英雄本色」也！

三國時東吳大將周瑜也是精通音律的人物。

《三國志．吳志．周瑜傳》：「（周）瑜少精意於音樂，雖三爵之後，其有闕誤，瑜必知之，知之必顧，故時人謠曰：『曲有誤，周郎顧。』」

爵是大酒杯，三爵是三大杯，意指喝了很多酒後，對音樂的鑑別能力仍然非常的精準。

唐代被認為是中國傳統音樂藝術的高峰時期。自秦漢至隋唐，西域樂器、舞蹈及樂譜大量引入中原，樂器如琵琶、腰鼓等，舞蹈如「胡旋舞」（一種以各種旋轉動作為主的舞蹈形式）。這些西域傳入的樂器、樂舞經過中原樂師們的篩選與消化，並與本土原有的樂器、樂舞相結合，到唐代，隨社會的安定與經濟的發達，音樂藝術逐漸達到一個空前的高峰。唐玄宗時的大規模樂舞《霓裳羽衣曲》被認為是宮廷宴舞的代表作。

唐詩、宋詞都是能吟唱的辭章。古代沒有錄音設備，故只留下了文字的詩詞，而樂曲則沒有留傳下來。唐代朝廷設有「胡部」，是專門掌管胡樂的機構。

二十世紀七八〇年代以來，有音樂工作者致力於「破譯」古代音樂，先是破譯了敦煌的唐代曲譜，後來據說《霓裳羽衣曲》也被破譯出來並予以演奏。至於是否就是當時那個樂曲，當然就仁者見仁，智者見智了。

大約宋代以後中國人開始變得「老成」起來，君子不苟言笑，視歌舞為「輕佻」，此與宋明「理學」、「禮教」對人性的約束主張大有關係。於是，音樂舞蹈就愈來愈成為專業化之藝術了。

到明清，流傳至今的各類地方戲曲逐漸定型，如秦腔、豫劇、川劇、黃梅戲、越劇、湘劇高腔和花鼓戲等。有的地方戲劇有幸成為全國性的戲劇，如有「國戲」之稱的京劇，就是由安徽的地方戲在清代乾隆年間進京而逐步成為全國性戲劇的，史稱「徽班進京」。

這是中國古代音樂實踐的一般情況。

第二節　儒家關於音樂的起源

儒家有「樂本」理論，即關於音樂的根本、本源。它有兩個意思：其一，音樂起源於「人心」，這是儒家關於音樂起源的理論。其二，音樂改變「人心」，這是儒家關於音樂的社會功能理論。要注意：落點都在「人心」上。

音樂起源於「人心」。

《史記．樂記》：「凡音之起，由人心生也。人心之動，物使之然也。感於物而動，故形於聲；聲相應，故生變；變成方，謂之音；比音而樂之，及干戚羽旄，謂之樂也。」

這是說，音樂之起源，是由人心有感而發產生的。人心之所以「浮動」，是由外物的刺激造成的。人心受到外物刺激的感應就會形成單一的「聲」（聲響）。不同的聲響組合起來，就產生了變化；而且這一變化是有組織有協調的，於是就產生了（宮商角徵羽）清濁高低錯雜不同的「音」（音響）。將不同的音響錯雜排列而歡樂（此「樂」當讀ㄌㄜˋ，快樂。其他「樂」讀ㄩㄝˋ，音樂），舞者們手持干戚、羽旄（載歌載舞），於是就形成了「樂」（樂曲）。關係是「聲→音→樂」。

這裡需要解釋一些詞義：「聲」指單聲，如聲音、叫聲、啊聲等。「音」指音樂，即宮商角徵羽五音相雜和，有了高低聲響的錯雜排列。「樂」則指按照一定的音調形成的樂曲。比：錯雜排列之意。干，楯，盾牌；戚，斧頭。干戚是跳《武舞》時手所持。羽，野雞羽毛；旄，旄牛尾。羽旄是跳《文舞》時手所持。就是說，又唱又跳又伴奏才是「樂」（樂曲）。顯然，這是「雅樂」範疇。

《史記．樂記》：「詩言其志也，歌詠其聲也，舞動其容也。三者本於心，然後樂器從之。」古代的「詩」或「詞」相當於今天的「歌詞」，都是能吟唱的，它是表達「志向」的。「歌」指樂曲，是詠唱不同的聲音的。「舞」指舞蹈，雅樂有文武與武舞，是擺動身姿儀容的。「容」是指人的外觀，包括身姿與面部表情。就是說，詩、歌、舞三者合一就是「樂」，三者都發源於「人心」。

《史記．樂記》這一音樂起源的說法直接源於《荀子．樂論》。荀子就是與孟子平輩的儒家代表人物，而且是第一個「儒法合一」的大師級儒家學者。

第三節　儒家關於音樂的社會功能

音樂能改變「人心」。

《史記．樂記》：「凡音者，生人心者也。情動於中，故形於聲，聲成文謂之音。是故治世之音安以樂，其正和；亂世之音怨以怒，其正乖；亡國之音哀以思，其民困。聲音之道，與正通矣。」

前面講音樂起源於人心，所謂「由人心生也」。這裡講「生人心也」，即音樂可以改變人心，並通過音樂可以觀察一個地方或整個社會是否和諧，國家施政是否清明通暢，是音樂的社會功能。「聲成文」指不同的單一聲響相交織而成錯綜文采，於是成了「音」，音然後產生

「樂」。不同的音樂反映社會的和諧與否，施政是否成功，「治世」（太平世道）的音樂安閒從容與快樂，政治和諧；「亂世」（混亂世道）的音樂怨恨而憤怒，政治對立（乖：違背、對立）；「亡國」的音樂悲哀而憂思，其百姓處於困頓。音樂的規律，是與政治相通的啊！「正」通「政」，政治也、社會也。

司馬遷接著進一步論述了這一理論。

> 《史記・樂記》：「凡音者，生於人心者也；樂者，通於倫理者也。是故知聲而不知音者，禽獸是也；知音而不知樂者，眾庶是也。唯君子爲能通樂。是故審聲以知音，審音以知樂，審樂以知政，而治道備矣。」

就是說，從「聲→音」，從「音→樂」，這是三個層面，古人以此劃分出禽獸、衆庶和君子三個等級，並認爲只有「君子」才懂得「樂（曲）」，才懂得「治道」。衆庶（小百姓）只懂得「音（響）」，而禽獸卻只懂得單一的「聲（叫）」了。

最後，司馬遷做了一個總結。

> 《史記・樂記》：「太史公曰：夫上古明王舉樂者，非以娛心自樂，快意恣欲。將欲爲治也。正教者皆始於音，音正而行正。故音樂者，所以動盪血脈，通流精神而和正心也。……故樂所以內輔正聖心而外異貴賤也；上以事宗廟，下以變化黎庶也。」

傳統儒家文化中，非常重視音樂對人的教化作用，稱爲「樂教」。其重要性與「禮教」並列，所謂「禮樂相輔」，並由此制定了一整套完整的禮樂制度。孔子本人就非常重視音樂的教化功能。《孝經・廣要道》稱「安上治民，莫善於禮；移風易俗，莫善於樂。」當然，儒家還有所謂「詩教」等教化方式。

儒家認爲，音樂有「和」的社會功能，高雅的音樂可以使人的心靈純正，人際關係和諧，等級關係協調，從而將「樂」提升到治國安邦的高度，賦予治理天下的政治功能。《史記》關於「禮論」、「樂論」的理論均源於儒家，尤其是《荀子》一書的說法，因而這些觀點均可視爲儒家的思想。

儒家學說是一種關於「陶冶人心」與「治理社會」的學說，人們將之概括爲「內聖」與「外王」。所謂內聖，就是通過內心的修養而達到「聖人」的境界，也就是陶冶和教化，使人循規蹈矩，舊稱「正心，誠意，修身，齊家」，其中人心是根本；所謂外王，就是參與社會活動，安定社會和天下，舊稱「治國，平天下」（參見《禮記．中庸》）。儒家的「樂教」就是這一「內聖，外王」體系的一個重要組成部分。隨西漢武帝時期儒說被尊爲「國學」，這一整套理論也就成爲了國家學說，影響中國兩千餘年的歷史。

二十世紀五〇年代以後，我們將一些音樂視爲「黃色音樂」、「靡靡之音」予以打壓，就是這一文化傳統的延續。我們不妨稱爲音樂的「社會功能化」或「政治化」。

儒家學說，乃至整個中國的傳統思想，對理論有追求「大一統體系」之傾向，就是將某一個存在視爲與天地萬物其他的存在相和諧、相統一起來，都有一個「終極來源」，否則就會「站不住腳」。我們通過如下宮商角徵羽「五音」與其他存在的對應關係，就可以更清楚地理解這一點：

木	火	土	金	水
角	徵	宮	商	羽
東	南	中	西	北
甲乙	丙丁	戊己	庚辛	壬癸
春	夏	季夏	秋	冬
民	事	君	臣	物
肝	心	脾	肺	腎

儒家將音樂連同天地萬物、春夏秋冬、東西南北中、君臣人事、五

臟六腑，統統納於一個大系統裡去理解，它們之間是相通的，其運動節律一致，都受制於「天」。

此外，音樂理論還有一個「十二律候氣吹灰說」更是如此。一年有十二個月，音樂有十二律，依照《禮記·月令》的說法，十二律正好與十二個月對應。這就給音樂的十二律提供了一個終極的「理論來源」。關係如下：

孟春之月，律中太簇	正月
仲春之月，律中夾鐘	二月
季春之月，律中姑洗	三月
孟夏之月，律中仲呂	四月
仲夏之月，律中蕤賓	五月
季夏之月，律中林鐘	六月
孟秋之月，律中夷則	七月
仲秋之月，律中南呂	八月
季秋之月，律中無射	九月
孟冬之月，律中應鐘	十月
仲冬之月，律中黃鐘	十一月
季冬之月，律中大呂	十二月

十二律和十二個月的對應關係稱「律中」或「律應」，就是一個律對應著一個月。那麼，對應的根據何在？根據是「吹灰」說。方法是：在十二個律管中塞上葭莩灰，某個月份到了，和它相應的律管裡的葭莩灰就會飛動起來。此爲古人的「候氣」方法。

由於這一對應關係，古人在文學作品中也常以十二律代稱月份，如東晉陶淵明《自祭文》：「歲惟丁卯，律中無射，天寒夜長，風氣蕭索。」指季秋九月。唐·韓愈《憶昨行》：「憶昨夾鐘之呂初吹灰。」

意思是說「想起二月的時候」，因爲仲春之月律中夾鐘。歐陽修《秋聲賦》說「夷則爲七月之律」亦是此意。

從現代科學眼光看，這一說法是沒有根據的。中國傳統文化中還有不少類似的爲了「大一統理論體系」的需要而建立起來的牽強附會的比附。

第四節　中國傳統的殯葬音樂

殯葬音樂，就是在殯葬活動中演奏的音樂。如果按活動的性質分類，那麼它就應該稱爲「凶樂」。與此同時，天子、諸侯之家在祖廟中祭祀先祖的活動中所演奏的音樂則應當稱爲「廟樂」（同時還有「堂樂」，即朝堂之樂，合稱爲「廟堂之樂」）。這些音樂是我們殯葬業者應當有一定理解的「職業音樂」。

當然，對於古代的這些音樂我們只能從古籍中找到一些情況介紹，而對其音樂的旋律則無從考究了。

一、殯葬音樂的功能

死亡是社會生活中的一件大事，殯葬儀式則是人生禮儀中最重要的「儀式節」之一。可以說，每個民族都是以莊嚴肅穆而隆重的禮儀形式送行死者，並有一定的音樂相伴隨，構成自己民族文化的一部分。

殯葬音樂的性質是「送死」，顯然不同於其他音樂，如慶典、婚姻、節日活動中歡快旋律的「嘉樂」。因而，殯葬音樂有自己獨特的音樂旋律以及音樂文辭（歌詞），它是由殯葬音樂的功能決定的，大體上可以歸納爲四點：

(一)營造殯葬氣氛

有人去世，喪家肯定不能使用歡快的喜慶音樂，否則容易發生誤會，以爲這裡在辦喜事。況且，自己家裡人也難以接受，至親的意外死亡尤其如此。所以，與死亡事件性質相適應的殯葬音樂就非常有必要。如現在國內流行的《哀樂》，旋律低沉、緩慢，壓抑感非常強烈，對於營造悲痛治喪氛圍的效果是非常強烈的。當然，不同的死亡事件，不同的人物死亡，不同的家屬，可能對於治喪氛圍的價值認同各異，全國都使用一首《哀樂》來營造治喪氛圍，在喪禮的不同環節，如出殯、送殯、辭靈、下葬，甚至清明祭祖場合都使用它，顯然就沒有必要的了。所以，制定治喪各環節的音樂、祭祀音樂，是非常必要的。

如前述，靈堂上不能太寂寞，否則會太顯壓抑，人們的神經會非常緊張。在農業時代，人們辦喪事放鞭炮、請戲班唱戲等，其實就是吸引周邊人群來觀看以增加熱鬧度，並藉以驅散寂寞。儘管這些治喪方式被歷代的正統儒家人士斥爲「喪事娛樂化」，卻一直禁而不止，原因就在於此。

事實上，中國傳統的民間生活中經常也是有音樂相伴隨的，如送新娘子的路上就有當地的音樂人士一路吹吹打打，以營造喜慶氣氛；重要的節慶日、富貴之家做壽等日子，請戲班子唱戲，則爲營造歡慶氣氛。

(二)親和聚眾

人心嗜好音樂，以此爲樂（快樂）源之一。音樂又具有人心的親和力，人群的凝聚力，因而，中國歷代王朝均非常注意「制禮，作樂」。

不同旋律性質的樂曲有不同的主題，對一定場合具有一種親和作用，形成一種秩序感，從而造成一種人群的凝聚力，在婚、喪、慶典諸活動中，不同性質的音樂旋律就起到了這一「親和聚衆」的作用。

《禮記・樂記》說：「夫樂者，樂也，人情之所不能免也。樂必發於聲音，形於動靜，人道也。聲音動靜，性術之變，盡於此矣。……是故，樂在宗廟之中，君臣上下同聽之，則莫不和敬；在族長鄉里之中，長幼同聽之，則莫不和順；在閨門之內，父子兄弟同聽之，則莫不和親。故樂者，審一以定和，比物以飾節，節奏合以成文，所以合和父子君臣，附親萬民也，是先王立樂之方也。」

這是說，音樂是追求快樂的，人性貪戀音樂，故人情（即人性）不能無音樂。「夫樂者」，指音樂；「樂也」，指快樂。宗廟音樂得到了「和敬」，鄉間宗族間音樂得到了「和順」，家庭內音樂得到了「和親」，全是一個「和」。音樂起到了引導秩序的作用，這就是古代提倡音樂的目的。

中國傳統社會聚族而居，助喪人衆主要是同族、鄰里及姻親之人，殯葬音樂則能起到召喚並聚集宗族人群的作用。因爲，殯葬音樂不時響起，就意味著此喪事還在辦理中，族衆、鄰里以及姻親就不能全然離去。當然，與此相隨的還有喪宴等，它們起到了「留衆」的作用。可以設想，一個冷清無音樂的靈堂，將是一個讓人難以忍受的地方。

(三)凸顯禮儀

殯葬音樂具有凸顯禮儀的功能。就是說，在送殯、辭靈、出殯、下葬等不同環節中奏出不同的音樂，代表著某種「禮儀」的性質，起著提示人們「不同的殯葬禮儀環節」的作用。當然，這同時是在統一著參與者們的心靈。

(四)教化人心

音樂具有教化人心的功能，殯葬音樂同時如此，它對人們進行教育和薰陶，中國傳統的殯葬音樂中就大量存在著宣揚父母養育之恩，以宣

導孝道、人生短暫、萬事隨緣等思想，這些文辭大多是通過演唱一些殯葬樂曲時體現出來的。如湖南很多地方在辭靈儀式中有「家奠」吟唱，家奠畢有「唱夜歌」，其唱詞多爲傾訴死者生前養育子女的艱辛，爲家庭、家族、社區所做的重要貢獻，生前的美德（孝順、謙恭、善良）等，其去世是家庭、家族、社區的一大損失云。此類音樂一般是「專用的」音樂，多爲本地戲劇的某種變形，如湖南的「唱夜歌」就是湘劇高腔的變形，人們一聽旋律腔調就知道哪裡在辦喪事。

二、中國古代殯葬音樂概況

在周禮中，祭祀先祖、天地是屬於「吉禮」範疇，一般是有樂舞的，此有明文。如：

> 《禮記・祭統》：〔祭始祖廟〕「及入舞，君執干戚就舞位。君爲東上，冕而揔干，率其群臣以樂皇尸。是故天子之祭也，與天下樂之；諸侯之祭也，與竟（通『境』）內樂之。冕而揔干，率其群臣以樂皇尸，此與竟內樂之之義也。」

這是說，到舉行樂舞時，國君手執盾牌和斧頭開始站到舞位上。國君站於東邊的上首位，戴冕握盾，率領君臣舞蹈以娛樂代表祖考的「皇尸」，使之快樂。所以，天子之祭祀是與天下的百姓同歡樂；諸侯之祭祀是與同境內的百姓同歡樂。戴冕握盾，率領君臣舞蹈以娛樂代表祖考的「皇尸」，使之快樂，就是與境內的百姓共同歡樂的意思。干，盾牌。戚：斧頭。干戚常用於樂舞，在這裡屬儀式性兵器。皇尸：代表祖考的尸。尸是由未成年的嫡長子或嫡長孫等小孩子承擔，代祖先神靈受祭。古人認爲，小孩子純潔，可以通神。

> 《尚書・舜典》載：「二十有八載，帝乃殂落，百姓如喪考妣，三載，四海遏密八音。」

「八音」是對各種樂器的統稱，在這裡借指音樂。《尚書》是我國第一部上古歷史檔和追述古代事蹟的著作，它保存了商周，特別是西周初期的一些重要史料。這是說，堯死了，百姓像死了父母一樣痛苦，全國範圍內禁止音樂三年。遏密：遏，止也；密，靜也。但這似乎仍不能作爲治喪中使用音樂的證明。中國文化傳統遇「大喪」全國是禁止娛樂性音樂的，所以從現有的古代文獻看，夏、商、西周的殯葬音樂情況則仍不甚清楚。

《儀禮》、《禮記》、《周禮》稱「三禮」之書，記載了西周時期乃至更早的禮制情況，它們對殯葬、祭祀活動記述頗詳，但未專門討論喪葬音樂的問題。

> 儒家典籍《禮記·曲禮下》說：「居喪不言樂，祭事不言凶，公庭不言婦女。」

這裡講的仍然是居喪期間禁止娛樂性音樂，祭祀是「吉禮」，所以不言凶事（喪事、災害事均爲凶事），衙門中即上班時間不談論女人之事。「三禮」之書此類記載甚多，都可理解爲禁止娛樂性音樂。

> 《禮記·雜記下》：〔諸侯薨，出殯時〕「司馬執鐸。」

鐸是一種大鈴，搖鐸相當於後世搖鈴鐺，用以號令車馬的行止或政府發布廣告時用以提醒人們的注意。又《禮記·喪大記》：「君命毋嘩，以鼓封。」國君下葬時，下令不得喧嘩，以鼓聲指揮引繩下葬。「封」在這裡是下棺於壙的意思。當然，這都不是嚴格意義上的音樂。

> 《禮記·祭義》：「是故君子合諸天道，春禘秋嘗。……樂以迎來，哀以送往，故禘有樂而嘗無樂。」

這是說，君子按照春秋的季節轉換而舉行祭祀先祖。〔春天萬物萌蘇，想到亡故親人將隨春天而到來一樣〕故禘祭，〔秋天萬物凋零，想到亡故親人將隨秋天而逝去一樣〕故嘗祭。「禘祭」是春祭祖，「嘗

祭」是秋祭祖。嘗，是秋收後嘗新穀。樂（舞）是迎來者的，哀（傷）是送往者的。所以，禘祭中用樂舞而嘗祭中不用樂舞。從這一段看：秋祭（嘗祭）先祖是不用樂舞的，那麼，喪事就應該也是不用樂舞的。注意：「三禮」文獻中講「樂」是樂舞，即音樂、歌詞和舞蹈三位一體的。但不用「樂（舞）」不等於沒有專用的治喪音樂和歌詞，乃至專用的舞蹈。

但是，春秋以降送殯用音樂已經史有明載。如：

《左傳・哀公十一年》：「將戰，公孫夏命其徒歌《虞殯》。陳子行命其具含玉。」（杜預註：「《虞殯》，送葬歌曲。」）

這是說，西元前484年，魯國聯合吳國進攻齊國。吳軍驍勇善戰，當時軍威正盛，齊軍知很難取勝，故公孫夏命令手下將士們唱送殯歌曲，陳子行則命令手下將士們準備好死後的含玉，都是以示必死的決心。結果，齊軍還是被吳軍打得大敗。《虞殯》是送葬歌曲，齊軍將士人人都會唱，可見是非常普及的曲子，想必當時族內有人去世，大家都得去唱一唱的。

《顏氏家訓・文章》：「挽歌辭者，或曰古者《虞殯》之歌，或曰出自田橫之客，皆爲生者悼往告哀之意。」

這是說，北齊時唱的輓歌，其歌辭，有人認爲就是春秋戰國時輓歌《虞殯》中的歌辭（歌詞），也有人認爲是楚漢之際齊國田橫的門客們哀悼田橫的歌辭。這裡透露出，送葬輓歌是有曲、有詞的，是供送葬者歌唱的。當然是否有相應的（殯葬）舞蹈則不得而知了。後來的文獻也支持或沿用了這一類說法，如：

東晉・干寶《搜神記》卷十六曰：「挽歌者，喪家之樂；執紼者，相和之聲也。挽歌詞有《薤露》、《蒿里》二章，出田橫門人。（田）橫自殺，門人傷之，爲悲歌。言人如薤上露，易晞滅也。亦謂人死，精魂歸於蒿里。」

西漢，仍然繼承了祭祀宗廟用樂舞的傳統。

《漢書·禮樂志》：「高祖廟奏《武德》、《文始》、《五行》之舞；孝文廟奏《昭德》、《文始》、《四時》、《五行》之舞；孝武廟奏《盛德》、《文始》、《四時》、《五行》之舞。」

這是說，在祭祀漢高祖、漢文帝、漢景帝時各用不同的樂舞，這些舞樂是爲了褒顯祖宗的功德。同時，

《漢書·禮樂志》：「高祖既定天下，過沛，與故人父老相樂，醉酒歡哀，作《風起》之詩，令沛中僮兒百二十人習而歌之。至孝惠時，以沛宮爲原廟，皆令歌兒習吹以相和，常以百二十人爲員。」

這是說，劉邦去世後，在惠帝時，仍以一百二十名少年習唱《大風歌》樂舞，薦於沛宮高廟。原廟，重廟，就是在長安有高祖正廟，在故鄉再設一個「重複」之廟。僮：古稱未行加冠禮的未成年人，八至十九歲之間。男子二十行加冠禮。

《漢書·禮樂志》：「哀有哭踴之節，樂有歌舞之容，正人足以副其誠，邪人足以防其失。」

這是說，哀傷有哭（泣）踴（跳）的節奏，歡樂有歌舞的容表。這些設置，正人君子足可以表達他們的誠懇，邪人足可以防止他們的過失。就是說，喪事、凶事有「哭踴之節」，而歡樂才有「歌舞之容」。而這並不排斥殯葬音樂的存在，只是「不歡樂」罷了。

至漢代以降，殯葬音樂的記載屢見於史籍，成爲宮廷殯葬中一項非常重要的儀式，並時常導致喪事的娛樂化。

晉·崔豹《古今注·音樂》：「《薤露》、《蒿里》並喪歌，出田橫門人。（田）橫自殺，門人傷之，爲之悲歌，言人命如薤上之

露，易晞滅也，亦謂人死，魂魄歸乎蒿里……至（漢）孝武帝時，李延年分二章爲二曲。《薤露》送王公貴人，《蒿里》送士大夫庶人。」

這是說，漢武帝時期，用輓歌送葬有了等級規定，構成國家殯葬禮制的組成部分：王公貴人用《薤露》，士大夫庶人用《蒿里》。薤（ㄒㄧㄝ丶），一種多年生草本植物。這裡說《薤露》和《蒿里》兩首樂曲，出於田橫門人懷念田橫，眞實性不足。因爲，

戰國・楚・宋玉《對楚王問》曾說：「其爲《陽阿》、《薤露》，國中屬而和者數百人。」

這表明，西元前三世紀戰國時期楚國就已有了此類輓歌曲。

《史記・絳侯周勃世家》：「（周）勃織薄曲爲生，常爲人吹簫給喪事，材官引彊。」

薄曲：養蠶具，用竹蔑或葦蔑編織而成。材官，秦漢時期地方上有一定能力者作爲後備兵役人員。引彊，指拉硬弓，此指周勃年輕時能拉硬弓，有臂力。這段說，周勃年輕時貧賤曾替人吹簫辦喪事。

如淳集解：「以樂喪家，若俳優。」瓚曰：「吹簫以樂喪賓，若樂人也。」

此爲秦漢之際民間喪事娛樂化的記載。

《淮南子・本經訓》：「晚世風流俗敗，嗜欲多，禮義廢，君臣相欺，父子相疑，怨尤充胸，思心盡亡，被衰戴絰，戲笑其中，雖致之三年，失喪之本也。」

這是西元前二世紀西漢武帝時期的文獻，這實際上是在預言西漢將亡國。

《鹽鐵論．散不足》：「今俗因人之喪以求酒肉，幸與小坐而責辦歌舞俳優，連笑伎戲。」

這是西元前一世紀漢宣帝時期的文獻。這是說，趁人家治喪而去求索酒肉，隨便去坐一坐（好像給了人家一個很大的人情），就要求「歌舞」和「俳優」，還「連笑伎戲」。俳（ㄆㄞˊ）優，滑稽戲，類似於現在的相聲。伎戲，雜技百戲之類。治喪用樂已經嚴重地娛樂化了，似乎不是治喪，倒像是一個娛樂盛會，正統的儒家視爲敗俗。

再看東漢的情況。

《續漢書．志．禮儀下》載：「晝漏上水，請發。司徒、河南尹先引車轉，太常跪曰『請拜送』。載車著白系參繆紼，長三十丈，大七寸爲挽，六行，行五十人。公卿以下子弟凡三百人，皆素幘委貌冠，衣素裳。校尉三百人，皆赤幘不冠，絳科單衣，持幢幡。候司馬丞爲行首，皆銜枚。羽林孤兒、《巴俞》擢歌者六十人，爲六列。」

此爲皇帝駕崩。用公卿以下子弟三百人執紼拉靈車；校尉三百人持幢幡送行；六十人唱輓歌，用了巴渝的地方舞曲。巴俞即巴渝，今四川、重慶之地，此借指巴渝地方舞曲。此舞曲剛猛有力，爲武舞。

《續漢書．禮儀志》註引丁孚《漢儀》：「永平七年，陰太后崩，晏駕詔曰：『柩將發於殿，群臣百官陪位，黃門鼓吹三通，鳴鐘鼓，天子舉哀。女侍史官三百人皆著素，參以白素，引棺挽歌，下殿就車，黃門宦者引以出宮省。』」

這是漢光武帝劉秀的陰皇后崩，用生前服務的女侍史官三百人唱輓歌。侍史，或稱「侍使」，連坐沒入皇家爲奴的有才智年少女子，常侍奉服務於宮廷之中。還用了「鼓」、「吹」、「鳴鐘鼓」等樂器和禮器。

《後漢書．烏桓傳》：「俗貴兵死，斂屍以棺，有哭泣之哀，至葬則歌舞相送。」

這是遼寧一帶的少數民族，至葬時以「歌舞相送」。

《晉書．禮志中》：「漢魏故事，大喪及大臣之喪，執紼者挽歌。」

故事即慣例。大喪即所謂國喪，指皇帝、皇太后、皇后等去世。

漢以後，殯葬音樂的情況就更加普遍了，茲不論。

道教有自己的音樂，也用於民間治喪，茲不論。

佛教進入中國後，形成了中國化系列的佛教音樂，如《大悲咒》、《心經》均譜成了樂曲，有人世悠遠和莊嚴肅穆之感，介入了殯葬活動。茲不論。

第五節　我國現代殯葬音樂

殯葬音樂，即哀樂、悲哀樂曲。哀樂，英文funeral music，指專用於喪葬或追悼儀式的悲哀樂曲，因而可理解爲「凶樂」。此類樂曲的旋律一般沉重緩慢，極具悲痛感。正如「凶禮」是一個民族全部禮儀的一部分，而「凶樂」也是該民族全部音樂的一部分，由於它面對的是「死亡」，因而也就格外的沉重，具有民族文化沉澱。

中國古代文獻中最早使用「哀樂」一詞是《左傳．莊公二十年》：「哀樂失時，殃咎必至。」不過，這裡的「哀樂」是兩個詞，「哀」（悲哀）和「樂」（快樂），意指悲哀和快樂無節制，該哀的時候不哀，不該樂的時候樂，就會有災禍發生。

各地民族都有自己的殯葬音樂，而且均與本民族的宗教與信仰相聯繫。比如歐洲有基督教文化傳統，追思會多用基督教教會音樂，即使是

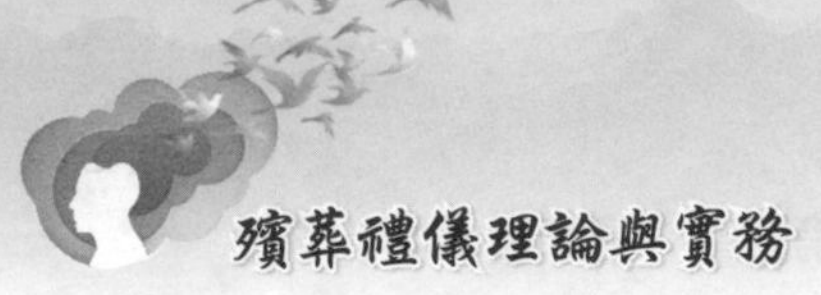

「文藝復興」以後的作曲家們創作的殯葬音樂，也受到這一文化傳統的影響。西方文藝復興以來的殯葬音樂對中國社會的影響頗深，故我們先看一下西方的殯葬音樂。

一、西方的殯葬音樂

西方影響最深遠的治喪音樂有莫札特的《安魂曲》、貝多芬的《葬禮進行曲》、蕭邦的《葬禮進行曲》。

莫札特（1756–1791），奧地利人。莫札特三十五歲即英年早逝。研究者認爲，他可能是患了膿毒性咽喉炎，引起併發症而去世的。在他病重時的一天，一位神情冰冷、身著黑衣的陌生人前來拜訪他，請大師爲他寫一首《安魂曲》。莫札特覺得，這是爲自己寫送終曲了。他帶病拚命地創作他人生的最後一部作品，與死神競賽。但直到他臨終一刻，《安魂曲》才寫到一半，莫札特便與世長辭，這部傳世之作是他的得意門生修斯梅爾最終完成的。《安魂曲》被認爲是具有新時代精神的宗教音樂中難得的一部傑作。莫札特一生最窮困潦倒之時，他的音樂作品中也沒有痛苦與悲傷，而只有純淨的歡樂，這部臨終前的作品仍是如此，樂曲中充斥著天國的光芒．照耀著人生崇高的宗教感情，以及與命運抗爭的精神。

貝多芬（1770–1827），德國人。貝多芬著名的《降E大調第三交響曲》的第二樂章，甚慢板，C小調，3/4拍子，亦被稱爲《葬禮進行曲》。該樂章是貝多芬所創作的作品中最有影響力的樂章之一，莊重、哀傷，又充滿美感和獨特的感情張力，由簡單主題發展出多種變化，是貝多芬成熟風格的代表。該樂章通常被認爲是「英雄之死」，羅曼．羅蘭稱之爲「全人類抬著英雄的棺柩」。

蕭邦（1810–1849），波蘭人。《葬禮進行曲》寄託著作者對華沙起義中爲民族解放事業而獻出生命的烈士的哀思，是蕭邦音樂中最膾炙人口的篇章之一。蕭邦1849年10月17日在巴黎辭世，巴黎所有優秀的藝

術家都參加了他的葬禮，他們用莫札特的《安魂曲》和蕭邦自己的《葬禮進行曲》送他入土下葬。

莫札特、貝多芬、蕭邦都是在一個動盪的、「激憤的年代」進行創作的大師級作曲家，他們都懷抱著與命運抗爭、「不死不休」的精神，因而，他們對於死亡也抱持一種激憤的、「不屑一顧」的神色，與道家「視死如歸」的精神有相通之處。基督教本來有視死亡爲「回到」主的「懷抱」、刻意「淡化」死亡意識的文化傳統，這兩種情結反映到他們的治喪音樂上也是較少「悲哀」的色彩，而更多的是時代的奮起感。

我國現在專用於喪葬或追悼儀式的哀樂主要有兩首：《哀樂》、《葬禮進行曲》。簡要說明如下。

二、關於《哀樂》

此指一支命名爲《哀樂》的喪葬樂曲。關於《哀樂》的作者，有如下三種說法：

第一種說法，《哀樂》由中國作曲家劉熾（1921–1998）等人改編自陝北民間音樂。1942年春，延安魯迅藝術文學院音樂工作者劉熾、張魯等隨河防將士訪問團到米脂采風，對一首陝北民間曲調進行記錄整理，在成吉思汗安陵儀式和迎送劉志丹靈櫬儀式上演奏，這便成了《哀樂》的雛形。

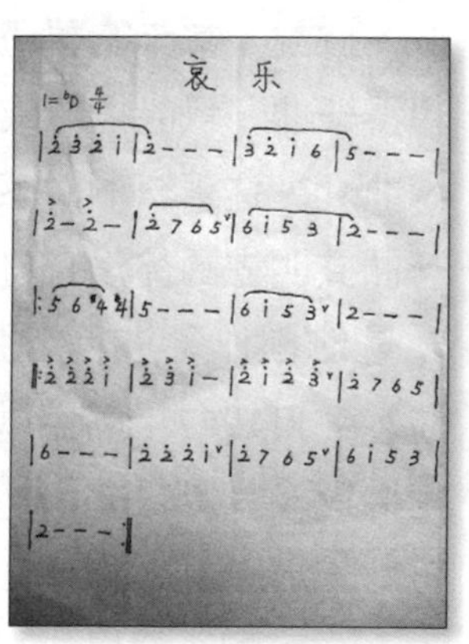

《哀樂》簡譜

第二種說法，《哀樂》由中國人民解放軍軍樂團首任團長羅浪（1920–）根據北方一首民間吹打樂曲調改編而成。《哀樂》首次演奏是1945年在張家口悼念陣亡烈士的典禮上；1949年在天安門廣場舉行人民英雄紀念碑奠基儀式，中央批准正式作爲國家葬禮樂曲。

第三種說法，《哀樂》由作曲家馬可（1918–1976）改編自陝北民間音樂。當時受命爲了追悼1936年東征中犧牲的劉志丹同志。

相同的，都是說改編自陝北（或北方）民間曲調，是為了在烈士追悼會（或直言追悼劉志丹）演奏的需要。有的《哀樂》曲譜子上則直接標著「陝北民間曲調，劉熾等記錄整理，羅浪編配管樂曲」字樣。

《哀樂》以「2」為主音，降D調，旋律起音高亢，唱音起伏較大，低沉緩慢，如泣如訴，悽楚感人，4/4節拍，能與緩慢行進的步伐相配合。反覆運用四拍拖音亦是《哀樂》的一大特色。

三、《葬禮進行曲》

《葬禮進行曲》由中國著名作曲家李桐樹創作。

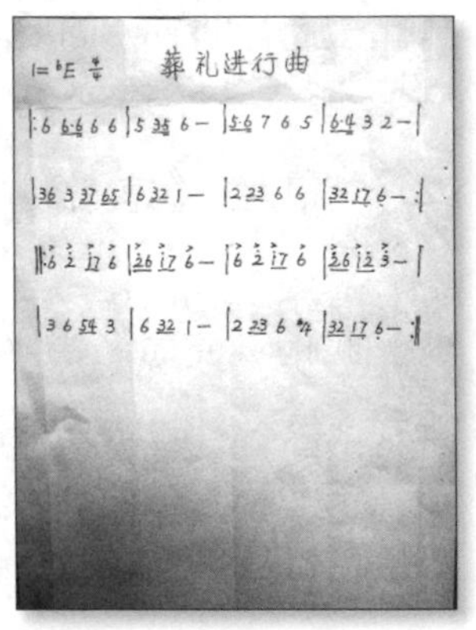

《葬禮進行曲》簡譜

李桐樹，1924年11月出生於河北省東鹿縣。據說，當年的葬禮上，由於沒有專用的葬禮樂曲，只能播放或演奏蕭邦的《葬禮進行曲》，這讓李桐樹感覺很不安，中國作為一個文明古國卻沒有自己的治喪禮儀樂曲。於是他創作了這首管弦樂合奏《葬禮進行曲》，自1947年創作以來，至今一直被中國定為正式葬禮儀式用曲。

《葬禮進行曲》以「6」為主音，降E調，旋律凝重遲緩，4/4節拍，亦可配合緩慢的行進步伐。現在很多殯儀館在追悼會中，前段播《哀樂》以「造勢」，末尾繞場一周瞻仰遺容時則播《葬禮進行曲》，因為該曲似乎更適宜於緩慢行進步伐。

《哀樂》和《葬禮進行曲》的旋律均側重在一個「哀」的感情，凝重；也就是說，我們是在排著隊伍「送屍」、「安葬屍體」於地下，而不是在「安魂」、「送（靈）魂去天國」。差別就在這裡，從中我們看到了中國人對於「死亡事件」的認知。

四、其他形式的喪葬音樂

《哀樂》、《葬禮進行曲》是被「認可的」官方喪葬音樂，幾十年來在殯儀館等治喪場合廣泛使用。

在民間各地還存在著相當多的喪葬專用樂曲，尤其是農村，它們由地方戲曲改編而成，具有地域性。有些地方甚至將《哀樂》予以改編，融入了當地的民間曲調，使之更加符合當地的風俗。比如，浙江省麗水地區的「民眾哀樂」就是如此。由麗水民間藝人葉竹能創作改編的銅管樂曲譜一本，就蒐集了當地民間治喪樂曲《民眾哀樂》十餘首，例如《分離情》、《子女淚》、《哀思》、《滿堂哭》、《懷念》、《送魂》、《哭相思》、《惜別離》、《別梁祝》，有些還配有打擊樂鼓譜。這反映了我國民間喪葬音樂的地方化變異。

由於《哀樂》、《葬禮進行曲》的凝重，低沉緩慢，瀰漫著某種壓抑，甚至恐懼氣氛。故一些人士提出，治喪不一定要演奏此兩曲子，盡可以將喪事辦得「陽光」一些，尤其是福壽雙全者去世，按中國的傳統就是辦「喜喪」了。於是他們提出，是否可以而且應該以另一種較隨意、較歡快的方式來治喪，比如在告別儀式時演奏抒情曲子，甚至歡快一些的曲子。

著名的書法家啓功先生（1912–2005）晚年給親友們講一個笑話，他說，人死了，哭哭啼啼，放哀樂，實在沒意思。他死後，將骨灰放在抽水馬桶前，親友們輪流上來講幾句告別的話，然後，一按水閘，骨灰就沖走了，他說這是「馬桶葬」。他死後，人們大概沒有如此處理他老人家的骨灰，但這反映了相當一部分有識之士對於葬禮、官方規定的殯葬音樂「不屑一顧」的神情。

湖南省著名民歌演唱家何繼光先生於2004年去世，據說，他的親友、弟子們就在他的治喪儀式上演奏他生前喜愛的樂曲以示告別（何先生曾於1960年代上半葉獨唱《挑擔茶葉上北京》而名聲大振）。

日本的音樂送葬儀式

中國當代舞蹈藝術奠基人之一、著名舞蹈藝術家、舞蹈教育家戴愛蓮女士2006年辭世，享年九十歲，在告別儀式上沒有播放傳統哀樂，而是特意挑選了幾首她生前最喜歡的經典音樂，以及當年她創作的舞蹈音樂，此外還播放了貝多芬《第三交響曲》（英雄交響曲或葬禮進行曲）的片段、蕭邦的《葬禮進行曲》，這就更符合她獨特的藝術氣質。

著名視覺形象大師陳逸飛去世後，告別儀式上，播放了他早年電影《海上舊夢》中的鋼琴曲以代替低沉的哀樂，殯葬儀式上也沒有太濃重的悲傷氛圍，也非常符合這位藝術大師的非凡氣質。

中國「改革開放」以來，很多城市的文藝隊伍形同解散，成員自謀生路，很多成員進入民間治喪的領域；同時，農村自行組織的一些樂隊班子也廣泛承攬當地的治喪業務，客觀上極大地提升了民間治喪的水準。

民間經濟條件較好的人家，同時延請「國樂」和「管樂」兩套班子，即傳統樂器和西洋樂器，在喪禮現場輪流演奏，以壯聲威。

此外，隨著社會對於殯葬儀式接受度的提升，音樂人士更不拒絕以藝術的形式給親友、生前友好送行。

殯葬音樂的多樣化反映了時代的進步，甚至一些流行音樂也進入了葬禮現場。比如下列樂曲都可供參考：

悼念長輩用《好人一生平安》、《思母》、《送別》、《世上只有媽媽好》等。

悼念平輩或晚輩用《真的好想你》、《祈禱》、《讓我再看你一眼》等。

悼念愛人用《長相依》、《渴望》、《思念》、《淚雨》、《想你想斷腸》、《輕輕地說聲愛》、《一簾幽夢》、《好人一生平安》、

《化蝶》等。

喜歡懷舊的用三、四〇年代的歌曲：《永遠的微笑》、《不了情》、《過去的春夢》、《燈紅酒綠》、《美酒與咖啡》等。

喜歡異國情調的就用《三套頭》、《小路燈光》、《莫斯科郊外的晚上》、《山楂樹》、《喀秋莎》、《寶貝》、《星星索》等。

喜好戲曲類的就用《京調》、《梁祝十八相送》、《滬劇曲牌》等。

喜好曲子類就用《二泉映月》、《江河水》等。

基督教徒用《神愛世人》、《贊慕福地歌》、《再相會歌》、《與主接近歌》、《仰望天家歌》、《我的家在哪裡》等。

操作一場喪事要先「定調」，先確定事情的性質，如公祭、家祭、追悼會、家奠、公奠、小規模的安葬儀式和大規模的安葬儀式等；然後「定樂」，在不同的環節選用不同的音樂。這樣可以使治喪現場更具人情味，少壓抑感，更能體現出對逝者的追憶和懷念之情，使得人文主義精神也得到了充分的展現。

殯葬業者要收藏一定的適用於殯葬、祭祀活動的音樂，以供選用。

第六章 靈堂禮儀

人去世了，就得辦喪事，辦喪事就得要有一個場地。簡言之，靈堂就是辦喪事的場地。中國傳統以為，人死了就成為了「神靈」，故謂「靈」；辦喪事不能在露天，要有一個寬敞的房屋，通常是設在堂屋（或正廳）之中，故謂「堂」，合起來就是「靈堂」。本章討論設置靈堂時一些相關的禮儀程序。

第一節　靈堂禮儀概述

一、靈與靈堂概述

在殯葬活動中，「靈」字使用頻率極高，例如「靈堂」、「接靈」、「豎靈」、「安靈」、「移靈」、「靈位」……所以，我們有必要先來瞭解一下到底什麼是「靈」。

「靈」本意是指「巫」。東漢·許慎《說文解字》解釋說：「靈，巫以玉事神。」就是說，巫者拿著玉器來向神獻祭。屈原《楚辭·九歌·東皇太一》：「靈偃兮姣服，芳菲菲兮滿堂。」意思是說，鬼神托於巫者之身，穿著華麗的服裝，降臨到宮室，霎時間芳香一片。

後來，「靈」也指代神靈。《詩·大雅·生民》：「不坼不副，無菑無害。以赫厥靈，上帝不寧。不康禋祀，居然生子。」此是說，周族人的祖先姜原生后稷時，受到神靈的恩惠，順利降生。《漢書·禮樂志》：《郊祀歌》十九章，其詩曰：「九重開，靈之斿（古同『遊』），垂惠恩，鴻祜休。靈之車，結玄雲，駕飛龍，羽旄紛。靈之下，若風馬，左倉龍，右白虎。靈之來，神哉沛，先以雨，般裔裔……」好一派神靈下凡的氣勢！

「靈」又指逝者的靈魂（或稱魂靈）。古人將人二重化，視為身體與靈魂的合二為一體。唐·溫庭筠《過陳琳墓》：「詞客有靈應識我，

霸才無主始憐君。」毛澤東《新民主主義的憲政》：「孫先生在天之靈，眞不知該如何責備這些不肖子孫呢！」

靈位牌

「靈」指逝者的「靈魂」，有時也指代逝者的遺體、靈柩。例如：《紅樓夢》第十三回：「寶玉下了車，忙忙直奔停靈之室，痛哭了一番。」第十四回：「二爺帶了林姑娘同送林姑老爺的靈到蘇州，大約趕年底回家。」老舍《四世同堂》：「廟裡能停靈，可不收沒有棺材的死屍。」

當然，「靈」的義項還有很多，諸如「應驗」、「靈氣」、「靈性」、「美好」等等，但這些都和殯葬服務無關，故不論。

在現代殯葬服務過程中，「靈」字在很多時候是指逝者的遺體（或骨灰），如「接靈」，就是接運逝者的遺體（或骨灰）；「安靈」就是安置逝者的遺體（或骨灰）。「靈」有時也可以指逝者的靈魂，例如「豎靈」，就是指逝者的遺體被接運離開後，（在家裡）立起一塊木牌，牌上書寫逝者姓名，以示將逝者的靈魂招附於木牌上，避免其遊離無所，供人們弔唁，俗稱爲「立靈牌位」。

「靈堂」是指停放靈柩、骨灰，或設立靈位、遺像以供人們弔唁的場所。元．無名氏《冤家債主》第二折：「你也想著一家兒披麻戴孝爲何由？故來這靈堂裡尋鬥毆。」公劉《白花與紅花》：「前年一月八，霜欺兼雪壓。敢問靈堂何處是？尋常百姓家。」

靈堂因其設置的地點不同，通常分爲「家庭靈堂」和「治喪靈堂」兩種。家庭靈堂是指人去世後，家屬有時在自家客廳設置一個小桌，立逝者牌位、供品等以作靈堂，以供自家人及來賓悼念，而遺體則已經移走了。治喪靈堂則是給死者行家公奠，或舉行悼念、告別儀式的場所，現在城市裡一般是在殯儀館租賃靈堂（殯儀館通常稱爲「禮廳」），農村則多在自家門前空地上搭棚爲靈堂（民間通常稱爲「靈棚」）。由於城市化的進展，現在愈來愈多的城市不准市民當街搭棚建靈堂，因而，在殯儀館治喪也就逐漸成爲時尚。

現在，有的殯儀館開設了「守靈服務」的業務，即在館內專設用於家庭守靈的房間（或一幢小樓等），當舉辦追悼會時，再移靈到較大型的禮廳中去。對此，我們不妨稱爲「守靈靈堂」。當然，有的家屬就在守靈靈堂裡舉辦告別會或追悼會。

守靈也稱爲「守夜」，是中國非常古老的習俗。古人認爲，人死後，其靈魂離開身體不遠，三天內要回家探望，因此其子女須守候在靈堂內，以示「接待」、供養之意。一些相應的親友通常也會伴守孝子孝女，幫助守靈。事實上，這一守靈一直要到遺體出殯下葬（或火化），撤除靈堂爲止。從社會心理學角度來看，守靈的意義其實在於，尊長、至親死亡之後，家屬不能馬上接受「死亡」的事實，通過守靈而逐漸「接受死亡已經發生」這一事實，並「陪伴」剛死亡的親人一段時間，以示懷念、盡哀之意。《初刻拍案驚奇》卷十三：「兒媳兩個也不守靈。」《紅樓夢》第一一〇回：「寶玉、賈環、賈蘭是親孫，年紀又小，都應守靈。」《醒世姻緣傳》第六十回：「狄希陳道：『我在此守靈哩。爺爺與相大叔俱在這裡，我怎好去的？』」

沈從文《邊城》二十：「剩下幾個人還得照規矩在棺木前守靈過夜。」

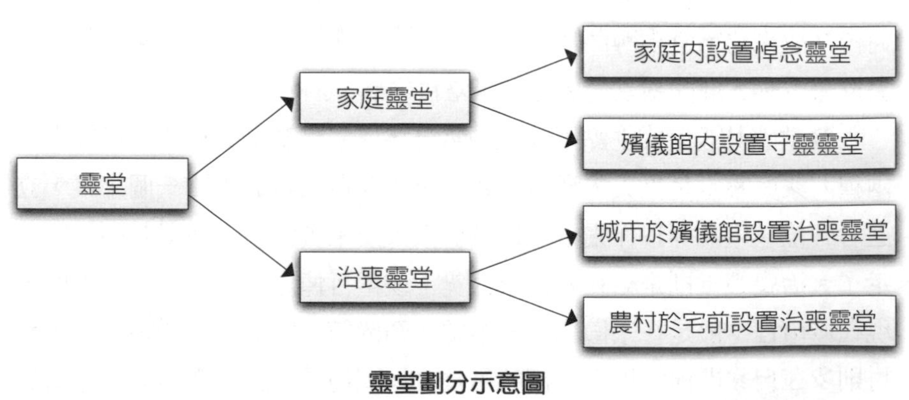

靈堂劃分示意圖

二、有關靈堂禮儀

親人去世後，家屬及親友們對死者的悼念活動隨之就會展開，並伴隨著相應的儀式。這類活動是家屬在「殯」期間內，通過諸如豎主、朝夕奠、上香，有宗教信仰者還有誦經等，以此表達挽留、祈禱、祝頌之意，並與逝者做最後的告別。此即為守靈禮儀。來賓則通過弔問禮儀來表達對死者的哀悼、對遺屬的問候。「弔」是弔唁死者，「問」是慰問家屬。這一類悼念活動多在靈堂內進行。

家庭靈堂一般只接受至親好友弔唁。

下面介紹家庭靈堂的豎靈、移靈、守靈等禮儀。在治喪靈堂進行的其他禮儀如家奠禮、公奠禮、追悼會、告別儀式、出殯禮等，將另章論述。

第二節　靈堂布置禮儀

一、家庭靈堂布置

家庭靈堂布置

人去世後，遺體或移至殯儀館、或入棺置於治喪靈堂中，至下葬、火化前為「殯期」。此時，可以在家中設立靈堂，以為憑弔之所。

家庭靈堂通常由客廳或農村的堂屋裝飾而成，其布置應隨空間大小而定。一般是設立一個桌台（稱祭台或供桌），並留有一定的活動空間供行禮憑弔之用，可繁可簡，不要拘泥，只要意到即可。

其下就設置家庭靈堂提供一些參考。

(一)靈堂空間的準備

首先，應該對靈堂空間進行整理，將不必要或不合適的物品搬出或隱藏。

當一些物品無法移出時，可以採用黃色或白色的帷幕來遮住。

(二)靈堂內的布置

事先應將靈堂布置圖出示給家屬，以獲得家屬的認可。

傳統上，在靈堂四周主要用白色的帷幕，靈堂正前方則飾以黑紗。

關於四周的帷幕，有的使用圖釘，或透明膠黏貼，或尼龍繩等捆紮，事先都應該與家屬商量確認。布置帷幕前要準備必要的布類及工具袋。工作時，戴上白手套可以避免弄髒布幕。現在的房屋有些不能使用圖釘，這種情況下必須事先設置木板等墊材。事先把必要的材料備齊，工作起來就順手。

如果帷幕面積較大，有一定的重量，注意要掛牢、掛平展，不宜掛得太鬆弛。張開以後，要檢查一下，是否縱橫平行或成直角。具體如下：

1.帷幕的上下要平行。
2.張弛有度。
3.不能於角落留有縫隙。
4.做皺褶時，要整理好皺褶間隔。
5.圖釘、繩子等不能外露、脫落。

在布幕正前方可以懸掛輓聯。輓聯的大小長度視祭台大小及空間情況而定。

靈堂前方正中要掛黑紗或黑紗纏挽的大白花，其上還可以用紙或布

家庭靈堂内的布置

書寫逝者姓名及「懷念」、「奠」等字樣。掛黑紗、白花或字幕時要注意左右對稱。

現在，帷幕也變得個性化和裝飾化了，出現了皺褶幕、暈染幕、逝者生前生活片段的藝術幕等各式各樣的帷幕。材質也多樣化，如廣告紙、廣告布、蕾絲、絲綢等。因爲要努力布置好靈堂，所以各方面的技術都必須提高。需要注意的是，布置靈堂不是殯葬業者的自我滿足，而應以是否滿足家屬的意願、是否能成爲合適的葬禮舉辦空間來進行整體的調整。

複雜一些的家庭靈堂也可委託當地的禮儀公司、廣告公司來布置。

也可布置簡易的家庭靈堂，就是直接在客廳以小飯桌、書桌作爲祭台，放置拜墊等即可。

(三)祭台的布置

祭台（或祭壇）是靈堂的重要組成部分。祭台給人們進行弔唁提供了一個逝者的「對象物」。祭台布置必須莊重、大方，並符合逝者生前的特點。其布置大致如下：

祭台基座通常由高低幾張桌子組成。

祭台基座組配時的位置、大小、高度視現場而定，一般居於堂屋或客廳正面。

祭台上一般鋪設有黃色的台布，台布用綢緞或棉布均可。

台布鋪設應注意是否平整，是否偏離中心，是否鬆弛等。

祭具也應該從中心開始，兩邊呈對稱擺設。其布置大致如下：

前面低的桌上中心放香爐一個，兩邊放燭台、花瓶、果盤，左右各一，果盤擺放供品。後面高的桌子可依次擺遺像、神主位牌。

在裝飾台的周圍，可以擺一些花籃。當然，花籃的多少要根據房間及祭台大小來安排。

如果家裡有佛堂，祭台就可以橫放在佛堂前。

如有佛像，對佛像要愼重對待，用圖釘固定，一般不予遮住。

布置完後，要對祭具認眞檢查，看看是否平行，是否合乎中心，左右是否對稱、祭具的位置是否擺放正確等。

如果有宗教人士參與誦經等活動，要安排經桌，備齊燭台、香爐、花台等物品；如果空間允許，可以在祭台前方地面鋪設地毯。地毯應以藍或綠色爲主。

在工作中，注意不要損壞房柱、牆壁、隔拉門、天花板等。

在工作中，不要高談闊論，要專注於工作。爲了使工作不停滯，不要雜亂無序的去做，而要循序漸進地一個個整理好。

工作後，要清理、打掃場地。

祭台布置後，要讓親屬確定一下。如果按宗教儀式來安排葬禮時，一定要尊重宗教方的意願，得到他們的確認。

二、靈堂禮儀簡介

在殯葬服務過程中，「移靈」和「豎靈」是殯葬單位經常需要提供的禮儀服務專案。

現在的殯儀公司提供的移靈服務及黃羅傘蓋，以尊顯「皇家氣派」

(一)移靈

移靈就是搬運遺體，將遺體搬運到治喪的靈堂中去。正常死亡的情況，去世發生在醫院或居家。「移靈」就是將逝者的遺體由醫院太平間或居家處移往治喪靈堂。治喪靈堂

可能設置在農村居家的前面空地，城市則多爲殯儀館。有時，遺體到了殯儀館門口，又設置一個「迎靈儀式」，就是用儀式將遺體迎入，也可視爲移靈。

移靈可以是兩位服務人員簡單的搬運，也可以設置一些禮儀，如動用儀仗法器、護靈人員，設置一些服務環節等，使簡單的運屍行爲具有一些「程序性」、「可觀性」，以提升殯葬服務的所謂「檔次」。當然，不管是簡單的或是複雜的，我們都應當用心，以認眞而恭謹的態度去做，體現逝者的尊嚴。

(二)豎靈

「豎靈」又稱「立主」，就是設立逝者靈牌位。民間治喪豎靈時有一定的禮儀，如上供品、孝子祭拜等，信佛者則還有誦經念佛、爲死者祈福等程序。

豎靈

民俗認爲，人初終時，其靈魂尙在四處遊離找不到歸依。豎靈的目的就是將死者魂魄聚集在靈牌位上，讓靈魂有所歸依。而燃香的目的則代表子子孫孫香火不斷，代代相傳。豎靈儀式，西周文獻中即有記載，是祖先崇拜之產物。如《周禮》中，治喪時，在靈堂置立一個臨時神主牌位，上書先人的名諱，奠祭時子孫及來賓對著行禮，周禮中稱爲「重」。下葬時將「重」一起下壙，葬禮畢，另做神主牌位放置於祖廟之中。周代的廟寢制度，天子七廟，諸侯五廟，大夫三廟，庶人一廟等，曰「祖廟」，祖廟置立有祖宗的木牌神主，上書祖先名諱，子孫拜祭時就對著木牌行禮。

佛教傳入後，佛教儀式滲入其中，在豎神主牌位時摻入相當的佛教儀式，如延請僧人誦經念佛等。

以社會學觀點看，神主牌位給人們提供了一個關於逝者的「替代性精神寄託物」，它是中國式偶像崇拜的東西，像猶太教、基督教、伊斯蘭教一類宗教，反對偶像崇拜，就沒有神主牌位這類的東西。

(三)守靈

給逝者守靈是中國古老的殯禮習俗，亦可視爲陪伴尊長臨終之際行爲之延伸，所謂陪伴親人「最後一程」。如果是宗教儀程，還要在逝者之旁誦經念佛。簡言之，守靈就是守護逝者，守護靈堂。

守靈有兩種情況：一是整個治喪期間，靈堂內白天、黑夜均有人守護，可以是孝子們輪流守，也可能是其他親友輪流幫著守。徹夜守靈是一件非常辛苦的事情，所以孝子們一般必須親力親爲，否則有「不孝」之嫌。而且孝子不親力親爲，其他親友們也不會賣力。二是指出殯前夜的徹夜守靈。此夜有最爲莊重、最熱鬧的辭靈儀式，通常晚飯後開始，半夜前完畢。但孝子們整晚都不能睡，要守護靈堂到天亮，直到出殯。很多時候，守靈是指出殯前一夜的守靈，《紅樓夢》中秦可卿、賈敬、賈母去世時，都有辭靈夜守靈的描述。出殯前夜的守靈更爲重要，更正式。

不管是整個殯期的守靈守夜，或出殯前夜的守夜，都會表演一些奠祭儀式來「充實」。當然，也不可能整天整夜都有儀式活動，於是很多地方人們就在靈堂裡打牌、搓麻將、神侃來消遣時間。喪家要以一日三餐招待，中晚餐有酒有肉，夜晚還要提供消夜。各地的招待方式有異。

通常，喪家還要「正式」招待親友來賓一餐，有的地方重視出殯前夜的中餐，現在城市則重視出殯後的中餐，民間稱此喪宴爲「爛肉飯」或「豆腐飯」，也有稱「平安宴」或「散宴」，各地稱呼不一，茲不詳論。

從社會學、文化學觀點看，守靈（尤其是辭靈夜的守靈）旨在強調生死之間最後的情感離別，此夜舉行的辭靈儀式或宗教儀式，則是在以

一種合乎文化規範的方式給尊長、親人「送行」，所謂「事死如事生，事亡如事存」。同時，守靈是不使靈堂太冷清，尤其是夜晚的守靈，否則會加重靈堂或喪家的恐懼感，因而守靈也成了「考驗」各類親友與喪家的人際關係、修補或提升此類人際關係的一次機會。

第三節　家庭靈堂禮儀

一、移靈禮儀

(一)移靈的準備

1.確認靈堂的裝飾、遺體棺蓋飾物等準備到位。
2.確認移靈路線、引導等事項。
3.確認遺體入殮及裝裹完畢無誤。
4.確認禮儀人員到位，可以是四位、六位、八位不定，根據要求確定。
5.確認禮儀人員服裝整齊，人員之間分工明確。
6.確認喪家或其他人等移靈時所處的席位。
7.確認是否使用樂隊跟進。

(二)移靈的程序

1.請親屬及有關人員準時入移靈席。
2.經師入席，讀經（非佛教信仰者免此）。
3.禮儀人員就位。
4.按司儀口令，家屬及相關人員行禮、上供品、焚香等（不允許焚香時可免）。

5.禮儀人員行鞠躬禮，家屬按秩序行鞠躬禮或跪拜禮。

6.移靈。啓動靈柩前，司儀喊：「下面，準備啓靈，孝子孝女靈前請跪！」啓動靈柩時，司儀以稍帶拖腔聲喊「啓——靈！」然後抬靈柩。司儀喊：「孝眷請起！」然後整隊出發。

(三)移靈注意之點

1.進行移靈儀式時，禮儀人員應該訓練有素，動作乾淨俐落，使靈柩能穩起穩落，不出偏頗。

2.移靈有時需要用車，應該隨時和車主聯繫，確定好移靈路線。

3.整理、布置靈堂或靈柩時，要經過家屬及有關人員的同意。

4.要考慮天氣等情況，有應變不利天氣的準備。

5.司儀的口令聲不宜太高，宜低沉渾厚。

二、豎靈禮儀

(一)豎靈的準備

1.確認靈堂的裝飾。

2.確認靈位牌製作完成及姓名填寫無誤。

3.確認禮儀人員到位。

4.確認禮儀人員服裝整齊，人員之間分工明確。

5.確認喪家或其他人等在豎靈時所處的席位。

6.確認是否使用樂隊。

(二)豎靈的程序

1.請親屬及有關人員準時入豎靈席。

2.經師入席，誦經（非佛教信仰者免此）。

3.禮儀人員就位。

4.按司儀口令，家屬及相關人員行禮、上供品、

5.焚香等（不允許焚香時可免）。

6.家屬及有關人員行跪拜禮或鞠躬禮。

7.豎靈。

8.宣布豎靈禮成。

(三)豎靈注意之點

1.進行豎靈儀式，禮儀人員應該訓練有素，動作乾淨俐落，靈牌注意輕拿輕放。

2.整理、布置靈堂時，要經過家屬及有關人員的同意。

3.要隨時對家屬進行心理撫慰。

4.司儀的口令聲不宜太高，宜低沉渾厚。

三、守靈禮儀

(一)守靈的準備

1.確認靈堂的裝飾。

2.確認接受、引導、上供、飯菜準備等分工。

3.確認喪家或其他人等的守靈席位。

4.因爲是夜間，要確認包括照明在內的各項工作是否到位。

5.與宗教人士商量程序（非宗教信仰者免此）。

6.確定司儀一名（正式行禮時喊禮）、襄儀二名（立於靈堂兩側，引導來賓行禮，可輪班）。

(二)守靈的程序

守靈是民俗傳統，各地的操作會略有差異，宜以當地風俗爲準。這裡介紹佛教式辭靈夜守靈的一般程序，供參考。

1.請親屬及有關人員準時入守靈席。
2.經師入席，讀經。
3.按經師指示，親屬及有關人員燒香、弔喪者燒香。
4.由經師舉行法會。
5.親屬代表致詞，介紹守夜招待。
6.守夜招待後，弔喪者自由離去。
7.最後，僅留下親屬或有關人員守護靈堂（松明、香燭等不能熄滅）。

(三)守靈注意之點

1.要確認靈堂的大小、靈前所坐之人。僅僅是一些親屬時，可以按順序排座，如果人多時，事先要確定弔喪者休息等待的場所。
2.因爲場所的關係，在招待席上，是否要介紹所有的弔喪者，或是只介紹關係密切者，都須進一步確認。此時經常會出現與葬禮預算不符的情況，所以事先必須很認眞的確認。
3.因爲家屬的身心俱疲，所以要考慮守靈結束的時間，即使是自然結束也要考慮。
4.整理、布置時，要經過家屬、有關人員的確認。
5.確認次日出殯的情況。如確認移到火葬場的人數、靈車、酒食、獻花、上香等事項，如果祭文、悼詞等有變化時，均要仔細核實，防止臨時慌亂。

(四)關於守靈招待

喪家一般在守靈現場有提供招待，如備有酒食、點心，或糖果等，招待方法因地域習俗而異。殯葬服務人員應該向家屬提供此類建議，讓他們選用合適的招待形式。

(五)對守靈的關注

守靈是以親屬爲中心的，所以殯儀服務人員只是起著布置、裝飾靈堂，或是引導行禮等作用，可以不參加守靈。不過，在守靈過程中，親屬精神上有時可能不穩定，作爲殯儀服務人員，應該耐心的撫慰家屬，隨時和家屬進行溝通。

近年來，在守靈時，有很多弔喪者都不懂得葬禮習俗，殯儀服務人員應對他們進行解釋，自己也必須提高對守靈服務的認識。

在殯儀館宜設置專業的守靈堂，以滿足家屬對於尊長、親人的守靈需求。

殯儀館或殯儀公司不得強迫、強勸家屬接受守靈服務，以免遭致反感。

第七章
家公奠禮和追悼會

如前述，治喪之目的有二：其一是安置遺體（事形）；其二是交接神靈（事神）。家屬及來賓通過一些虔誠、恭敬的禮儀形式，與尊長、親人或生前友好的「神靈」進行交流，即使這些交流是假想中的，也得非常認眞地施行，所謂「敬神如神在」。中國人在治喪活動中，與「神靈交流」最重要的禮儀形式就是傳統的家奠禮、公奠禮，現在則又產生了追悼會和告別儀式。本章予以討論。

第一節　奠祭禮儀概述

一、奠祭概述

奠：指在治喪期間以供品祭祀亡靈。《禮記．檀弓下》孔穎達註：「奠，謂始死至葬之時祭名。」就是說，在人剛去世到下葬這一段時間供奉亡靈的活動就是奠。這一段時間亦稱爲「殯」，那麼，「奠」就是指「殯」期間的祭祀。

奠有安定、安置之意。在殯葬活動中，奠就是向死者神靈敬奉供品（多爲飯菜、生活用品、香燭之類）來安置、安定逝者之靈。「奠」也是祭祀，故有時稱爲「奠祭」。在殯葬服務中，人們往往在靈堂正上方掛一個斗大的「奠」字，即爲此意。

祭：《說文》中寫作「祭」，「從示，以手持肉」。造字爲以右手持肉，獻給神靈享用；並說：「示，天垂象，見吉凶，所以示人也。從二（古文『上』字）三垂，日月星也，觀乎天文以察時變。示，神事也。」即以自己的行爲向神靈表示虔誠，實現「人神相接」，從而可以知道上天神靈的變化，指導自己趨吉避凶。

祀：寫作「祀」，解釋爲「祭無已也」，即子孫相嗣不斷，世世代代的祭，永無完結之時。這意味著一代一代後繼有人（古指「男

丁」）。許愼註：「統言則祭祀不別也。」就是說，祭和祀在廣義上並無區別，常連用，均指以供品供奉神靈的行為。

這裡要注意，在西周五禮（吉禮、嘉禮、賓禮、軍禮、凶禮）中，奠禮屬於「凶禮」範疇，因為家裡死了人，正在辦喪事。悼念逝者稱「奠」，奠時讀的哀悼辭稱「奠文」。而祭祀祖宗神靈，如清明節祭祖、公祭黃帝等，則屬於「吉禮」範疇。祭（祀）的對象是祖先，他們去世很久了，神靈已經安頓好了，祭祀表明了他們「後繼有人」，祖先神靈可以享用後人送來的供品，為吉祥之事。因而，中國人將先人下葬以後，或說辦完喪事了，再去祭祀就以「吉事」方式處理之。也就是不必要悲傷了，可以吃肉喝酒了，如清明節祭祖時那樣。祭時宣讀的懷念文辭稱「祭文」，如《祭黃帝文》之類。

在古代文獻中，「祭」字的範圍較「奠」字要寬廣，有時候將「奠」也說成「祭」。如晉．葛洪《抱朴子．省煩》：「朝饗賓主之儀，祭奠殯葬之變，郊祀禘祫之法，社稷山川之禮，皆可減省，務令儉約。」《紅樓夢》第一〇九回：「（寶玉）我也時常祭奠。」但絕不能將「祭」說成「奠」，如古代的「祭天」就不能說成「奠天」。南宋．陸游臨終《示兒》詩：「王師北定中原日，家祭無忘告乃翁。」這裡的「家祭」不能置換為「家奠」，因為那時的「乃翁」已變成「乃祖」了。這是我們必須要分清楚的。

當然，中國傳統的祭（祀）對象還有天、地、四方山川的神靈，不過它超出了殯葬的範圍，故不論。

本章「奠禮」、「祭祀」禮儀留待第十一章「祭祀禮儀」中討論。

二、家奠禮和公奠禮概述

奠禮是我國喪葬禮儀文化中重要的組成部分，它分為「家奠」和「公奠」。

家奠禮：是家庭（或家族）成員悼念逝者的儀式。如逝者的孝子

奠禮堂與悼念逝者

賢孫、兄弟姊妹、堂兄弟姊妹、表兄弟姊妹及侄輩、侄孫輩等。按中國的文化傳統，家奠以（嫡）長子為大，稱「孝長子」，治喪是以他的名義進行的，在禮制上為「家奠尊長」。須注意，按中國文化傳統，家奠是履行孝道，只能是死者的子女孫輩為「孝主」或「喪主」，不能以父母或兄弟姊妹承擔孝主的身分，故沒有子女的死者是不能設靈堂的，所謂「長不送幼，老不送少」。如《紅樓夢》第十四回，秦可卿去世，她沒有生育，治喪以生前的丫鬟寶珠為喪主，「自行未嫁女之禮，摔喪駕靈，十分哀苦」。

公奠禮：是以公共部門的名義悼念逝者的儀式。如逝者生前的單位、社會團體或社區等，它們被簡稱為「公部門」，以對應家庭的「私部門」。通常，這些公部門會組成一個「治喪委員會」以操辦喪事。公奠禮以尊者為大，即社會地位高、資歷深者為治喪委員會的「主任」，或治喪的「頭」，舊稱「主奠」，在禮制上稱為「公奠尊貴」。

奠祭一般按照先家奠禮、後公奠禮的次序舉行。

家奠禮、公奠禮可以在出殯前一日舉行，現在也有在出殯日的上午舉行，隨即火化或下葬。持續的時間視逝者的身分、家屬及來賓的多寡而定。

司儀要預先估算好時間，並與家屬取得共識。在操作中，還須根據現場情況，如家屬的悲痛心情、天氣情況等做適當的提前或延後。

第二節　家奠禮、公奠禮的行禮方式

任何儀式都須通過一定的行禮方式來表達情感的，表達包含在儀式中的社會關係。這裡介紹家奠禮中使用最多的叩首禮、鞠躬禮。

一、叩首禮

叩首又稱叩頭、叩拜等。簡言之，就是雙膝下跪，以頭觸地。操作方式是：先出左腿半步，跪右腿，再將左腿跪下。頭被認爲是人最神聖之處，「低頭」常與認罪、懺悔等心情相聯繫，再將頭（額）觸到地面就更是徹底地放下尊嚴。「叩」還有「點擊」的含義，以頭額點擊地面，故民間又稱「磕響頭」。

叩首是中國傳統中最重的禮節。中國的舊傳統，叩首的場合大致有三：

第一，下級面見上級，又如縣官面見太守一級的上司，古語常說是「叩見某某大人」。1911年「辛亥革命」以後，此禮被廢除。與此相聯繫的有叩見恩師，如舊時童子入學時就要給老師叩頭，還要給孔子神位叩首。現在，民間演藝界、文化界、武術界等收徒儀式上，時興徒弟向師傅行叩首禮，有三跪九叩首，或一跪三叩首不等。此類爲叩見尊長。不過，生者還是以一跪三叩首爲妥，不宜「享受」三跪九叩首大禮，恐折福壽。

第二是祭祀天地、山川、祖宗神靈，以及寺院裡的菩薩等。中國人對此類神靈用禮最重，即使「辛亥革命」以後廢除了對上司的叩頭禮，但對神靈的叩頭仍毫不吝嗇，沒有任何心理障礙。此類爲叩見神靈。

第三，當事人如果覺得非常對不起某人，也會叩首，如遠遊之子多年歸家，覺得自己虧欠父母太多，因而給活著的父母下跪謝罪；或某人

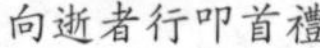
向逝者行叩首禮

公奠時行跪拜禮

給他人造成了相當大的傷害，也可能給人叩頭謝罪，如戰國時代趙國廉頗對藺相如「負荊請罪」而下跪；或受人極大的恩惠也可能給人叩首謝恩。此類爲叩頭謝罪或叩頭謝恩。當然這些屬於非常態的禮節。本章討論的主要是治喪與祭祀中的叩首禮，屬於第二類情況。

與治喪、祭祀有關的叩首是三跪九叩首、一跪三叩首。

三跪九叩首：跪，一叩首、二叩首、三叩首；起／再跪，四叩首、五叩首、六叩首；起／三跪，七叩首、八叩首、滿叩首（或九叩首）；起。禮成！就是先後跪下三次，每一次跪下叩首三次。三跪九叩首用於子女對於父母，屬於大禮。

一跪三叩首：跪，一叩首、二叩首、三叩首；起。禮成！用於孫輩對於祖父母、侄輩對於上一輩尊長，或泛晚輩（即以晚侄輩身分）對於上一輩去世者。屬於中禮。

二、鞠躬禮

鞠躬本指恭敬謹愼的樣子。《儀禮．聘禮》：「執圭，入門，鞠躬焉，如恐失之。」亦指低頭彎腰行禮，以表達對受禮者的尊敬。晉．陸機《辯亡論下》：「執鞭鞠躬，以重陸公之威。」老舍《茶館》第

向逝者行鞠躬禮

二幕：「這是怎麼啦？民國好幾年了，怎麼還請安？你們不會鞠躬嗎？」

「辛亥革命」推翻帝制，跪拜禮被廢除，鞠躬禮逐漸流行，成爲了一種現代禮儀，適用於很多場合。

鞠躬禮行禮方法：行禮者正對受禮者，肅立儀容，兩手貼於兩側（有時也有貼於前腹），上身緩慢彎腰，上身與下身成六十度左右（大約是三分之二的直角，也有成九十度的），稍停，然後緩慢直身，恭立。

在家奠禮中，來弔唁的親人如果與逝者是平輩，可用鞠躬禮。

公奠禮中，來賓與逝者沒有血緣關係，故一般都用鞠躬禮。

家祭中，參與祭祀者一般爲逝者後輩，故用跪拜禮，且多用三跪九叩首大禮，有時也用一跪三叩首中禮。

公祭中，則多用鞠躬禮。

應當行重禮者，不能行輕禮，如子女不能對亡故父母行一跪三叩首禮，更不能行鞠躬禮。應當行輕禮者，其本人自願行重禮時，不算違禮，別人也不能反對。如1928年康有爲先生逝世時，其弟子梁啓超以「兒子」身分主喪，披麻戴孝，凡來賓弔唁者，他均答以三跪九叩首大禮，此爲他自願執弟子禮。

第三節　家奠禮操作

一、家奠禮場景布置

家奠禮，可在城市家居的廳堂，或農村家居門前搭設的靈堂內舉行，也可在殯儀館的禮廳，乃至租用專門的會議場所舉行。喪家可根據自己的情況對奠禮場地進行適當的布置。奠禮堂的色調可以取莊嚴肅穆，也可以取溫馨輕柔，但都應空間開闊，光線充足，空氣流通，物品擺放有致。

以下可作為參考：

1. 奠禮堂中可以有靈柩，也可擺放骨灰盒，乃至僅用遺像亦可。如用靈柩，則應用帷幕將靈柩與行禮的場地適當隔開。
2. 奠禮堂正前方懸掛橫幅：如逝者是男性，多書「X公諱XX大人家奠禮」，如女性，則書「X府X母諱XX孺人家奠禮」。
3. 遺像的大小應視奠禮堂的大小。遺像懸掛於帷幕之正中，隨喪主之意願可用鮮花、黑紗、大白絹花進行裝飾。
4. 供桌應鋪白色或黃色等桌布；供桌上的擺設應能為喪主接受，可以考慮如下：花瓶一對、大白蠟燭一對、時鮮水果兩盤、精緻點心兩盤、奠酒所用之白酒一瓶、酒爵三個、捻香爐一個、線香一把、靈位牌一個。靈位牌及捻香爐居中擺放，其他整齊擺放於兩旁。
5. 奠禮堂內懸掛輓聯、輓幛，以顯親友追悼之意。
6. 奠禮堂左右兩邊可以擺放花圈、花籃、花盆。如上面寫有送者姓名，則要考慮他們的親疏尊卑而按次序擺放，以供桌的正中為中

奠禮堂外景參考（臺灣）

奠禮堂內景參考（臺灣）

奠禮堂內景參考（臺灣）

X X X X X X

遺像

靈柩

花　案　　　花　案

供　桌
（擺置供品也有遺像供於此的）

司儀台

襄儀　　　襄儀

樂隊

行禮位　　行禮位　　行禮位

家奠禮布置示意圖

心，分兩側對稱地向門外延伸，越靠近供桌越爲尊，反之爲卑。

7.設立司儀台一個，司儀一名，襄儀兩名（規模小，可不設襄儀）；安排樂隊席位；備置相應跪墊。

奠禮堂是先行家奠禮，即家屬及有血緣關係者奠祭尊長親人；然後是公祭禮，因而家奠與公奠在奠禮堂上的布置並無差別。追悼會場的布置也只有細微差別，操作者自己予以體會。

二、家奠禮各成員的行禮次序

家奠禮各成員的行禮次序，原則是血親者在前，旁親、姻親者在後；大禮者在前，禮輕者在後；尊長者在前，卑幼者在後。亦即按照由親而疏、由內而外、由同至異血統的次序進行。旁系親屬較直系親屬降一輩行禮，如逝者的兄弟姊妹在逝者的孫輩後面行禮。因爲，逝者的子女孫輩總是第一行禮次序。不過，內侄（即堂侄）、外侄、侄孫等人雖然行一跪三叩首禮，但應排在逝者的兄弟姊妹後面行禮，因爲「尊長者在前，卑幼者在後」，他們與逝者並無直系的血親關係。

同時，現在男女平權，家庭小型化，故不分兒子與女兒，均可作喪主，均行三跪九叩首大禮。

行禮次序參考如下：

1.兒子及媳婦、女兒及女婿爲第一行禮次序，行三跪九叩首大禮。

2.孫輩爲第二行禮次序，行一跪三叩首禮。如有曾孫輩，則爲第三行禮次序，亦行一跪三叩首禮。如無，則免。

3.堂兄弟姊妹行禮，行三鞠躬禮。

4.堂侄輩行禮，一跪三叩首禮。

5.姻親家行禮，平輩或上輩行三鞠躬禮，晚輩行一跪三叩首禮。

6.表兄弟姊妹行禮，行三鞠躬禮。

7.堂兄弟姊妹及表兄弟姊妹的子兒們行禮，他們的孫輩們行禮，均

為一跪三叩首禮。

以下行禮次序依次類推。

舉行家奠儀式時，其他來賓可坐著休息。年長者、有病者，盡量勸其不要參加，可安排他們坐著休息，或坐著行鞠躬禮，以表意思。病者或孕婦不宜去奠禮場合，即便參加亦可以免禮。

三、家奠禮的基本程序

1.司儀、襄儀就位。
2.家屬及來賓等各就位。
3.司儀、襄儀向逝者進香。
4.司儀宣布家奠禮開始，奏樂。
5.司儀、襄儀引導孝眷依次序行禮（跪拜禮或鞠躬禮）。
6.孝長子恭讀奠文。
7.家屬復位。
8.司儀、襄儀引導親戚、來賓依次行禮。
9.家奠禮圓滿禮成，儀式結束。

說明：某人行禮時，不行禮者可以另處，不必在靈前。非直系子孫、家庭成員的親戚、來賓等靈前行禮時，孝眷要在靈側鞠躬回禮，對於致奠長輩則行一叩首禮即可。

四、公奠禮的行禮解說

(一)上香

上香儀式在家奠禮、公奠禮及祭祖、拜謁天地山川神靈等儀式中是最常見的。其行禮方式是：襄儀燃香一支，遞與敬香者，敬香者以右手拇指、食指、中指捏香之下端處，左手附於右手，其他手指自然併攏，火頭向外，恭立，將香舉至齊眉處，「上不逾眉，下不過臍」，微彎腰行禮，然後由襄儀收香，插入香爐內（所謂「舉案齊眉」。但也有過頭額的）。

(二)三獻禮

三獻禮在家奠禮、祭祖等儀式中常用。三獻就是敬獻三次供品。舊時的「三獻禮」是三個人或三撥人輪流上來獻禮，現在通常操作爲一個人或一撥人獻上三次禮，如用「獻花、獻果、奠酒」做三次表示。當然，兩種理解及操作方式都可以成立。獻花時多以鮮花紮成圓形小花圈，也可採用經包裝的單束花，如菊花、鬱金香等。「奠酒」時，酒可灑於靈前，也可灑入事先準備在供桌上裝有細沙或茅草的盤中。獻酒時一般是說「獻爵」。

(三)奠文

奠文是治喪儀式上對逝者表達敬意、敬仰、追思、懷念感恩的文辭，分爲家奠文、公奠文。舊時，家奠文一般以孝長子名義寫成，在辭靈儀式上，由師公在靈前誦讀，此時孝長子是跪著的。現在追悼會上，以家屬名義寫成的懷念逝世父母的「悼詞」，就是傳統意義上的家奠文。公奠文則是由公部門（逝者生前所在單位或社區等）名義寫成，在公奠儀式上由主奠者宣讀。現在追悼會上，由單位宣讀的「悼詞」就是傳統意義上的公奠文。

舊式的家奠文、公奠文及家祭文、公祭文的末尾通常是「伏惟尚饗」一語，意思是「我在這裡恭敬地等待著您來享用供品」。

如果逝者及家屬有宗教儀式的需求，則可以插入一定的宗教儀式，如延請僧尼、道教等宗教人士主持禮儀，在儀式中誦經念佛，播放相應

的宗教音樂等，這些均應事先在家屬與宗教人士之間做充分的溝通。

五、家奠禮的注意事項

1.家奠禮儀的程序較爲複雜，又非常講究血緣親疏關係和行禮規格。所以，司儀事先要充分與家屬進行溝通，確定好行禮的全部人員、行禮次序和行禮規格等方面事宜。

2.家奠禮程序的操作文本，要與家屬溝通，尤其是行禮者與逝者的關係不能發生錯誤，家屬認可後，最好在血緣關係文本上簽字認可，以免產生錯誤，使親屬不快，甚至鬧出糾紛。

3.襄儀是司儀的直接助手，也是家奠禮儀式中非常重要的角色。襄儀要心到、耳到、手到，要用心關注全場和司儀的程序，並爲家屬做好必要的示範。遞出、收取供物時要有條不紊，並有充分的禮節。對一些行禮不靈便的老人、殘障人員等，要給與及時的、體貼的幫助。

4.家奠儀式的各項準備工作要在儀式開始前至少一小時完成，並仔細核對確認。

5.家奠儀式正式開始時，應向家屬提示、並與相關配合人員做出提示，然後開始。

第四節　公奠禮操作

一、公奠禮的準備

家奠禮完成後，接著就會進行公奠禮，使用的仍然是這個奠禮堂。只是在奠禮堂的右側（坐北朝南的西側）增加了一個「家屬答禮席」。

中國傳統，此處是逝者的孝子女跪在那裡（須設軟質跪墊），當來賓行禮後，孝子女須叩頭答禮。通常是一叩首，或三叩首。如果公奠禮的時間較長，孝子女們可以輪流在這裡侍奉，以節省體力。

公奠禮前，需要充分考慮來賓的人數。如果公奠禮來賓有幾千甚至過萬，他們分屬不同的單位，天氣又熱，這就尤其需要考慮諸多問題，比如，按他們與逝者的關係、社會地位等因素分成不同的批次來行公奠禮；從哪裡進，從哪裡出；飲水等問題均須通盤考慮。

與家屬溝通，確定好主奠、陪奠、與奠者的具體人員。按中國傳統，主奠者由最尊者擔任，次尊者爲陪奠者，依次類推。此爲「公祭惟尊」原則。主奠者或主奠單位的代表站位時可稍靠前，以示突出。

公奠禮的悼念，可全體來賓一次進行，也可分批進行，視情況而定。一次進行時，應選某單位爲主奠單位。主奠單位通常是逝者生前所在的單位，也可以是社會地位較高的公部門。如果是分批進行，則應逐一恭請靈前行禮，或弔唁來賓不同時間到，他們到後就恭請到靈前行禮。

奠禮堂中間或外面應盡量多設一些來賓座位，備飲用水，或多備坐凳，以供來賓休息。

二、公奠禮的基本程序

1.司儀、襄儀就位。

2.家屬就位。

3.司儀報告逝者生平。

4.家屬致答謝詞。

5.公奠禮儀式正式開始，奏樂。

6.宣布公奠單位名稱和奠祭次序。

7.主奠者就位，陪奠者就位，與奠者就位。

8.奏樂，三獻禮（敬香、獻花、獻果）。

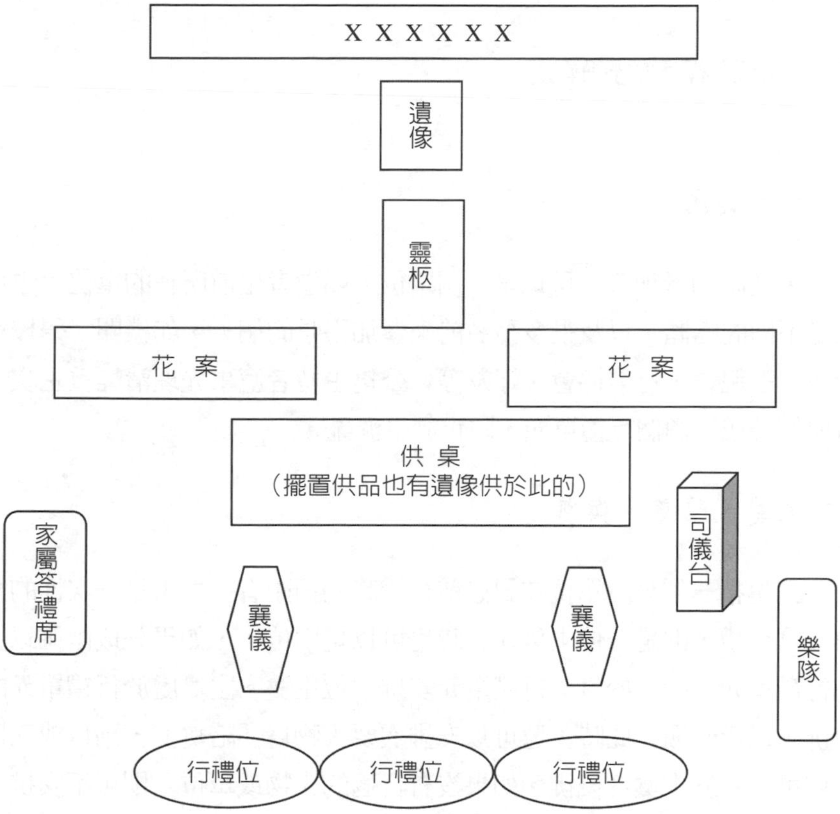

XXXXXX

	遺像	
	靈柩	
花案		花案
	供桌（擺置供品也有遺像供於此的）	司儀台
家屬答禮席	襄儀　　襄儀	樂隊
行禮位	行禮位	行禮位

公奠禮布置示意圖

9.恭讀《弔唁詞》，代讀唁電唁函。

10.公奠單位三鞠躬。

11.自由捻香儀式。

12.公奠禮圓滿禮成。儀式結束。

這是以一次性公奠的模式設計的，僅供參考而已。如果是輪流前來公奠，則按弔唁方式靈前行奠禮即可。

三、公奠禮程序解說

(一)公奠範圍

公奠時的參加者，可以是一個單位，如逝者生前所在的單位；也可能是不同的團體，以及很多慕名前來參加弔唁的個人，如機關、學校、社區、宗親會、行業協會、好友等。公奠主持者應事先理清輕重主次，將他們分成一個個行禮單元，防止發生混亂。

(二)主奠、陪奠、與奠

主奠指一個公奠單位在對靈前行禮時的領頭者。如果是一次性的靈前公奠行禮，則是一位主奠（有時也可以是兩位），如果分成兩個以上的行禮單元，則可於每一行禮單元安排一位主奠。主奠處於行禮單元的前排，以示凸顯。此時，還可以安排次要人物爲「陪奠」，兩位或三四位均可，立於主奠者後排。如果沒有合適的人物或單位，則可不安排陪奠。所有參加奠禮的來賓稱爲「與奠」，立於陪奠者後排。主奠由社會地位最高的單位或人物擔任，陪奠次之，此即「公奠尊貴」原則。

(三)覆旗禮

因公殉難、仗義爲公、德行優異或對團體做出重大貢獻的逝者，在公奠禮中給遺體舉行一個覆旗儀式，也是尊顯逝者的一種方式。如果是骨灰公奠，亦可對骨灰行此禮。覆旗官四人，各持旗的一角，呈旗官一人，雙手捧旗呈遞。由覆旗官中的一人發令，亦可另由一人（即司儀）發令。覆旗儀式可以安排爲公奠禮中的一個程序。

覆旗禮儀式：

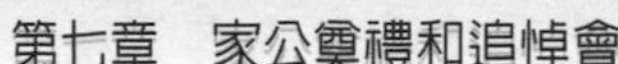

覆旗儀式

1.覆旗儀式開始，奏樂。
2.覆旗官就位。
3.呈旗官就位。
4.覆旗官持旗、展旗、覆旗。
5.覆旗官向靈柩行鞠躬禮。
6.家屬答禮。
7.禮成，奏樂。
8.覆旗官復位。

(四)家屬答謝詞的格式

1.對親臨奠弔者深表謝忱。
2.逝者臥病期間受親友及醫護人員的照顧與關懷，表示感謝。
3.居喪期間蒙各界親友之弔唁。
4.對治喪工作人員多日奔忙辛勞的肯定。
5.表達喪禮妨礙交通、擾亂鄰居的歉意。
6.喪宴答謝的時間地點。

(五)公奠文、唁電唁函代讀

公奠文是公奠單位對逝者的評價和哀悼，可以由主奠恭讀，也可由司儀代讀。誦讀時都應該面向遺像。唁電、唁函是指親友因故不能前來參加奠禮而以書信或電報的方式向家屬表達慰問之意，向逝者表達哀婉之情。一般是由司儀代讀，面向家屬宣讀。

(六)捻香禮或獻花禮

公奠儀式的末項多爲捻香禮，也有用獻花禮，就是來賓以香或鮮花敬獻到靈前的供桌上。由司儀喊令，參加公奠來賓可以排成單行或雙行，亦可數人一排（視人數、場地、時間而定），向靈前供桌行鞠躬禮。捻香行禮方式可參見第三節、四。將香插入靈前香爐後，再向遺像鞠躬，再面向家屬行鞠躬禮表示安慰，退下。如果是獻鮮花，其操作方法與捻香禮相同。

(七)禮畢與禮成

「禮畢」是指禮儀中某一項程序完成後，如三獻禮完成後，司儀都要喊一句「禮成」，表示此項禮儀做完了，接著做下一項程序。當全部儀式結束後，司儀則要喊一句某某某先生（女士）家奠禮「禮成」，接著就是謝謝各位領導、來賓的蒞臨之類的客套話。

四、公奠禮的注意事項

1.公奠爲社會公部門對逝者的哀悼之禮，在公奠儀式開始時，應將參加本次公奠的各機關、單位、團體、學校、官員等依照事先協商好的公奠順序逐一唱名行禮。大體上以「公奠尊貴」原則排名。

2.對參加公奠的單位和個人名稱不可出現錯誤，應反覆核對。

3.司儀或接待者對於所有奠弔單位、個人均應一體予以尊重，不可鬆懈怠慢，以免產生糾紛。司儀或接待者是代表家屬在與來賓打交道，其失禮即是家屬的失禮。

4.公奠畢，司儀應詢問「是否還有未被邀請到的單位和個人，請到靈前行禮」，以防止疏漏而生意見。

5.因公奠是緊接著家奠進行的，可能時間比較長久，家屬定會感到勞累，尤其是對於老弱病殘及孕婦等，必須特加照顧。

6.是否代讀奠文，應該先與公奠單位溝通確定。

第五節　追悼會與告別儀式

一、追悼會與告別儀式

追，回溯；事後補救；祭祀先人，回憶懷念之意。諸葛亮《出師表》：「蓋追先帝之殊遇，欲報之於陛下也。」此爲回溯。《論語．微子》：「往者不可諫，來者猶可追。」此爲補救。《論語．學而》：「愼終追遠，民德歸厚矣。」此爲祭祀先人，回憶懷念。

追悼，本指由於某種原因（例如戰爭、瘟疫、其他特殊事由等）沒有爲逝者舉行過喪禮；或者下葬後，在某個時間，家屬親友及相關人員又聚集一起共同追懷思念逝者。三國．魏．曹丕《贈賜鄧哀侯詔》：「追悼之懷，愴然攸傷。」鄧哀侯是曹丕的弟弟曹沖，十三歲因病早逝（196–208年），曹丕稱帝後，於黃初二年（221年）追贈其爲「鄧哀侯」，詔書表達對弟弟的追悼，曹沖去世已十三年了。

因而，追悼會大體上應是死者去世已久，給其「補辦」一個儀式的意思。孫犁《秀露集．夜思》：「最近爲張冠倫同志開追悼會，我只送了一個花圈，沒有去。」孫犁回憶的張冠倫死於「文革」，而其追悼會是在「文革」後召開的。中國國家主席劉少奇於1969年含冤去世，「文革」後的1980年爲其平反昭雪，舉行追悼會，因爲此前無法給其舉行悼念儀式。可見，此類在喪後很久才舉行的追悼會，旨在緬懷死者，激勵生者，乃至有覺得死者「太可惜」之感嘆。

毛澤東1944年〈紀念張思德〉一文中有「村上的人死了，開個追悼會，以此寄託我們的哀思，使全國人民都團結起來。」於是，後來將給去世者舉行儀式統稱爲「追悼會」。在這一類追悼會上，家屬與來賓都站在一起行禮，因而按中國傳統，此「追悼會」實則是將「家奠禮」與

「公奠禮」合在一起做了。

劉少奇同志追悼會

告別儀式指死者的單位人士、生前友好、慕名者等前來向死者告別並安慰家屬的活動。巴金《探索集．懷念烈文》：「我沒有向他的遺體告別，但是他的言行深深地印在我的心上。」

在實際的殯葬服務中，人們有時會對逝者的「骨灰」做告別儀式，這被稱爲「骨灰告別儀式」。

告別儀式是不知何時興起的一類治喪儀式，從形式上看，其實質也就是悼念儀式。因爲，傳統的家奠禮、公奠禮也是對死者做「告別」的意思，在文化學上屬於「人生最後一節」的禮儀，生死之間既要「告別」，也要「斬斷通道」。因此，要將追悼會與告別儀式硬性區分開來，什麼是追悼會，什麼又是告別儀式，實在是一件非常困難的事情，也沒有意義。從近些年的實際操作看，好像追悼會比告別儀式的規模要大一些。但如果以此爲定義之根據，就會有人問：要大到什麼程度就算是追悼會，要小到什麼程度就算告別儀式？這又會扯不清。故我們還是將兩者混爲一談的好，用哪一個名詞都不妨事。

中國傳統喪葬禮儀中，沒有「告別儀式」一說，而是以家奠禮、公奠禮的方式向逝者告別，臺灣、香港、馬來西亞的華人社會仍然如此，故有人認爲大陸的告別儀式實質是政府對逝者做「政治評價」的一種方式，與傳統喪禮無關。

我們下面只介紹追悼會的治喪形式。如果是舉行「告別儀式」，可以比照追悼會進行，只是規模較小，稍微簡單一些而已。

請將追悼會布置示意圖與奠禮堂內景圖做比較。

因爲追悼會是家屬與所有來賓聚在一起行禮，因而追悼會場的布置比較家奠禮、公奠禮就多了一個「來賓站立及行禮位置」。

舊時，家奠文一般由孝長子名義寫成，由師公在靈前誦讀，此時孝

同志追思告别仪式

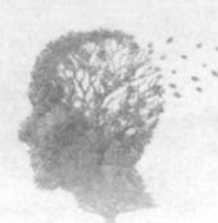

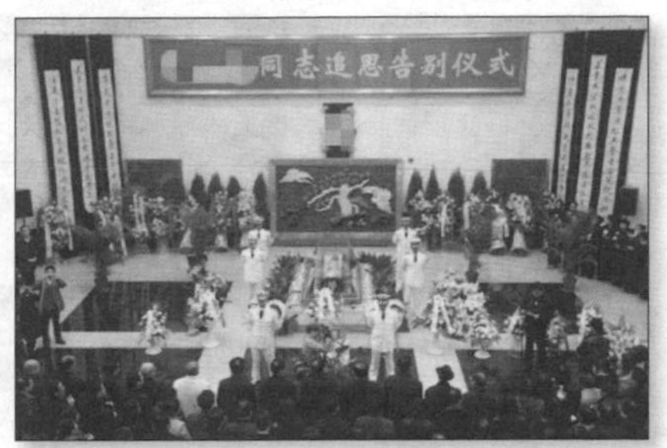

奠禮堂內景圖

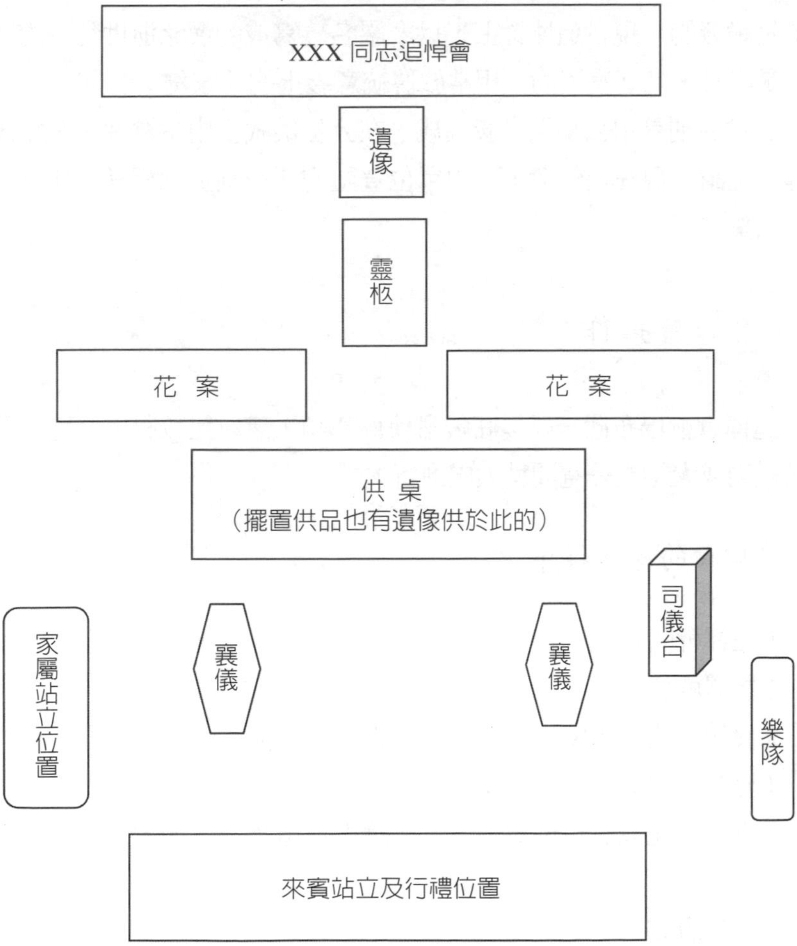
XXX同志追悼會
遺像
靈柩
花　案
花　案
供　桌
（擺置供品也有遺像供於此的）
司儀台
家屬站立位置
襄儀
襄儀
樂隊
來賓站立及行禮位置

追悼會布置示意圖

告別儀式

花山裝飾的禮廳

長子是跪著的。現在追悼會上，以家屬名義寫成的懷念逝世父母的「悼詞」是孝長子站著宣讀的，相當於傳統意義上的「家奠文」。

公奠文則是由公部門名義寫成，在公奠儀式上由主奠者（多爲單位領導）宣讀。現在追悼會上，由單位宣讀的「悼詞」就相當於傳統意義上的公奠文。

二、追悼會操作

追悼會會場布置一般以莊嚴肅穆爲基調，氣氛比較凝重，可於殯儀館的禮廳或大禮堂等空間稍大處進行。

(一)追悼會的基本程序

1.追悼會開始。
2.司儀就位。
3.襄儀就位（如場面較大則可安排兩名襄儀）。
4.介紹參加追悼會的領導與來賓。
5.宣示送花圈的單位與個人，宣讀弔唁電函等（如太多則可選擇性地宣讀）。
6.全體肅立。

7.奏樂。

8.獻花。

9.默哀。

10.致悼詞。

11.親友致辭（可多位）。

12.向遺像或骨灰行三鞠躬禮。

13.家屬答禮。

14.瞻仰遺容並慰問家屬（所有來賓繞柩一周）。

15.奏樂。

16.司儀宣布：追悼會至此圓滿禮成，接下來進行自由悼念。

追悼會司儀事先應與家屬溝通，核定來賓人數、致悼詞者、順序等事項，不可臨場發生混亂而破壞追悼會的氣氛，給家屬帶來不安。

(二)禮儀用品準備

1.靈堂入口處放置接待桌，並寫明某某追悼會接待處，設置專人負責。

2.來賓登記簿、白色胸花或黑臂章、簽到本、禮簿（接受饋贈）等。

3.爲老弱病殘設置座椅坐墊等。

4.檢查音像設備（放映機、投影機、磁帶、話筒等）是否正常。

5.有宗教悼念活動時則應檢查用品準備情況。

6.其他等等。

第八章 出殯禮儀

出殯是中國傳統喪禮中一項非常重要而隆重的儀式程序，並時常達到了極其繁瑣的程度。自「西學東漸」以來，尤其是現代社會的生活節奏加快，喪禮趨於簡化，要想完全復古就變得不可能了。

第一節　出殯禮儀概述

一、出殯概述

殯，《說文· 部》：「殯，死在棺，將遷葬柩，賓遇之。」這是說，人去世了，將遺體放置於棺材中，以賓客一樣的禮儀對待死者（賓遇之）。亦是停柩待葬的意思。無屍曰棺，有屍曰柩，故曰靈柩。從治喪的過程看，「殯」就是將靈柩停於靈堂中，擺上一段時間，三五七九天，或更長的時間，做相應的儀式，同時供人們弔唁，民間俗稱「停喪」。家屬及親朋們通過奠祭、守靈、弔悼等儀式，完成了想像中的與「神靈交流」，就要將靈柩送出去。

所謂出殯，就是將靈柩恭送出門，下葬或火化。舊時也有將靈柩送出去而暫厝於寺院或道觀中，再擇日下葬。《紅樓夢》中秦可卿出殯，就是將靈柩送到鐵檻寺暫厝了起來，以後再葬。

在中國傳統的治喪禮儀中，出殯是一項非常重要的環節，治喪活動的最後一個高潮，一般會伴隨著相當熱鬧的儀式活動。也存在著諸多的禁忌。出完殯，家中的喪事就算是初步完成，家人就可以撤靈棚了。《水滸傳》第二十六回：「待武二歸來出殯，這個便沒甚皂絲麻線。」老舍《四世同堂》十：「今天，他應下一當兒活來，不是搬家，便是出殯。」《紅樓夢》第十四回，秦可卿大出殯，堪爲明清小說中最爲壯觀的一次出殯描寫。

現在，城市的殯葬服務中，如果是從醫院的太平間接運遺體至殯儀

館，殯葬業者們會將接運遺體作爲出殯儀式，予以鋪陳張揚，盡量做得有聲有色。

在殯儀館中，治喪禮廳的後面即是火化間，甚至治喪禮廳的地下就是火化間，兩者之間的距離非常短，就沒有給出殯儀式留下空間餘地。如此，出殯儀式通常就會被省略掉。但一些殯葬服務商家有時會將靈柩移到禮廳外面繞上一大圈，再去火化間，以此給出殯「壯聲威」，同時也爲自己的利潤張本。

在農村，出殯儀式則比較多地保留了傳統的習俗。

二、出殯禮儀名詞簡介

以下簡介一些傳統的出殯禮儀名稱，使殯葬業者有個大致的瞭解。分述如下：

(一)絞柩

出殯時，抬柩者先將靈柩抬至兩張木凳上，把「大龍」（民間所謂「龍槓」）與「蜈蚣腳」（架於龍槓下承受靈柩之木架，以備路上休息時用）等槓杆準備好，「大龍」架於靈柩頂部，用大麻繩將靈柩與「大龍」緊緊捆綁紮穩，再用小木槓將大麻繩絞緊，謂之「絞柩」。現在，殯儀館以靈車接運遺體，上述程序就省略了。

(二)引「豐」

「豐」是古代一種禮器，低沿，盤形，上面可放置酒樽等物。現在一般用竹籃代替。長孫將一套新衣褲放在「豐」裡，俟入壙後要返主時，改換新衣褲回來，意即除穢布新，喪事已經結束。此舉象徵子孫今後生活充實之意。

(三)辰時發引

中國傳統的出殯通常安排在「辰時」，即上午七至九點。七點為「辰初」，即辰時開始，八點為「辰正」，即辰時的正中。在此時段出殯都是辰時發引。民間有「辰時發引」之說。「發引」就是出殯的出發環節，出殯儀式高潮就從這一刻開始。民間於此刻有「摔盆」之俗，就是將一個盆子摔碎，以示與死者訣別。盆子一摔，出殯隊伍就正式出發。

(四)啓靈

絞柩完畢，以八人、十六人或二十四人等抬柩，平穩的將靈柩抬起，另一人立即將「柩凳」踢翻或提走，司儀高喊「啓——靈」！子孫要立即下跪。靈柩如上靈車，則子孫在靈車後面下跪，上車畢即起；如抬靈柩出發，則起身進入出殯隊伍。司儀整好隊伍，高喊「出發」！此時，有摔盆則摔盆，無摔盆則送殯隊伍直接開拔。

(五)壓柩位

一般請德高望重的長者主持。具體方法是：將十二粒紅圓（粉皮包熟飯，一種點心，閏年則加一粒）、發粿（民間一種特色糕點）放於圓盤，當靈柩啓靈後置於其位，象徵重振家聲。壓柩位之物也可因地而異。

(六)清掃

「壓柩位」之後，請一位婦女手持掃帚於家門口掃兩下，把穢氣掃出門，再從四個角落各掃一把入內，然後把地掃乾淨，意即去除霉氣。清掃之吉祥語：「掃帚掃出門，千災萬禍盡消除；掃帚掃進來，房屋添

丁又發財。」

(七)葬列

指送葬的隊伍次序。出殯時的次序大體如下：

1.靈幡開道（標明XXXX之喪）。
2.儀仗（不用儀仗者略）。
3.遺像（子孫捧持）。
4.靈位（子孫捧持）。
5.樂隊（不用樂隊者略）。
6.靈柩。
7.直系親屬。
8.旁系親屬。
9.送殯者。

在現代城市裡，送葬隊伍一般代之以車隊；而在農村土葬的地方，送葬多步行。均照上述次序排列。

(八)執紼

「紼」是拉靈柩的繩子。執紼的原意是送葬時親友們用手拉著棺槨的輓繩，幫助牽引靈車。亦稱「輓繩」，後來泛指送葬。執紼者穿白衣，所謂「白衣執紼」。後來只剩下一個表現形式，因爲靈柩是車輛載著或人工抬著的。在靈柩兩側拉兩根紼帶，由送殯的親友們手持而行，這便是執紼遺制。

靈車引紼

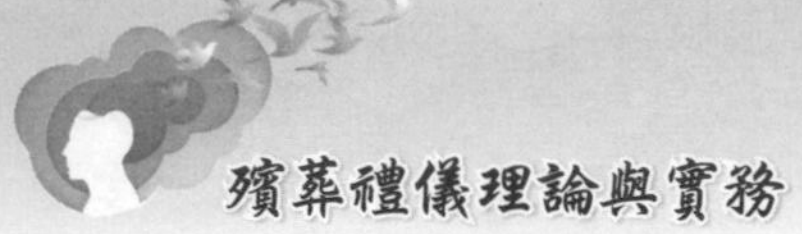

(九)路祭

送殯隊伍於途中，有親朋故舊在道旁設奠（擺香案或以花、果、牲醴等物奠祭逝者），此時靈柩宜稍緩，待其奠弔完畢始加快前進。喪家應以小禮品致謝。如果路祭者的地位較高且物品豐富，有時送殯隊伍須停下來接受路祭。

古今及各地出殯風俗不盡如一，茲不詳述。由於社會的變化，傳統的出殯禮儀已經有了巨大的變化。

首先，在城市化加快的今天，傳統出殯的很多程序，如浩浩蕩蕩的步行葬列、繁瑣的路祭等，變得簡單或愈來愈少了。

其次，現代社會多實行火葬，奠禮又往往在殯儀館舉行，舉行出殯禮儀的空間也不充分了，刻意在禮廳外面繞上一大圈，有時會引發家屬的反感。

很多時候，家屬同意接受出殯儀式，其程序也已大爲簡化，基本上就只剩下象徵的意義。但作爲殯葬業者，殯葬規劃師應當對傳統的出殯禮儀有整體上的瞭解，在開發一些出殯儀式時，也要有文化學上的理論根據，並取得家屬的認同，以達到安慰家屬、以人爲本的目的。

第二節　出殯禮儀準備

一、場地

在傳統土葬的農村，通常是村民抬靈柩去墓地。出殯一般是八人抬靈柩。如果路途稍遠，則用十六人，分兩班，中途輪流替換。也有三十二人抬棺的，則有蓄意誇張之嫌。如果路途更遠，通常會安排汽車

運送，人力抬到靈車處上車，人力抬靈柩則只具有「儀式感」的意義。

有的農村，還有抬靈柩去祠堂或土地廟去朝拜的，這相當於古代的抬靈柩「朝祖」的儀式。

在城市實行遺體火化，殯儀館的靈車通常就停在靈堂附近，出殯場面相對簡化。農村實行遺體火葬的，殯儀館的靈車通常停在一定的距離之外，送殯隊伍用出殯儀式將靈柩送到靈車處來。當然也有家屬免去出殯儀式，要求靈車停在靈堂附近處。出殯場地一般是自家宅院或是公用禮堂。

現在，殯儀館的禮廳後面就是火化間，出殯儀式通常就免掉了。禮儀師也可以應家屬要求，做一些象徵性的出殯禮儀，以彰顯生命的高貴與尊嚴。

二、禮儀人員

1.禮儀師一名，襄儀兩名。

2.禮儀生四至八名，有時根據家屬要求可以安排更多。

3.樂隊若干人。

三、禮儀用品

1.司儀台一個。

2.音響設備、話筒等。

3.跪墊數塊。

4.供品（牲、酒、點心、鮮花、水果等）、遺像、靈位牌、香爐、線香、蠟燭、酒具等物品。

5.爲老年人、殘障人員準備必要的坐墊座椅。

四、靈柩車

1.靈柩車的聯繫、司機及時間的確定。

2.車身的裝飾。車身可以「輓紼」、鮮花、遺像等進行裝飾，根據家屬意願確定。注意：不宜用黑色布裝飾整個靈柩車，那樣太過於壓抑。

五、出殯時間

如上述，中國傳統有「辰時發引」之說。但各地情況不一，出殯時間也無須勉強。大多數地方，一般是在上午出殯，也有個別地方則流行下午出殯的習俗，對此宜入鄉隨俗。

在確定出殯的時間時，須考慮如下因素：安葬或殯儀館所在地點的距離；送殯人員的多少及遠近；有的農村送遺體去殯儀館火化後，還要回來兩次安葬骨灰（形同「二次葬」），而且一些地方的風俗要求午前下葬，這就使得一些農村幾乎在半夜就出殯。

現在，有的農村乃至城市，有擇日安葬（火化）的風俗，由此給殯儀館造成壓力，一些日子就沒有火化，那些所謂的「吉日」就紮堆來火化，火化工抱怨要加班到半夜才能火化完。這需要進行移風易俗的教育，乃至採取一些引導措施。

第三節　出殯儀式基本程序

由於城鄉、城市情況不一，故出殯儀式不盡相同，並無硬性的規定。下面的出殯儀式程序可供參考：

1.吉時到，家屬及來賓等就位。

2.奏樂。

3.遺體告別儀式可在此插入。

4.家奠、公奠禮可於此時舉行。

5.孝主致答謝詞。

6.（是否還有未盡事項插入）。

7.排出殯序列。

8.孝眷下跪，啓靈（遺體或骨灰）。

9.孝眷請起。

10.出發。

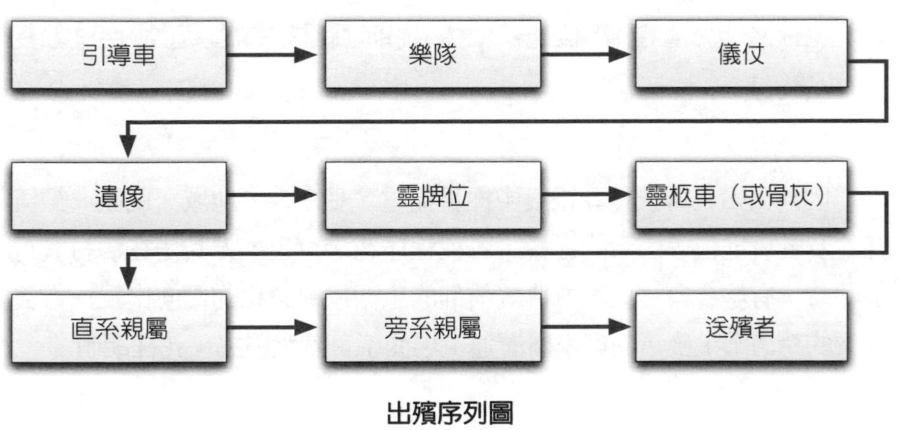

出殯序列圖

第四節　出殯禮儀注意事項

一、事先確定程序

出殯儀式在具體的操作過程中，常常會插入告別儀式、護靈儀式、家公奠禮等，所以必須事先與家屬溝通，確定好禮儀的程序，做到有條不紊。

二、對於出殯禮儀程序，禮儀師應該掌握適當的禮儀尺度

因爲出殯在傳統殯葬禮儀中極爲隆重，受宗教、地域、民族、經濟條件及社會地位等因素的影響，各種程序花樣百出，尤其是在鄉村實行土葬時，有些會有一些地方傳統信仰的東西或娛樂化的傾向出現。作爲專業的禮儀師，應事先與家屬溝通，場面不可刻意張揚，花裡胡哨。

三、要有應變的準備

出殯儀式過程當中可能會有一些變故，例如突發事件、與準備不符的事態的產生、時間上預料不到的拖延等，禮儀師應該有充分的心理準備，並有相對的應變措施。

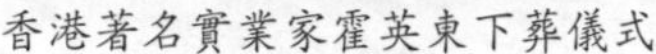
香港著名實業家霍英東下葬儀式

民間出殯送葬隊列

四、人員的確定

要事先確定參加出殯儀式的人員、行禮親友的姓名及順序，使家屬、來賓不致產生各種不快，甚至糾紛。

五、文明出殯

出殯時，送葬隊伍不能有妨礙他人或公衆的行爲出現，例如阻塞交通、沿路鳴放禮炮、灑紙錢冥幣等等。

六、規範的姿態

司儀、禮儀人員等服務人員，應始終保持規範的姿態，以顯示專業精神。

第九章 骨灰交接儀式

- 第一節　骨灰交接概述
- 第二節　骨灰交接儀式

骨灰交接，就是火化後將逝者的骨灰交予家屬，其儀式是由土葬儀式衍生而成。

第一節　骨灰交接概述

由於現代城市化的快速發展，人口密度愈益增加，現代社會仍希望能像古代農業社會那樣實行土葬，變得愈來愈困難了。於是，實行遺體火化便成爲趨勢，殯儀館（火葬場）便承擔起了遺體火化的任務。如前述，2008年我國火化遺體4,534,000多具，火化率48.5%，也就是說，每年發生的骨灰交接有453萬多次。

以前，遺體焚化完畢，在火化間的一個小視窗，或火化間門口擺一個小桌子，喊號子或報逝者名字，要家屬前來簽字領親人的骨灰。鑑於骨灰交接太過簡單，人們覺得這樣太不嚴肅，太不尊重逝者，於是在骨灰交接時開始設置一些儀式，其中包括孝子女們的叩首行禮等，以彰顯對死者的尊重，從精神上安撫生者。當然，對殯葬業者來說，這其實也是一個「商機」，儀式可以帶來收入。

骨灰交接儀式是現代殯儀館推行火化後形成的禮儀形式，有時也被稱爲「骨灰交接安靈儀式」，因爲骨灰是親人的異類存在，故稱「靈」。

火化完畢，親人的「身形」化成了一堆「骨灰」，睹此情景，「情何以堪？」一些家屬可能還沒有從悲痛中完全恢復過來，還覺得自己有內疚於死去的老人家，心中充斥著某種不安感覺。因而，骨灰交接時的儀式化行爲會有助於抹平這一不安感覺。儀式本身就是一種「包裝」、「裝飾」行爲，其中包括孝子的行孝、尊重死者、顯榮家屬等環節，這樣，從儀式的提供者到接受者，從儀式的內容到形式，都體現了儒家「生死兩相宜」、「愼終追遠，民德歸厚」的殯葬文化精神。

骨灰的交接，一般在骨灰冷卻並裝盒之後舉行。

禮儀人員用紅色或黃色的絨布，包紮妥骨灰盒，經過一定的儀式程序，再由四名、八名儀仗隊護送至停車場，安置於靈車上，家屬隨行，骨灰交接儀式便告結束。

骨灰交接儀式採取多大的規模、場面有多大、禮儀人員數量，隨家屬的意願而定。

第二節　骨灰交接儀式

一、骨灰交接儀式的準備

(一)場地

現在，殯儀館一般設置有骨灰交接儀式的專用場地，有室內也有室外；也有殯儀館家屬休息室被布置成骨灰交接儀式廳。

骨灰交接儀式廳，須做一定的布置：如祭祀台，台上設遺像、靈位牌、供品（花、果、酒等）、香爐、線香、鮮花等，並放置骨灰盒的地方。具體布置可參照家奠禮、家祭禮。

如果從火化間到儀式現場之間有一段距離，爲了創造出溫馨或肅穆的氛圍，亦可考慮將這段路（相當於神道）予以布置，如鋪上地毯，兩側擺放獻花，樂隊排列於路邊，或隨骨灰交接佇列跟進並演奏。

(二)禮儀人員

1.禮儀師一名。

2.襄儀兩名。

3.捧盒禮儀生一名。

4.儀仗禮生若干名。

(三)禮儀用品

1.安靈車一台：靈車用上等紅木雕刻，可以推動；上雕白鶴兩隻，仰首；車上備小祭台，用於安放骨灰盒。也有由儀仗禮生抬著骨灰盒行進的。

2.骨灰盒用紅色的絨布包好。

3.另備一水晶玻璃罩，用以罩住骨灰盒。

4.靈車上方圍黃色靈幡。

5.禮廳祭祀台：祭祀台上安放遺像或靈位，供品等；兩側掛輓聯，橫幅書寫逝者名字。

6.鮮花（鬱金香或其他花類，根據人數確定多少）。

7.拜墊數塊。

8.音響設備，哀樂或其他音樂（逝者生前喜愛之樂等）。

9.爲老年人、殘障者準備的座椅。

10.飲用水等。

二、骨灰交接儀式的基本程序

1.骨灰入盒。

2.骨灰上靈車。

3.儀仗恭送，奏樂。

4.恭放骨灰盒於祭祀台。

5.孝眷就位、來賓就位。

6.上香、獻花。

7.司儀代爲恭讀《安靈辭》。

8.孝眷及來賓行禮：

(1)孝子女向仙逝父親（或母親）之靈行三跪九叩首之大禮。

(2)孝孫輩向祖父（或祖母）之靈行一跪三叩首禮。

(3)孝侄子輩、孝侄女輩向老大人之靈行一跪三叩首禮。

(4)所有來賓向逝者之靈行三鞠躬禮。

9.自由悼念，奏樂。

10.接靈（將骨灰盒鄭重地交至親屬手中），或由禮儀生恭捧。

11.發引，送至墓園停車處，上車。

12.圓滿禮成。

三、骨灰交接儀式的注意事項

1.骨灰交接儀式一般時間不長，大約控制在二十分鐘左右爲宜。但家屬若特別悲傷，氣氛特別凝重傷感，司儀須遵循「先盡哀，後節哀」的原則，把握時機安撫家屬，如遞飲用水、紙巾、安座等，適當延長時間，因勢利導結束儀式，不可強使家屬節哀和結束儀式。此時，可以通過家屬中較平靜者提醒其他家屬「可以結束儀式」了。

骨灰交接儀式

2.如家屬親自收集親人的骨灰，禮儀師應用專業的語言、目光、手勢、動作等，引導和協助家屬進行骨灰收集，並做好相關記錄和交接手續。

3.儀式開始，禮儀師向逝者骨灰三鞠躬，並引導家屬在合適的方位行禮。

4.《安靈辭》要寫得個性化，體現出典雅、規範的特點。

5.儀式完畢，須主動清理環境衛生，整理工具。

第十章 下葬禮儀

- 第一節　下葬禮儀概述
- 第二節　遺體下葬儀式
- 第三節　入爐儀式
- 第四節　骨灰下葬儀式
- 第五節　骨灰晉塔安靈儀式
- 第六節　樹葬儀式
- 第七節　海葬禮儀

下葬，傳統是指土葬。由於是「生離死別」的時刻，故下葬時常伴隨有儀式，如暖壙、祭土地、祭逝者等，此時孝眷要下跪。現在，火葬入爐、骨灰下葬、骨灰晉塔、樹葬和海葬等遺體處理均可比照下葬儀式進行；在殯儀館，火葬後的骨灰交接儀式亦可比照此類進行儀式操作。

第一節　下葬禮儀概述

葬，篆書寫作「葬」，《說文解字》解釋：「葬，藏也，從『死』，在『茻』（音ㄇㄤˇ）中，『一』其中，所以薦之，《易》曰：『古之葬者，厚衣之以薪。』」「薦」是指草席，「葬」的意思就是「藏」，指人死後，用草席把遺體包裹後藏起來。這種以草藏遺體的埋葬方式，可能是最早的喪葬習俗。這種處理遺體的方式後來演變爲用棺材裝殮遺體，埋入土中，爲世界上大部分民族所採用。

葬，本指土葬，後引申爲處理遺體。於是，火葬、天葬、水葬、塔葬、樹葬等均冠以「葬」字。

由此，處理遺體的方式可以分爲兩類：保存遺體（如土葬、塔葬、製成木乃伊等）和消滅遺體（火葬、水葬、天葬等）。不同的處理遺體方式由不同的宗教或對生命的信仰所決定。

由於受土地、水源、人口、工業化、城市化等因素的影響，對於處理遺體，中國目前推行「實行火葬，改革土葬」的政策。中國國務院1997年7月《殯葬管理條例》第四條規定：「人口稠密、耕地較少、交通方便的地區，應當實行火葬；暫不具備條件實行火葬的地區，允許土葬。」可見，火葬和土葬是目前處理遺體最主要的兩種方式。

但是，火化以後的骨灰如何處理也成了一個問題。絕大多數家屬仍然要找一個地方埋葬骨灰，所謂「入土爲安」，這是土葬傳統意識與強制火化相矛盾的產物。於是，各地又興起了「骨灰墓」，這可視爲「二次葬」。骨灰墓有經營性骨灰墓與公益性骨灰墓。

百塔林

現代藝術墓園

從心理實踐上，下葬仍然具有「生離死別」的文化意義，即使是下葬骨灰也是如此，如果是意義死亡，下葬的氣氛則會更爲凝重。目前，除了傳統土葬外，火化後的骨灰安置方式大體有：骨灰墓地、骨灰樓、骨灰牆、骨灰廊、骨灰塔，以及樹葬、草坪葬、海葬等。如果家屬放棄個人方式的骨灰保存，則還有集中拋灑（衆多骨灰埋入一個大坑中）。它們都具有「葬」的意義，因而都會有相應的儀式。

一、舊式遺體下葬儀式

中國傳統的遺體下葬儀式多以儒家禮儀爲本，南宋朱熹有《家禮》，其中有詳細的治喪禮儀，影響了爾後中國人幾百年。民間以儒家爲本的下葬儀式，其中又混雜了道教、佛教、各地民間信仰（舊稱迷信）等，一些地方還有陰陽家、風水先生加入，再加上商業利益的推動，所以治喪禮儀，其中包括下葬祀儀相當繁雜，如擇地、擇日、擇時、擇方位、掘穴、抬柩、送葬、落葬、掩土、做墓頭、祀后土、葬後禮儀等，並且禁忌尤多。風水先生通常活躍於其中。

隨文明的進步和殯葬新風的提倡，這些儀節省略了不少，但在廣大的農村、相當一部分城市人口中，仍然有相當的市場。

下面對某些舊時下葬習俗進行簡單解說。對此，我們應當熟悉，並非要全部恢復它們。

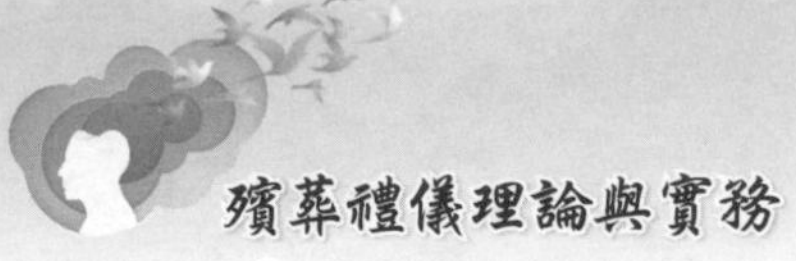

(一)開魂路

請道士或僧侶念經，爲亡魂超渡、開路，喻意將逝者引導至陰間。

(二)落葬

墓坑事先掘好，待棺木到達時，將棺上的覆蓋物取掉，男性跪在棺的左邊（如壙位坐北朝南，則位於東側），女性跪在棺的右邊，大聲哭號，以示訣別。將靈柩入壙掩埋。

(三)祀后土

遺體安葬畢，在墓位旁邊立一尊土地神像（通常以石碑爲之），作爲保護本墓位之神靈，稱爲「立后土」，並加以祭奠，即「祀后土」。此爲民間信仰。現在，很多地方的鄉間，在靈柩入壙前祭祀土地神，亦稱「祀后土」。

(四)點主

遺體下葬畢，家屬請當地有名望人士或道士、法師等，用朱砂筆在靈位牌上的「王」字上點一紅點，成「主」字，繼以墨筆在紅點上點黑，此稱之爲「點主」，提筆點主的人稱爲「點主官」。亦爲民間信仰，有祈求家運昌盛之意。

(五)返主

安葬畢，孝子從墓地將逝者靈位迎返家中供奉，俗稱「返主」。「返主」時，靈位牌有反捧而回之習俗。

(六)做「七」

亦稱「齋七」、「理七」、「燒七」等。遺體下葬畢，於第一個七天（「頭七」）起即設立靈座，供木主（牌位），每日哭拜，早晚供祭，每隔七日做一次佛事，設齋祭奠，依次至「七七」四十九日除靈止。

(七)掃墓

掃墓也叫培墓、上墳，一般在清明節前後十天內。掃墓時要剷除墳上的雜草，把墓碑上的字洗涮清晰，然後在墓前上供祭拜。

清明掃墓寄哀思

二、骨灰下葬儀式

在「入土為安」的傳統文化心理影響下，大多數家屬會為親人的骨灰購買墓地（穴位）。通常，骨灰下葬時，家屬的慎重程度相當於遺體下葬，因而可以比照遺體下葬儀式舉行相應的骨灰下葬儀式。

骨灰下葬儀式的時間，根據各地的實踐看，在部分是選擇火化後的當天，或在幾天之內；也有選擇在冬至、清明、農曆7月15日舉行。一般而言，治喪是否完成是以「下葬」為分界線的，因而骨灰是否下葬也是治喪是否完成的分界線。

三、遺體入爐儀式

經過入殮、奠禮告別等儀式程序後，如果遺體進行火化，此時與家屬溝通，可以在入爐之前為逝者舉行遺體入爐儀式。又稱「入爐儀式」。

入爐儀式可以在火化爐前舉行，也可以在火化爐附近的小祀廳裡舉行。此儀式可視爲下葬儀式的變通。

四、骨灰晉塔安靈儀式

現代化陵園所建立的骨灰樓

佛教視一切的本性爲「空」，故行遺體火葬。佛教傳入中國，僧侶們去世後實行遺體火化，高僧的骨灰則被安入於佛塔中，此爲「骨灰塔葬」。如果是將遺體安放於塔中則稱爲「塔全身」。此時，寺院會舉行相應的法事，即安放儀式，亦爲「安靈儀式」。

近幾十年來，日本、臺灣由於葬地日益緊張，興起骨灰塔葬的方式，且普遍被接受。從大陸內地近三十年的實踐看，儘管宣傳骨灰塔葬有節省土地的優勢，但骨灰塔葬仍不大被接受，在實行遺體火葬的農村尤其如此。

近三十年各地興起的骨灰樓、骨灰堂、骨灰牆、骨灰廊可視爲骨灰塔的變相設施，旨在節省葬地，它們的接受度遠遠大於骨灰塔葬，大約是這些地方「接地」較近，在骨灰安放其中時，可比照土葬下葬儀式舉行一個骨灰安放儀式。

五、樹葬

樹葬被稱爲「綠色殯葬」的骨灰處理方式。目前的樹葬，指將骨灰葬入地下，旁邊種上樹，與樹木爲伴，與大地相融，是近些年大受提倡

的骨灰安葬方式。

樹葬可以分為以下兩種情況：

1.單個樹葬。將骨灰單個裝入骨灰壇（可降解骨灰壇）深埋在一棵樹下，或把骨灰撒在一棵樹下。此時，樹葬通常會留下標誌死者姓名的或大或小的碑。

2.集體樹葬。將眾多骨灰盒集中葬於大樹下。

單個樹葬在經營性公墓中是作為收費專案的，有的陵園收費還相當高。而集體樹葬則通常是公益性的骨灰安葬方式，不留碑，近些年受到大力提倡。樹葬體現了回歸自然、可持續發展進步的安葬觀。

鮮花骨灰葬、草坪骨灰葬方式可視為是樹葬的延伸。

它們在進行骨灰安葬時都可以比照遺體下葬舉行儀式。

綠色樹葬

骨灰集中樹葬

樹葬啓用儀式

鄧小平骨灰撒海

骨灰撒海寄相思

六、海葬

海葬原爲航海者的遺體安葬方式，即在航海中死者的遺體都會投入海中，被稱爲「海葬」。當然，海葬時一般會舉行一個莊嚴的儀式，如牧師講經、船員行禮、朝天放槍等，以示哀悼。船上是不能存放遺體的，否則會引發傳染病。

本文討論的是骨灰海葬，就是將骨灰撒入大海的一種葬法。骨灰撒海，衝擊了傳統的「入土爲安」觀念。1997年2月19日鄧小平去世，遵其遺囑將骨灰撒海。更早，1976年1月8日周恩來去世，遵其遺囑將骨灰撒於祖國的山河湖海，可視爲與海葬相近的「拋撒葬」。

近些年來，接受骨灰海葬方式的人士與家屬愈來愈多了，每年清明或其他節日，都會舉行隆重的骨灰撒海儀式。但是，海葬也受到一些詬病，認爲「污染」海洋，因而一些海事部門要求海葬單位將船開遠一點再撒。當然他們也可能是心理上的擔憂。

第二節　遺體下葬儀式

2008年中國火化遺體4,534,000多具，火化率48.5%（參見民政部101研究所2010、2011年編著《中國殯葬事業發展報告》）。也就是說，有一半稍多的遺體仍然是採傳統的土葬方式，基本上多在農村，這是傳統遺體下葬儀式存在的民眾基礎。即使是推行了遺體火化的農村，仍然盛行傳統的骨灰下葬儀式。

以下討論遺體下葬儀式，骨灰下葬儀式亦同參考。

一、遺體下葬儀式準備

前一天應確定好遺體下葬儀式關於場地、人員、物品等的各項準備工作。因遺體下葬時靈柩需要多人抬扶，所以，抬柩之禮儀生應該安排足額，一般八人或十六人。其中必須有經驗豐富者，以防發生事故。

二、遺體下葬儀式程序

1.儀式開始。
2.禮儀人員就位。
3.家屬就位。
4.全體肅立，奏樂。
5.主奠者就位。
6.上香。
7.獻奠品（花果、饌、酒等）。
8.誦讀安靈辭。
9.落葬、封穴。

10.向墓位行禮（鞠躬禮或跪拜禮）。

11.奏樂。

12.圓滿禮成。

三、遺體下葬儀式的注意事項

1.遺體下葬儀式的地點，是從自家居地或殯儀館，前往埋葬墓地，沿途行進的時間視路途情況而定，如橋樑、過河等，可能涉及很多的送殯者。所以，事先要考慮到路況、天氣、飲食、飲水、老人等具體情況，要做好充分準備，防止意外發生。

2.在允許焚燒紙錢、紙紮等物的地方，要注意防火，盡可能集中焚燒，或以鮮花代替。

3.如當地有三日上墳、圓墳之類的習俗，殯葬禮儀師應盡量安排並提供服務。服務結束，充分體現專業殯儀服務的良好素養。

4.下葬完畢，殯葬禮儀師應陪伴親屬走出墓地，並注意其情緒，而不可先行離場，將親屬扔在墓地。

5.親屬返回時，有反捧遺像或靈位的民俗，在社會心理學上稱「斬斷生死之間通道」的行為。殯葬禮儀師應懂得本地的此類民俗規範。

臺灣歌星鄧麗君下葬

第三節　入爐儀式

一、入爐儀式的準備

(一)場地

提前清爐，並打掃進爐間，保持整潔；爲有需要者安排坐凳。

(二)禮儀人員

1.司儀一名。
2.襄儀兩名（引導家屬及扶推靈柩）。

(三)禮儀用品

1.遺像、靈位牌。
2.供品（水果、鮮花、酒、香燭等）。
3.跪墊數塊。
4.影音設備，磁帶（哀樂或逝者生前喜愛曲目）。
5.送靈推車。

二、入爐儀式的基本程序

1.入爐儀式開始。
2.全體肅立。
3.奏樂。

4.主奠者就位。

5.上香。

6.獻奠品（花果、饌、酒等）。

7.向靈柩行禮（鞠躬或跪拜）。

8.入爐點火。

9.奏樂。

10.圓滿禮成。

三、入爐儀式的注意事項

在禮儀的「人生之節」上理解，入爐火化對於家屬而言，相當於下葬的「死別」，家屬可能會非常悲傷，非正常死亡的情況尤其如此，禮儀師要防止家屬情緒失控。所以，家屬在悼念儀式中，應當允許他們充分地宣洩悲傷情緒，不可一味地「節哀」，而應當是「先盡哀，再節哀」。

從實踐看，入爐儀式一般較簡單。入爐儀式完成後，家屬捧遺像或靈位進入休息間，工作人員應告知其領取骨灰時間。

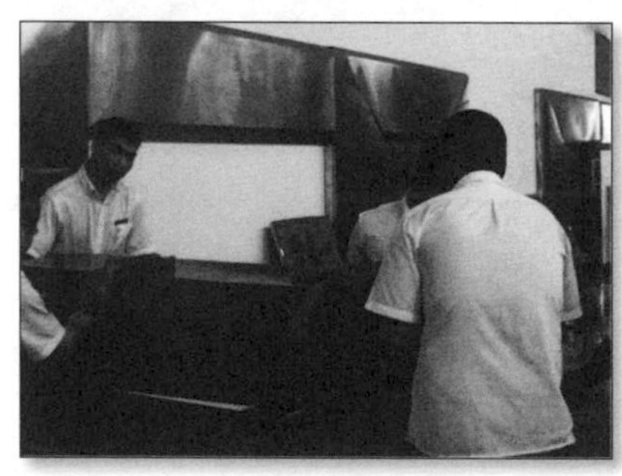

火化入爐儀式

高檔環保火化設備

第四節　骨灰下葬儀式

本節討論的主要是參照陵園內骨灰下葬的儀式情況。

一、骨灰下葬儀式前的準備

(一)場地

1.提前到墓地清穴、擦碑，打掃周邊環境。

2.在墓前插大黃傘，既可以作為下葬的標誌，又可防雨防曬等。

3.準備若干座椅，有老人及殘障人士參加時尤須注意此事。

4.進入墓穴之神道，及墓穴前面、周邊，可根據家屬需要，進行個性化裝飾，如鋪設地毯、擺放鮮花、氣球輓聯，甚至帷幕、綬帶等。顏色基調，一般不宜用紅色（也有用紅色的），多用黃色（富貴之色）為宜。

上述準備工作均須與家屬溝通並確認，於下葬前一天各項布置都要到位，正式舉行儀式前再仔細檢查。如果骨灰下葬儀式的規模較大，尤其要反覆檢查。

如果儀式在室內舉行，拜祭廳布置可參照家奠儀式場景；如果在墓園舉行，則盡可以布置得寬鬆一些。

(二)禮儀人員

1.司儀一名。

2.襄儀兩名。

3.護靈若干名（相當於儀仗隊，守護在儀式場地周圍，場面大時使用）。

(三)禮儀用品

1.遮陽傘、遺像、靈位牌等。
2.供品（水果、鮮花、酒、香燭等）。
3.水盆、擦手巾。
4.跪墊數塊。
5.影音設備，磁帶（哀樂或逝者生前喜愛曲目）。
6.演奏樂器（鋼琴、電子琴、吉他等）、樂師。
7.送靈車（或棺轎）。
8.隨葬物品。
9.家屬要求神道布置，如地毯、鮮花、輓聯、帷幕等（如家屬不需要則無）。

(四)引導家屬辦理安葬登記

帶領家屬攜帶相關文件辦理安葬登記。

(五)禮儀人員做開始前準備

1.瞭解家屬基本情況，瞭解逝者基本情況。
2.確定安靈辭。
3.檢查服務設施、設備、環境等。
4.確定進入墓地路線等。

二、骨灰下葬儀式的基本程序

1.骨灰安葬禮開始。
2.全體肅立，奏樂。
3.請盒，清拭。
4.主奠者就位，陪奠者就位。
5.上香。
6.獻奠品（花果、饌、酒等）。
7.向盒位行禮（鞠躬禮或跪拜禮）。
8.奏樂。
（以上程序也可在拜祭廳完成）
9.請盒上靈車（或棺轎）。
10.（至墓地後）清穴，暖穴。
11.主奠者就位，陪奠者就位。
12.誦讀安靈辭。
13.落葬，封穴。
14.獻奠品（花果、饌、酒等）。
15.向墓位行禮（鞠躬禮或跪拜禮）。
16.奏樂。
17.圓滿禮成。
18.自由拜祭。

三、骨灰下葬儀式的注意事項

1.有夫妻骨灰合葬墓、家庭骨灰合葬墓，其中一方已經下葬多年，另一位前來下葬，應增加一些相關的「說辭」，告知亡靈「您的另一位前來陪您來了」之類，以滿足家屬的心理要求。

2.若家屬邀請風水師、宗教人士參加，禮儀師應與他們進行有效的溝通。溝通有異議，則劃分雙方的活動界線。

3.在墓園內舉行個性化下葬儀式，場面盡可以溫馨一些，如逝者生平的寫眞版、花籃、各色鮮花等；主持可以隱身主持，司儀人員亦盡可能退後，即不要占據儀式場面的顯眼處。可以安排家屬、生前友好等輪流回顧逝者生平，以達成追思、慰藉之目的。

4.從骨灰下葬的實踐看，儀式可分爲「硬性儀式」和「軟性儀式」。前者陽剛、威武、整齊劃一，有相當的視覺衝擊力；後者溫馨、陰柔、隨意，即所謂個性化儀式。個性化儀式須量身打造，單獨設計，其場地布置、物品消耗、禮儀人員等所需甚鉅，其費用自然較高，因而需要與家屬進行溝通。

各類骨灰安葬儀式與恭讀《安靈辭》

第五節　骨灰晉塔安靈儀式

一、骨灰晉塔安靈儀式的準備

(一)晉塔前期準備

1.家屬應按靈塔單位的規定提前辦理畢塔位使用的相關手續，並確認塔位的規格、方位。

2.落實家屬對塔位使用的要求，塔位銘刻文字、相片等。

3.確認晉塔時間。

4.確定晉塔儀式的場地（室內或室外、大小）。

5.預告擦拭塔位，並清潔周邊環境等。

6.家屬是否有需要代辦的事項等。

(二)晉塔當天準備

1.家屬應攜帶以下晉塔文書辦理報到登記：塔位持有憑證；代理人身分證；逝者死亡、火化等證明等。

2.家屬將證明文書交付服務人員，核對資料，並於晉塔祭拜區（或儀式廳）擺設祭品，稍作休息，等候舉行晉塔安靈儀式。

(三)禮儀物品準備

1.遺像、靈位牌。

2.祭品（水果、鮮花、酒、香燭等）兩份，作為拜祭逝者及地藏王菩薩之用（因晉塔場面多依佛教布設）。

3.水盆、擦手巾。
4.跪墊數塊。
5.影音設備，磁帶（哀樂或逝者生前喜愛曲目）。
6.送靈車（或棺轎）。
7.家屬要求神道布置之地毯、鮮花、輓聯、帷幕等（如家屬不需要則無）。
8.隨葬物品。

(四)禮儀人員安排

1.司儀一名。
2.襄儀兩名。
3.禮儀生數名（根據家屬需要安排）。
4.法師（若無佛教儀式則免）。

二、骨灰晉塔安靈儀式的基本程序

1.骨灰晉塔安靈儀式開始，奏樂。
2.恭請骨灰盒上祭拜台。
3.法師誦經，引導祭拜地藏王菩薩（如無安排則免）。
4.由司儀引導家屬、來賓祭拜逝者（依血緣關係依次行祀），如跪拜、鞠躬、上香、獻花等。
5.若安排法師誦經，則開始進行誦經法事以超渡逝者（如無安排則免）。
6.司儀代讀晉塔安靈辭。
7.啓靈安位，服務人員引導家屬將靈骨安於塔位。
8.家屬拜別逝者，關閉塔位。
9.服務人員引領家屬下樓，並做日後祭拜相關解說。

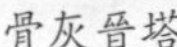

骨灰晉塔

骨灰寄存塔位

10.圓滿禮成。

三、骨灰晉塔安靈儀式的注意事項

1.禮儀師必須與家屬、靈塔單位及各方參加單位、人員溝通，以協調進行，尤其是家屬有另外延請佛道人士參加。禮儀人員承接的晉塔儀式必須以己方爲主導、核心的作用。

2.禮儀人員應和家屬共同確認法事流程及各項準備。

3.如果塔位爲夫妻雙位室，一般以「男左女右」方位安置骨灰盒，即設定骨灰盒坐北朝南，則男在東位，女在西位。

4.提倡文明晉塔。塔內空間一般較狹小，引導家屬不亂擺祭品，不放鞭炮，不燒紙錢紙紮等物，如確有需要，應在靈塔單位引導下集中焚燒處理。

第六節　樹葬儀式

本節主要是討論集體樹葬。現在的集體樹葬非常側重宣傳效果。

一、樹葬儀式準備

(一)場地

1.樹葬場地應該由殯葬單位規劃確定，不得隨意占地而葬。

2.對樹葬場地進行綠化和美化，使家屬樂意將親人骨灰安葬於此，避免損害家屬感情。

3.樹葬場地在露天，相對較寬敞，應進行必要的場地布置，如宣傳橫幅、標語、鮮花、彩帶之類，必要時還可用圓拱門、氣球輓聯、地毯、花籃、宣傳版等裝飾現場。

4.如有領導及媒體參加，還應搭建司儀台，並配置音響設備與合適曲目。

5.提前挖掘尺寸合適的坑位。有的是將可降解骨灰盒埋於地下，地面不留碑，此種方式比較多；也有用漏斗斜插入地下，骨灰通過漏斗撒入土中，或直接撒入壙內。

(二)安葬所用樹木

如果樹葬墓地本來就有枝繁葉茂的大樹，此時只須將骨灰葬入其下即可。如無樹，則須重新植樹。樹種的選擇，一是適宜本地存活；二是考慮本園區綠化的統一布局；三是樹種的價值。現在一些樹葬園區多種植松柏、香樟、銀杏、女貞等常綠的樹種。

(三)禮儀物品

1.有的樹葬，骨灰與花瓣拌合葬於地下，以顯溫馨深情。如是，則應準備花瓣若干。
2.儀式用的花籃、花束、黃絲帶（祈願之意）等。
3.禮儀師用白手套若干雙，操作撒灰之用。

(四)禮儀人員

1.司儀一名。
2.襄儀兩名。
3.禮生若干名。
4.司儀的操作文書等。

二、樹葬儀式的基本程序

1.儀式開始，奏樂。
2.請盒，敬獻花籃。
3.領導致辭（如無則略）。
4.樹葬單位致辭。
5.家屬代表致辭。
6.行禮（鞠躬禮，直系家屬可行跪拜禮）。
7.啓盒，拌入花瓣。
8.入壙。
9..覆土。
10.獻花。
11.置銘石或掛銘牌（如無則免）。
12.圓滿禮成，奏樂。

三、樹葬儀式的注意事項

1.樹葬是一種新的殯葬理念和方式，尤其是集體骨灰樹葬，環保綠色，節約土地，是文明進步的安葬方式。禮儀人員應當以認眞的態度、專業的素養做好服務，勿使家屬以爲樹葬是一件很隨意的事情。

2.樹葬時，應當除去燒紙、燃炮等習俗，代之以鮮花祭奠。

3.要注意天氣的變化，準備應對措施。

第七節　海葬儀式

一、海葬儀式準備

(一)海葬登記

1.海葬一般在清明前後或冬至前後舉行。海葬舉辦單位應事先運用本地媒體或自己的網站進行廣泛的宣傳。

2.海葬的報名、統計人數，確定海葬的時間、集合地點、海葬相關事宜，並告知家屬。

3.登記參加海葬者家屬的身分證號碼、地址、聯絡電話、逝者姓名、寄存地址等資訊，並確定一個骨灰由一名主要的家屬爲聯繫對象。

4.告知家屬參加海葬時應做的準備事項，如身分證、骨灰寄存證、集合時間與地點等。

(二)場地

1.海葬舉辦單位應事先與相關的海事部門核定海葬的區域，一般選擇在近海舉行。

2.租賃合適的海輪。

3.海輪的船尾可安裝鐵質漏斗數個，以作骨灰撒海之用。漏斗的下端伸向船外並朝下，家屬可以將骨灰從漏斗上面撒入，骨灰順漏斗落入海中，以防止骨灰四處飛揚。

(三)儀式物品

海葬與集體樹葬一樣，也非常側重於宣傳效果，以推進殯葬改革。海葬又是集體行動，所以，在海葬活動時，可用鮮花、花籃、氣球拱門、氣球輓聯、宣傳標語等裝飾海葬現場，舉行一個隆重的海葬出發儀式，請地方領導參加並講話。裝飾海輪，但有的輪船業主謝絕船上懸掛有關「殯葬」的文字。

海葬時，骨灰多與花瓣拌合撒海，以顯溫馨深情，所以應準備花瓣若干，並視情況準備花束若干，花籃若干。

備白手套若干雙，供禮儀人員協助撒灰時之用。

(四)禮儀人員

海葬時，司儀一名，襄儀兩名，禮生（兼現場維持秩序）若干名。

二、海葬儀式的基本程序

1.儀式開始，奏樂（海輪開到預定的海葬區域，宣布儀式開始）。

2.請盒，敬獻花籃。

3.領導致辭（如無則略）。

4.殯葬單位致辭。
5.家屬代表致辭。
6.行禮（鞠躬禮，直系家屬可行跪拜禮）。
7.啓盒，拌入花瓣。
8.骨灰撒海。
9.圓滿禮成，奏樂。

三、海葬儀式的注意事項

1.海葬單位要做好充分的宣傳工作，使參加活動的家屬知道自己的行程安排。
2.多個骨灰海葬時，應事先排好先後順序，可以按報名先後，或抓鬮，或以姓氏筆劃方式等。
3.海葬船上只能以鮮花花瓣祭奠，不得以其他生鮮物品供獻，不得燒紙燃炮等；家屬不得將骨灰盒（壇、盅）拋入大海，骨灰盒（壇、盅）應在骨灰撒海後，由殯葬單位帶回陸地集中處理。
4.海葬單位應有天氣變化的應對措施。

第十一章 祭祀禮儀

祭祀，就是對人們認爲神聖的對象予以膜拜的儀式性活動，通常伴隨著獻上祭品、叩首、祈禱等自卑性行爲。

第一節　祭祀概述

一、祭祀概述

祭祀源於原始人類蒙昧初開的原始時代，是對自己能力的信心不足所產生的。那時，原始人類虔誠於神靈，他們總是將自己的智慧、技藝及勞作的收穫視爲神靈的恩賜，甚至將自己的智慧本身也認爲是神靈所賜。祭祀就是向神靈表達感恩與求助。

隨著文明的提升，人類的智力及行爲能力不斷在增長，祭祀文化的內涵也在不斷的改變中，但並不會消失。因爲，人類的認知能力不斷擴充，我們所認識的外部對象也在不斷的拓展中，我們總是面對著無限的世界。換言之，我們總是在「無知」、「求助」與「寄託」等情感之中。

中國人是個十分重視祭祀的民族，且經常達到極繁雜的程度。比如，基督教、伊斯蘭教、猶太教也非常重視祭祀，但他們是一神教，只祭祀單一的神，不得祭祀其他的神。而中國民間的神靈十分繁雜，什麼都祭，因而繁雜就在所難免了。第七章已述及「祭」、「祀」二字，可參看。

二、中國人的祭祀

在第一章第一節我們論述了「禮有三本」，即天地、先祖、君師三大類祭祀的對象，可參看。這裡，我們只討論中國人對祖先崇拜、聖賢崇拜的祭祀。

中國自夏商周以來，社會就以家庭、家族爲社會基本單位，家庭、家族以共同的祖先爲偶像崇拜對象，以「孝道」精神貫穿到家庭、家族的方方面面，所謂「孝道治天下」，以此凝結並治理民衆，這也是「家國同構模式」的原因所在。

「孝治天下」的步驟就是「禮」，包括殯葬之禮儀。父母尊長在世，子女要孝，所謂「孝順」；父母死後，子女貫徹孝道於其身後，所謂「事死如事生，事亡如事存」。這種「生死一貫」的孝道原則，便產生了對祖先的祭祀，聖賢崇拜及祭祀隨之而產生。

三、祖先及聖賢祭祀的意義

《左傳・成公十二年》：「國之大事，在祭與戎。」這是說，國家的大事，一是祭祀；二是軍事。它說明了祭祀在國家政治生活的地位。

中國人是個注重祖先崇拜、聖賢崇拜的民族，對他們祭祀的意義，大體有二：

一是培植人們內心的愛敬、虔誠之品德。此處的愛敬指對祖先的崇敬之愛。《春秋穀梁傳・成公十七年》：「祭者，薦其時也，薦其敬也，薦其美也，非享味也。」《禮記・禮運》鄭玄註：「物雖質略，有齊敬之心，則可以薦羞於鬼神，鬼神饗德不饗味也。」朱熹在《家禮》中說：「凡祭，主於盡愛敬之誠而已。」這是說，祭祀祖先並不在於祭品的豐簡美陋，而在於人心的敬。敬即虔誠之心。

二是通過共同的血緣關係、共同的價值認同以維繫家庭與家族，及整個社會的凝聚。這就是自夏商周以來「家治而天下定」的政治思維模式。

前者是其道德修養的個人意義，後者是其社會意義。祖先與聖賢祭祀文化構成了中國「德治」文化的重要組成部分。

須指出，中國人祭祀是以祖先「神靈有知」爲假設前提的。至於其眞實性與否，似乎並不重要，所謂「敬神如神在，不敬神不怪」。《說苑．辨物》中假託孔子之言，討論身後世界的有無。子貢曾問孔子，人死後究竟有無知覺？孔子說，我如果說人死後有知覺，又怕孝子用妨礙活人生活的方法來厚葬死者；我如果說人死後無知覺，又怕不孝子孫棄親不葬。究竟有沒有，待你死後，自然就知道了。這裡有兩個意思：一是人死後有沒有靈魂不是很重要，重要的是它對生者的影響；二是對待逝者應該採取的恰當方式（既不厚葬，也非不葬）。

四、祭祀的構成

祭祀的構成指祭祀的要件。這裡介紹傳統的祭法，有所謂祭法、祭器、祭服、祭品、祭辭、禮樂、禮容等。

(一)祭法

指祭祀的規矩、程序、方法。祭法是祭禮的外在形態，其特點是具有明確的規定性，是祭祀禮儀施行的依據，也是判斷禮與非禮的標準。

(二)祭器

是祭祀時用的器具。祭祀時，用祭器可以營造合適的祭祀氛圍，更好的表達祭祀之意。例如古代祭祀時常用到的香案、香爐、香合、酹酒盞、篚、罍、受胙盤、匕、茶筅、鹽碟、醋瓶、火筯、祝版、盥盆、帨巾等。

祭孔禮器（部分）

(三)祭服

古代祭祀服裝圖示

祭祀所穿禮服稱爲祭服。在禮制發達的中國，顯示等第貴賤的衣冠體系中，祭服是最高等級的禮服。

(四)祭品

祭祀用三牲

祭祀時向神主敬獻的物品。祭品很多，分爲動物性祭品和非動物性祭品。動物性祭品，統稱犧牲，如牛、羊、豕三牲全備稱爲太牢，是最高等級的祭獻，羊、豕兩牲則稱少牢。非動物性祭品如糧食五穀（古稱「粢盛」）及美酒等。

(五)祭文

祭文，是古代拜祭神靈或祖先時使用的文辭，亦稱「祝文」。它是祭祀活動與漢語文學結合的產物，好的祝文往往是流傳千古的文學名篇。

祭文可分爲廟祭文和墓祭文兩類。廟祭文一般用於官方重大祭祀場合，格式多爲四言體的韻文，例如歷代天子宗廟祭祀、祭黃帝陵的祭文，都屬於廟祭文。墓祭文形式較爲靈活，士庶階層的私祭也採用，多是文言散文、韻文或駢體文寫成，唐韓愈《祭十二郎文》、宋歐陽修《瀧岡阡表》、清袁枚《祭妹文》被稱爲中國文學史上三大著名祭文，均爲散文形式，情真意切，催人淚下。

舊式祭文有比較固定的格式，一般結構是：

標題：祭XX文

起首：以「維」開頭，接之以「某年某月某日，某人等伏於某人靈

（墓）前，祝以文曰」領起正文。

正文：可敘述祭祀目的，追憶先人業績功德，或表達誠敬哀切情感。

結尾：一般以「尙饗」、「伏惟尙饗」結束，意爲恭敬地拜伏在神主前，請神主享用祭品；或「嗚呼哀哉」，意爲哎呀，眞是悲痛啊！

(六)禮樂

在祭祀活動中，禮與樂不可分。按中國文化的傳統，官方祭祀所用之樂，稱爲「雅樂」，或「正樂」、「大樂」。雅樂是華夏禮樂制度的獨特產物，古典音樂的巔峰，從周代一直延續傳承數千年。雅樂歌辭至今仍保留在《詩經》「雅」、「頌」，以及《樂府》「郊廟歌辭」等篇章中。民間祭祀所用之樂，通常理解爲「俗樂」或「民樂」。

(七)禮容

是行禮者在行禮時的容貌、體態等，是禮義的外在表現，以此表現行禮者內心的誠敬。

第二節　家祭與公祭

前述天地、先祖、君師爲「禮有三本」，即三大類祭祀的對象。其中，先祖與君師爲人，故對他們的祭祀又被稱爲「祭人鬼」。具體地說，就是「家祭」和「公祭」。

一、家祭

家祭是一個家庭或家族祭祀自己的父母先祖。在西周「五祀」中，

屬於「吉祀」的範疇。

家祭場景

中國民間傳統，一個家庭的祭祀是父親（家長）帶領全家人進行祭祀，通常是在除夕夜，或清明，或先父母的忌日。一個家族，則是族長帶領全族人（通常是各家長爲代表）在祠堂中，或族墓地，或某空曠處舉行祭祀，時間可以是在除夕、清明等日子。族祭是一件比較複雜的活動，因爲行祭禮時，必須按照「各房」在家族中的血緣地位排列行祭禮的次序。「家祭尊長」，嫡長子是長房，爲族長，他主持族祭，依長房、次房、再次房……的次序行祭禮。比如，某人是族長，弟弟即使官爲宰相，他也只能跟在族長哥哥後面行禮，不能亂序。

家祭是凝聚家人、族人的一項重要活動，體現了「孝道」精神和「聚族」的社會功能。通過祭祖，家人、族人相彙聚，追懷先人功績與遺德，表達對先人的愛敬與思念，並以此激勵家人、族人積極向上，所謂「愼終追遠」、「敦親睦族」、「敬亡勵生」，實爲一項非常有教育意義的民俗活動。

現在，中國最大最集中的家祭活動是清明節的上墳掃墓。從2008年開始，中國將清明節認定爲法定節日，放假一天。2009年，又改爲三天，意在恢復優秀傳統，以淳化民心。由於公墓（陵園）屬於民政部門及殯葬單位管轄，故殯葬行業的禮儀人員對此一類民俗應有深入的瞭解。

古代皇族的家祭是國家層面的一項重典。皇帝帶領皇家子弟及族人祭祀先祖，有功臣列入陪祭，祭祀程序列入國家禮制典籍之中。現在北京故宮東側的勞動人民文化宮就是明清兩朝的「太廟」，即皇帝的家廟。太者，大也。廟者，即宗祠、祠堂。太廟，就是最大的家廟。家廟在宋代以後的民間稱「祠堂」。

《禮記·祭義》：「祭不欲數（頻繁），數則繁，繁則不敬。祭不欲疏，疏則怠，怠則忘本。」就是說，祭祀太多或太少都不好，要恰如其分。

中國傳統的家祭，大體有如下名目：

1.四時祭：春分、夏至、秋分、冬至，所謂「二分二至」。四時說的他說，茲不論。
2.節祭：除夕、正月初一（舊稱元旦）、清明、寒食、端午、七月半（中元節）、十月半（下元半）、重陽節等。
3.忌日祭：親人去世之日的祭祀。
4.墓祭：在親人墓地、骨灰存放處祭祀。

此類僅供參考，並非說這些日子都要舉行祭祀。

二、公祭

公祭是由公衆團體（如國家、地方政府、行業團體、單位、社區等）組成公祭委員會，祭祀某些特定的先人或逝者。根據現在實際情況，公祭對象主要有以下六類：

1.人文始祖，如黃帝（陝西黃陵縣）、炎帝（湖南炎陵縣、陝西寶雞均有炎帝陵）、伏羲（甘肅天水）等。
2.先聖先賢先烈，如孔子（山東曲阜）、包公（安徽合肥）。
3.對國家民族有卓越功勳者，如戚繼光（福建福州）、孫中山（南京、北京等地）、抗日烈士（湖南南嶽忠烈祠）、辛亥志士（湖北武漢）等。
4.對社會人群、文教民生有特殊貢獻者，如1940年3月5日蔡元培逝世，國民黨蔣介石先生在重慶主持公祭，2006年香港公祭逝世的商界領袖霍英東。

5.在重大災難中去世的人群，如2008年公祭汶川大地震中遇難的同胞，2010年上海公祭特大火災中遇難的人們。

6.機關、學校、團體、社區等單位也可以對本地那些有特殊貢獻者進行公祭。

上述公祭的操持者是一個「公部門」，是家祭的社會化延伸。公祭以「公祭以尊」，一般是社會地位高、尊貴者爲祭主，或主祭。

近年來，隨著傳統文化的升溫，各地「公祭風」一度甚烈。各類公祭大典在各地鳴鑼開場，從每年高層的祭黃帝、祭炎帝、祭孔，到地方上的祭屈原、李白、關公、包公，從慶祝「中華母親女媧誕辰」到「諸葛亮出山一千八百週年紀念」，從三皇五帝到三教九流，不一而足。一些歷史文化名人，甚至神話傳說中的人物都成了祭祀對象，有時幾個地方搶祭同一歷史文化名人，如諸葛亮。據說是「文化搭台，經濟唱戲」，招商引資，發展地方經濟，亦說是地方官員要爭什麼「第一」，要「創新」，或爭「知名度」，因而不惜勞民傷財，行兒戲之舉。最可笑者，居然有劉姓之人祭劉邦，李姓之人祭李世民，朱姓之人祭朱元璋，攀附「龍脈」，實在無聊。此類亂祭，古稱「濫祭」、「淫祀」。

各類公祭大典在各地舉行

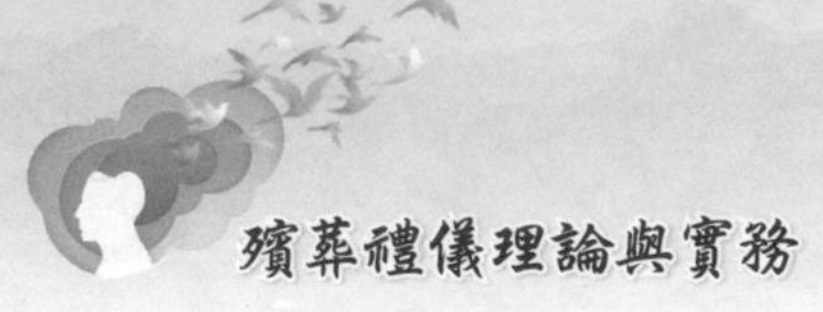

第三節　家祭儀式

一、家祭儀式的準備

(一)家祭方案選定

中國現在民間流行的家祭儀式（包括家奠儀式）大體上出自南宋朱熹的《家禮》，並結合了各地風俗，由當地的禮儀師根據需要做了一定的修改。朱熹當年修訂家祀，也是有感於傳統禮儀過於繁瑣，全部遵古既不可能，也無必要。所以，現在舉行家祭儀式時，亦應以莊重肅穆、簡樸易行爲要，重在表達對先祖親人的愛敬之誠和思念之意，不可蓄意奢華張揚以顯富貴。須知，奢華張揚歷來爲敗家之本。

(二)適用的對象

已故的長輩：如祖先、已故的父母、已故的其他長輩。

已故的平輩：亡夫、亡妻、已故的兄弟姊妹等。

已故的晚輩：逝子、逝女、其他晚輩。《禮記．曲禮上》：「父不祭子，夫不祭妻。」但後世仍有長祭幼者、夫祭妻者，故不必拘泥於古禮。

(三)參加人員

一般來說，以家族相關人員參加，原則上不需其他人員參與。按照輩分大小及年齡長幼順序，確定主祭（兼初獻）、亞獻、終獻各一人，同時以此順序排列家祭的人員次序。視情況也可不用三獻皆備。司儀

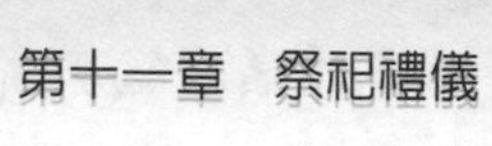

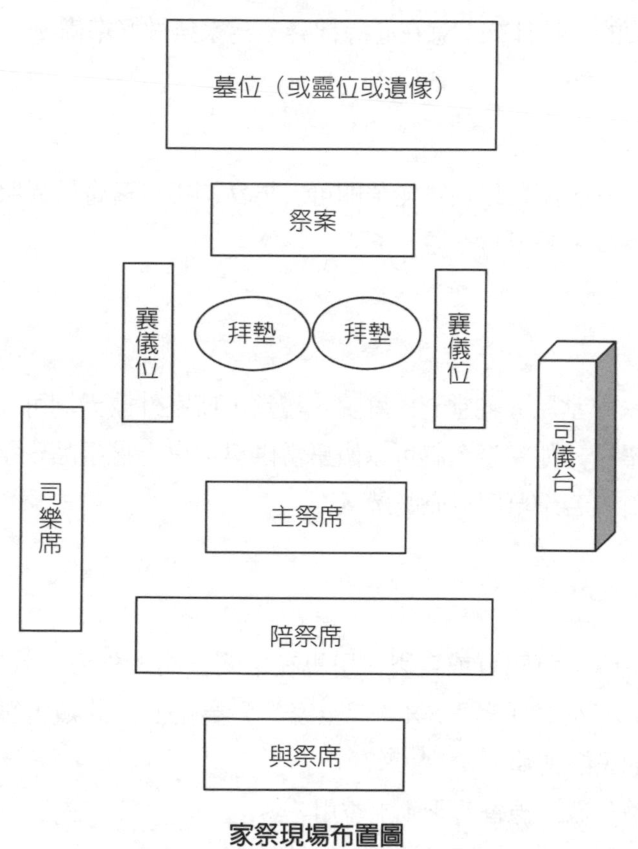

家祭現場布置圖

（兼讀祝）一人，襄儀兩人，禮生若干人。

(四)時間

家祭的日期由夫妻商定，族祭的日期則由族內各家商定。上午、下午或晚上均可以舉行。

(五)沐浴齋戒

祭前一日爲齋戒日。是日，一般要沐浴、更衣、素食，停止各種娛樂和不相關的交接往來，意在心靜神凝，爲家祭做好準備。

(六)服裝

一般而言，服裝以樸實無華即可。男女均不可著奇裝異服，女子尤不能袒胸露背，超短裙一類。

(七)場地

可於家中堂屋（廳堂）、庭院、禮堂，或室外露天均可。上墳墓祭則於墓前舉行。如家祭，就可以飯桌當供桌，桌上擺祭品、祭器、神主牌位，桌前放若干草席以充跪墊。

(八)祭器

1.神主牌：可購買或自製。用墨在中間書寫「先考（或妣）XX之位」，左寫「孝子XX（或全家人）奉祀」。此類書寫可參照相關的民俗書籍。
2.香爐一盞、線香若干，上香用。
3.酒一瓶（壺）、酒爵若干，用於獻爵。
4.家用的盤、碟、碗、杯、匙、筷等若干。
5.祝文：宣紙一張，以毛筆書寫正楷祭文。
6.盥盆一個，毛巾一條，等。

(九)祭品

1.三牲肉食。
2.時鮮蔬果若干盤。
3.點心數盤。

二、家祭儀式的基本程序

1.家祭開始。

2.全體肅立。

3.主祭者就位。

4.與祭者就位。

5.奏樂（不用樂者略）。

6.上香。

7.三獻禮，獻花、獻饌、獻爵。

8.讀祭文（不用祭文者略）。

9.向先人神位（遺像、牌位、墓位）行禮，或各行重輕之禮。

10.恭讀遺訓或報告行誼（無者略）。

11.奏樂（不用樂者略）。

12.圓滿禮成。

說明：舊式的族人於宗祠中祭祖，祭畢，通常要舉行全族人宴會。屆時，合族男女老幼全到宗祠中聚飲聚食，非常熱鬧。此外，如祭社神（春社、秋社）等祭祀活動也有宴飲，有的還唱戲。因而，傳統的宗祠祭祖就成了一個非常重要、非常熱鬧的活動。

三、家祭儀式的注意事項

1.祭品應新鮮，洗淨，生熟均可。

2.家祭亦是一種家族教育活動，所以，家祭現場應保持肅靜恭謹，避免出現遊戲娛樂化狀態。

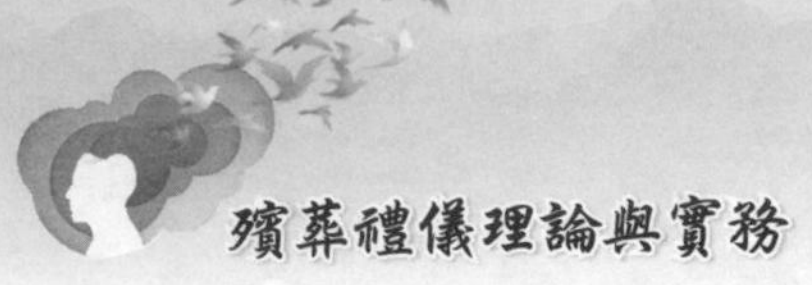

四、民間家祭儀程

(一)擇期

確定祭祀時間和場地，聯繫場地，通知參祭人員。

(二)齋戒

祭祀前一日全體參祭者均須齋戒、沐浴、更衣、禁葷、停止一切娛樂活動。追思受祭者的生平、思想，洗滌祭器，製作祭品，熟悉禮樂，書寫祝文，落實各項祭祀準備事務，誠懇地為祭祀做準備。

(三)陳設

祭祀日清晨，全體參祭者著祭服至神主墓（祠、廟等）前列隊肅立。主祭宣讀祭祀時注意事項。安排祭台、擺放祭品、鋪席子，做好準備後，司儀、襄儀、執事等人盥手，拭淨。就位，皆正立。

(四)就位

全體參祭者列隊（三獻者在前），在盥洗台洗手、拭淨。樂者就位。司儀引三獻官到獻官席位前正坐就位。其他參祭者在祭者席上就位。司儀唱：「有司謹具，請行事。」

(五)迎神

司儀唱：「迎神」，樂者開始演奏音樂。司儀唱：「鞠躬、拜、興、拜、興、平身」，參祭者皆行再拜之禮。樂止。

(六)奠幣

司儀唱：「奠幣」，樂者奏樂。襄儀引主祭（初獻官）出，到奠席前。司儀唱：「跪」，獻官搢笏，跪，上三次香；禮生獻捧幣，跪，授予主祭；獻官受幣，司儀唱：「奠幣」，主祭奠幣於神位前。司儀唱：「鞠躬、拜、興、拜、興、平身」，主祭依此行禮。樂止，襄儀引主祭復位。

(七)初獻

司儀唱：「行初獻禮」，襄儀引主祭（初獻官）出，到洗爵位前，主祭搢笏，在司洗幫助下洗爵、擦拭爵，把洗好的爵授予禮生。主祭出笏。司儀唱：「詣XX神位前」，襄儀引主祭至神位前，主祭搢笏，跪，禮生進香，主祭上香，再將香奠於香爐。禮生斟滿酒爵，進爵，主祭接過，灑酒於地，奠於祭台。主祭出笏。奏樂停止。司儀唱：「讀祝」，讀祝官面向神主位（一定要面向神主位），跪於讀祝席上，讀祝文。讀畢，收起祝文，放於面前地面上。奏樂。司儀唱：「鞠躬、拜、興、拜、興、平身」，讀祝官和主祭向神主位行再拜之禮。

(八)亞獻、終獻

禮如初獻，惟不讀祝。

(九)飲福受胙

司儀唱：「飲福受胙」，襄儀引主祭到奠席。主祭搢笏，跪。禮生取祭台上酒爵（初獻爵），進於主祭。主祭受爵，祭酒，然後飲福酒，再拜。

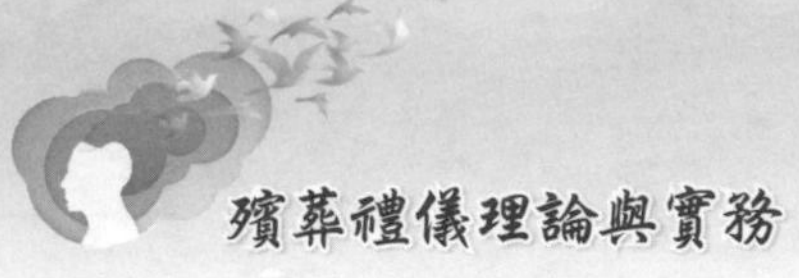

(十)送神

司儀唱：「送神」，樂者奏樂。襄儀唱：「鞠躬、拜、興、拜、興、平身」，全體再拜。

(十一)分胙

參禮者分胙，將祭品分用進餐。注意保持環境衛生，態度應端正肅穆。

(十二)灑掃，圓滿禮成

分胙後，整理祭祀現場，收拾好祭器，將現場認眞打掃乾淨，恢復其本來面貌。

說明：「司儀」原文爲「贊祀」；「襄儀」原文爲「贊引」。

第四節　公祭儀式

一、公祭儀式的準備

(一)場地

公祭儀式的場地大小以公祭的檔次、參加人數的多少而定。如果規模較大，則須選擇寬廣開闊之地，如公衆廣場、陵園廣場，或殯儀館大禮廳等。

以下布置僅供參考，不可照搬：

1.圓拱門裝飾：在公祭廣場，一般為了渲染氣氛，需要布置圓拱門。圓拱門上方書寫橫條幅「XXX公祭禮儀式」，左右兩側可懸掛氣球或汽柱，汽球、氣柱上面書寫文字或是楹聯，或宣傳口號之類。

2.神道布置：從進入廣場經過圓拱門到祭祀台，會有一段距離，稱為神道，在其兩側路上可裝飾花藍、盆花，或以彩色皺紋紙剪成條狀，裝飾在兩側的樹枝上，以造成色彩斑爛的動態效果。

3.祭祀台：在廣場的合適位置（如朝南，則於廣場中心稍北位置）設置祭祀台，作為公祭儀式的主禮場。祭祀台大小視情況而定，一般寬八公尺×深六公尺，橫幅書「公祭XXX老先生」；兩側掛祭聯（另擬）。

台上布置：被祭者相片；祭桌上擺靈牌，兩支紅燭，六盤祭物；花藍。祭祀台地面可鋪紅地毯。祭祀台正面的空餘部分，以菊花裝飾。提前一天將祭祀台搭好。

祭祀台兩側，擺上一些椅子，以備臨時之坐。

祭祀台的左側以醒目的方式列出《公祭程序》。

4.靈幡數條。

5.鮮花（數目視情況而定，用於獻花）。

6.如在墓地舉行，則以鮮花裝飾被祭者墓地。

7.鞭炮若干（不放鞭炮則免）。

(二)禮儀人員

1.司儀一名。

2.襄儀兩名。

3.禮生若干名。

4.執幡生一至四名。

5.樂隊若干。

(三)禮儀用品

1.司儀台一個（如前）。
2.音響設備、話筒等。
3.跪墊數塊。
4.供品（牲、酒、點心、鮮花、水果等）、遺像、靈位牌、香爐、線香、蠟燭、酒具等物品。
5.為老年人、殘障人員準備座椅。

二、公祭儀式的基本程序

(一)適用於一般公祭

1.儀式開始。
2.主祭者就位。
3.陪祭者就位。
4.與祭者就位。
5.三獻禮。
6.宣讀祭文。
7.行鞠躬禮。
8.向墓前（或靈位／遺像）獻花。
9.圓滿禮成，公祭結束。鳴炮。
10.自由祭奠。

(二)適用於公祭人文始祖、歷史文化名人

1.擊鼓鳴鐘。
2.主祭就位。

3.與祭就位。

4.敬上高香。

5.三獻禮。

6.恭讀祭文。

7.行鞠躬禮。

8.樂舞告祭。

9.瞻仰聖跡。

10.圓滿禮成，儀式結束。

11.自由祭拜。

三、公祭儀式的注意事項

1.公祭儀式一般參加人數較多，規模較大，具有一定的社會影響力。所以必須高度重視，仔細考慮各個環節，並隨時與委託方保持溝通。

2.應該制訂較爲詳盡的策劃方案，並交委託方審查，獲其認可。策劃方案應該包括如下內容：

(1)場地布置及物資準備。

(2)禮儀人員安排。

(3)主祭者、與祭者、家屬的確認（姓名、頭銜、聯繫方式、具體人數，或者人數估計等）。

(4)儀式儀程文本，時間安排準確、具體。

(5)活動經費預算。

(6)對於天氣等不確定因素的應對措施。

3.對公祭對象、公祭目的應有詳細的瞭解，並製作必要的公告欄，置於祭祀場地附近。

第十二章
殯葬禮儀操作實務

- 第一節　家奠禮、公奠禮實例
- 第二節　追悼會禮儀實例
- 第三節　出殯發引禮儀實例
- 第四節　下葬禮儀實例
- 第五節　骨灰交接禮儀實例
- 第六節　祭祀禮儀實例
- 附錄　喪禮的本質

第一節　家奠禮、公奠禮實例[1]

家奠禮是逝者的孝子賢孫、諸親屬舉行的悼念逝者的儀式。此時，鄰里街坊、生前友好也會光臨家奠禮，送別逝者、慰問家人（舊稱「弔死問生」）。司儀可以在孝眷及親屬行禮以後安排他們行禮。公奠禮是以公共部門的名義悼念逝者的儀式，如逝者生前服務的單位、社會團體或社區等。

本處列有家奠禮、公奠禮各一實例，供參考。

實例一　吳此人老大人家奠禮

禮儀師就位。

司儀一人，司儀站在靈堂正面右側，面對來賓方向；襄儀兩人，分立於供桌的兩側，兩人對面而立，不與司儀並排，以顯主次關係。司儀是整個奠禮的核心、樞紐，可說決定奠禮儀式的成敗，應事先將奠禮的操作程序作成書面文字，以免臨時出錯。操作程序以資料夾裝好，資料夾的表層最好是黃色緞面，以示尊貴。

1.司儀：

吉時到！吳此人家奠禮準備開始，恭請孝眷、家屬準備就緒。

這時，司儀到供桌前，手捻一根香，點燃，兩位襄儀隨其側後，朝靈牌位行一鞠躬禮，然後將香插入香爐中，三人轉身，復位。

---

[1]本章六類禮儀實例操作，是作者（王夫子）在外承接的禮儀，或老師指導學生禮儀訓練時的操作文本，供參考。

2.司儀：

各位孝眷、家屬及來賓，午安（或早安／晚安），大家好！我們是XX殯儀館禮儀部的禮儀師，受吳此人家人所託，主持此次家奠禮。

本司儀謹代表孝眷向各位於百忙之中，撥駕前來參加吳此人家奠禮的來賓表示衷心的感謝。我們將以最誠懇的心情、非常謹慎的態度，和最專業的精神來主持這場莊嚴的家奠禮，以不負家人所託。同時，司儀面向來賓行一鞠躬禮。

現在，我宣布吳此人家奠禮正式開始。

請奏樂！

樂畢！

3.司儀：

恭請孝眷靈前就位！司儀指導孝眷到靈前站立就位。

現在，孝男吳XX、孝媳XXX、孝女XXX、孝婿XXX一起靈前致奠。

注意：子、媳、女、女婿是同一輩人，作爲第一家奠單位。

兩位襄儀引導孝眷到靈前垂手站立，然後依司儀的口令依次行禮。以下凡有人上前致奠，均由襄儀引導，不再說明。

靈前上香！襄儀給燃香，每人一支。左手拇指與食指、中指捏香，無名指與小指併攏，右掌抱於左掌之外。下同。

孝男、孝媳、孝女、孝婿，謹以清香一炷，向敬愛的父親大人靈前行三拜禮。

4.司儀：

一拜！

再拜！

三拜！襄儀收燃香，插入爐中。下同。

5.司儀：

請跪！

襄儀示意孝眷雙手合十。禮生要準備專用的跪拜墊。跪姿：左腿向前跨半步，右腿先跪下，再收左腿而跪。

6.司儀：

獻花，拜！

面對靈堂的左側襄儀，將靈桌上預先準備的花環雙手遞給孝子或孝女。花環以鮮花或絹花所結，直徑約三十公分。此時的「拜」，即雙手持花環，以額頭觸花環，並觸地。完畢後，右側襄儀收花環，重新放在靈桌上。左右並無定制，相反亦可，但一經操作就要貫徹到底，儀式中不可隨意改變。

獻果，拜！

一盤水果。左襄儀遞一盤水果給孝長子，拜的動作同上。右襄儀收回。下同。

獻茶，拜！

一杯茶。操作同上。如果父親生前吸菸、喝酒，則還可以香菸、酒作爲奠品。

7.司儀：

下面，恭請孝長子恭讀奠文，其他孝眷請雙手伏地。

亦可由司儀代爲誦讀。

《奠文》曰：

維西元2005年X月X日，孝子吳XX曰：敬愛的父親大人……

父親大人……

父親大人……

安息吧！我們敬愛的父親大人，您的兒女們已經長大成人，我們一定會謹記您的教誨，互相友愛，更加團結，使家道發揚光大。

嗚呼哀哉！尙饗！

8.司儀：

孝眷請抬頭！

現在，孝子、孝媳、孝女、孝婿謹以鮮花、素果、清茶、菜餚、酒水、奠文之儀，向父親大人靈前行三跪九叩首大禮，以報親恩於萬一。

一叩首！

再叩首！

三叩首！

請起！雙手合十，拜！此爲一鞠躬禮，下同。

再跪！再跪靈前謝親恩！

四叩首！

五叩首！

六叩首！

請起！拜！

三跪！終跪靈前永告別！

七叩首！

八叩首！

滿叩首！

奠酒！襄儀倒酒於酒杯中，托盤遞上，示意兩人澆於盤內。如此三次。

請起！拜！

禮成！

奏樂！請孝眷回位！

樂畢！

襄儀此時可以引導孝眷到一邊休息。但要留孝子或至少一位孝眷在靈前答禮席，準備給弔唁來賓答禮。襄儀準備拜墊。

9.司儀：

下面，有請孝孫XXX、XXX，孝孫女XXX、XXX、XXX，靈前致奠。

注意：孫及孫女，外孫及外孫女，一起作爲第二家奠單位。下面不再說明。

10.司儀：

靈前上香。現在，請孝長孫XXX率孝孫XXX，孝孫女XXX、

XXX，以清香一炷，向敬愛的祖父大人靈前行三拜禮。操作同上。

11.司儀：

一拜！二拜！三拜！襄儀收燃香，插入爐中。

請跪！請雙手合十。

獻花，拜！

獻果，拜！

獻茶，拜！操作同上。

12.司儀：

現在，孝眷孫輩謹以鮮花、素果、清茶、菜餚之儀向祖父大人靈前行一跪三叩首之禮，拜別祖父大人。

13.司儀：

一叩首！

再叩首！

三叩首！

奠酒！襄儀倒酒於酒杯中，托盤遞上，示意兩人澆於盤內。如此三次。

請起！拜！

禮成！

奏樂！

樂畢！請孝孫回答禮席。襄儀引導孝孫輩到休息區。

孝孫輩是否獻上《奠祖父文》，可視家屬的要求等情況而定。

14.司儀：

下面，有請胞弟XXX率胞弟XXX、胞姊XXX、XXX，一起靈前致奠，行三拜禮，以表追思。襄儀給燃香。

注意：胞姊可單獨行奠禮，也可與弟妹們一起行奠禮。堂兄弟姊妹、表兄弟姊妹則須另外分別行禮。

孝子請跪！

靈前上香，於兄長靈前行三拜禮！

一拜！

再拜！

三拜！襄儀收燃香，插入爐中。

獻花，拜！

獻果，拜！

獻茶，拜！

奠酒！襄儀倒酒於酒杯中，托盤遞上，示意兩人澆於盤內。如此三次。

請起！拜！

禮成！

注意：胞弟妹奠兄長，此處是行三鞠躬禮，也可以行一跪三叩首禮，視家屬的意願而定。兄長奠胞弟妹則無須下跪，行三鞠躬禮即可。此處是否獻上《奠文》，視情況而定。

15.司儀：

請胞弟恭讀《奠兄文》。孝子請跪！

《奠兄文》曰：

一陣秋雨一陣寒，兄長一去不復還。

……

今天，你的弟妹們略備微儀，奠獻胞兄，靈若有知，納我心香。

嗚呼哀哉！尚饗！

16.司儀：

現在，胞弟、胞妹們謹以鮮花、素果、清茶、菜餚之儀向胞兄靈前行三拜禮，以表追思。

一拜！

再拜！

三拜！

奠酒！襄儀倒酒於酒杯中，托盤遞上，示意澆於盤內。如此三次。

請起！拜！

禮成！

孝子叩謝答禮！襄儀示意孝子叩首。

奏樂！

樂畢！請回位！襄儀引導到休息區。

17.司儀：

下面，有請堂兄弟姊妹XXX、XXX、XXX，表兄弟姊妹XXX、XXX、XXX，一起靈前致奠，行三拜禮，以表追思。

注意：此時致奠次序可以先堂兄弟、堂姊妹行奠禮，然後表兄弟、表姊妹行奠禮；也可兩撥人一起行奠禮，視當地習慣而定。

18.司儀：

一拜！

再拜！

三拜！襄儀收燃香，插入爐中。

奠酒！襄儀倒酒於酒杯中，托盤遞上，示意澆於盤內。如此三次。

請起！拜！

孝子叩謝答禮！襄儀示意孝子叩首回禮。

禮成！

奏樂！

樂畢，請回位！

19.司儀：

下面，有請姻親XXX、XXX，謹以清香一炷，於親翁靈前行三拜禮，以表追思。襄儀給燃香。

如果有兩位以上的姻親，則須分別行禮。

一拜！

再拜！

三拜！襄儀收燃香，插入香爐中。

奠酒！襄儀倒酒於酒杯中，托盤遞上，示意澆於盤內。如此三次。

請起！拜！

孝眷叩謝答禮！襄儀示意孝子叩首。

禮成！

奏樂！

樂畢！請回位！襄儀引導到休息區。

20.司儀：

下面，有請街坊善鄰、生前好友XXX、XXX、XXX、XXX等人，於吳此人老大人靈前上香致奠。襄儀給燃香。

謹以清香一炷，向靈前行三拜禮，以表追思。

一拜！

再拜！

三拜！襄儀收燃香，插入爐中。

奠酒！襄儀倒酒於酒杯中，托盤遞上，示意澆於盤內。如此三次。

請起！拜！

孝眷叩謝答禮！襄儀示意孝子叩首。

禮成！

奏樂！

樂畢！

21.司儀：

現在，請好友XXX代表諸位恭讀奠文。孝子請跪！

（奠文略）

奠文畢。孝子一叩首謝答禮！襄儀示意孝子眷一叩首。

禮成！

奏樂！

樂畢！請回位！襄儀引導到休息區。

22.司儀：

請問主事家屬，是否還有我們未邀請到的親屬來賓需要靈前致奠，如果有，恭請靈前致奠；如果沒有，我們將進入下一儀程。

23.司儀：

下面，本司儀代家屬恭讀《答謝詞》。

尊敬的各位親戚及好友：

……

恭讀《答謝詞》畢。

在此，我代表孝家，再次感謝各位親友前來參加先父的家奠禮。一鞠躬。

有請孝子及全部孝眷下跪，一叩首，以表謝意。襄儀引導孝子孝眷行禮。

孝子、孝眷請起！

24.司儀：

最後，有請全體親友、來賓於靈前，以三鞠躬之禮，向吳此人老大人做最後的告別。此項如略，則可以直接結束家奠禮。

一鞠躬！

再鞠躬！

三鞠躬！

禮成！

現在，本司儀宣布：吳此人老大人家奠禮到此圓滿禮成，請各位親友來賓回位，並祝大家身體健康，家庭和睦，子孫興旺發達。

下面，請自由悼念。

音樂響起。

【說明】

「家祭尊親」，此爲中國傳統殯葬文化中「親親」之原則，家奠禮即爲家祭的一種形式。所謂「尊親」，就是尊顯血親關係。

據此，行奠禮的一般原則是：

以血緣關係的遠近確定行禮的次序。直系血緣關係在前，旁系血緣在後；血緣關係近者在前，血緣關係遠者在後；同一血緣關係中，長者在前，幼者在後；行重禮者在前，行輕禮者在後。

先直系血親，如死者的子、孫、曾孫，死者的兄弟姊妹；先堂系兄弟姊妹，再表系兄弟姊妹，再他們的子孫輩。

姻親可以在死者的兄弟姊妹後面行禮，有時也可以安排在兄弟姊妹的前面行禮，視各地的風俗而定。

這樣，行奠禮的次序大體上是：孝子女、孝媳婿→孝內孫、孫女、外孫、外孫女→曾孫輩→堂兄弟姊妹→堂孫輩→姻親→表兄弟姊妹→外侄輩→外侄孫輩→來賓等。如果死者在宗族中還有長輩，如伯、伯母、叔、嬸等，則酌情安排在曾孫輩後面行三鞠躬禮。

以上供參考。

實例二　吳此人老大人公奠禮

準備：

一名司儀，兩名襄儀。

襄儀指導家屬、公奠來賓就位。

如果有儀仗隊護靈，四人可立於靈柩兩側，八人以上則可立於靈堂四周、通道等顯眼位置，以壯聲威。

公奠來賓單位較多時，可以分批舉行公奠，此時應確定公奠的次序。

如果是一起舉行，則應確定主奠單位，如逝者生前所在單位的代表擔任主奠，在來賓的中間稍靠前站，其次的單位爲陪奠單位、一般的單位及與奠單位，以體現中國傳統殯葬文化中「尊尊」的原則。

如果一起舉行公奠而本會場容納不了來賓，則可以靈堂爲主奠場，外面某處爲分奠場。公奠儀式到告別式時，分奠場的來賓排隊到主奠場的靈前，依次向逝者行三鞠躬禮告別。

上述排序均應與「吳此人老先生治喪委員會」與吳此人的家屬取得共識。

司儀、襄儀就位。下面開始。

1.司儀：

家屬請靈前就位，公奠儀式就要開始了。

司儀可以稍微提高音量以提醒來賓公奠儀式就要開始了。

襄儀請家屬於靈前站成一排，面向來賓，脫帽。

各位來賓：爲保持儀式的莊嚴肅穆，恭請帶手機的來賓暫時將手機關閉或調至震動狀態，吸菸的來賓熄滅菸頭，戴帽的來賓暫時脫帽。謝謝！

2.司儀：

在公奠儀式開始前，本司儀受家屬的委託，代爲恭讀幾句感謝辭。

《感謝辭》曰：

各位領導、各位來賓、各位前輩、各位朋友：早安／或午安／或晚安！襄儀示意全體家屬向來賓行一鞠躬禮。

先父因病不治，已於**XXXX**年**X**月**X**日仙逝，我們全家都沉浸在極度的悲痛之中。先父病重時，有勞各位領導、前輩、同事和朋友去醫院探望，給予許多的關懷和問候，使先父得到莫大的安慰。先父在天有靈，也會含笑。喪事期間，又有勞您們提供各種幫助，使喪事能順利進行。

今天，非常感謝各位領導、前輩、同事和朋友，抽出寶貴的時間，舉行今天的公奠禮，實在是給今天的奠禮增添了許多的哀榮。

對此，我們全家感到無比的溫暖，眞是非常的感謝！

喪事期間諸多忙亂，禮節多有不周之處，還敬望各位領導、前輩、同事和來賓們見諒。

現在，孝子女們、孝孫輩向各位來賓行一叩首禮／或三鞠躬禮，以示謝意，並祝各位身體健康，事業順利，家庭吉祥。

禮成！家屬請回位！

襄儀引導孝家行禮。吳此人之母不須在此行列中，其妻可在可不在。

有時公部門爲了某種宣傳意義而舉行公奠禮，此時家屬的感謝辭則可以略去。

3.司儀：

各位領導、前輩、同事、來賓：早安／或午安／或晚安！

我們是XX殯儀館禮儀部的禮儀師，受吳此人老大人治喪委員會所託，主持本次吳此人老大人的公奠禮。

本司儀將以誠摯的心情、謹慎的態度，和專業的精神來主持這場莊嚴的公奠禮，以不負所託。謝謝！

現在，我宣布：吳此人公奠禮正式開始。

請奏樂！

樂畢！

4.司儀：

今天，參加公奠的單位有長沙民政職業技術學院、長沙交通職業技術學院、長沙航空職業技術學院等。由長沙民政職業技術學院王XX教授擔任主奠，長沙交通職業技術學院XXX、XXX，長沙航空職業技術學院XXX教授、XXX教授擔任陪奠。

有請主奠者就位！有請陪奠者就位！

襄儀引導主奠者、陪奠者就位。主奠者的位置稍前出，陪奠者稍在身後。有時，奠禮場上搭有奠禮台，台上有供桌，則主奠者、陪奠者就在奠禮台上行禮。

有請所有參與公奠諸君就位！襄儀引導所有參與者就位。

5.司儀：

奏樂！

上香！兩位襄儀給主奠、陪奠一支燃香；也可分頭給每一位參加者一支燃香。

拜！襄儀引導公奠者雙手持香一鞠躬。襄儀收回燃香，插入香爐中）。

獻花！左襄儀雙手將花環遞給主奠者。

拜！襄儀引導全體公奠者行一鞠躬禮。右襄儀雙手收回花環，放於供桌上。

獻果！左襄儀雙手將一盤水果遞給主奠者。

拜！襄儀引導全體公奠者行一鞠躬禮。右襄儀收回水果，放於供桌上。

6.司儀：

下面，有請長沙民政職業技術學院王XX教授恭讀《公奠文》／或《悼詞》。也可由司儀代爲恭讀。

《公奠文》

緬懷吳公，道範傳承。身爲世範，育天下之英才；力耕庠序，鑄國家之棟樑。逾四十年，弟子逾萬，遍布南北西東。弟子多有成就，傳播恩師英名。……

先生治學嚴謹，儒林推重，著作等身……

先生兒孫滿堂，成才成器，各有專長……

奈何天不假年，一代宗師七十有九竟殞命……

……

先生可安矣，先生亦無憾！我等同仁、弟子賢人、鄰里友好等人，集於吳公此人老先生之靈前，虔誠謹祝先生駕返極樂，早登仙鄉。

嗚呼痛哉！伏惟尚饗！

讀畢《公奠文》，恭讀者向吳此人老先生靈位（遺像）行一鞠躬禮。回位。

7.司儀：

下面，公奠單位長沙民政職業技術學院、長沙交通職業技術學院、長沙航空職業技術學院的公奠代表王XX教授、XXX教授、XXX教授、XXX教授、XXX教授率今天參加公奠的所有同仁，謹以清香、鮮花、素果、悼詞向令人尊敬的吳此人老先生靈前行三鞠躬禮，以表追思、崇敬與道別。

一鞠躬！

再鞠躬！

三鞠躬！

家屬答禮！襄儀示意家屬下跪，一叩首。即起。

禮成！

奏樂！

樂畢！

如果是各單位輪流公奠，就要分出次序，分批靈前公奠。每次要選出一名代表作爲主奠，可以不要陪奠。

8.司儀：

請問：是否還有未被邀請到的公奠單位，如果有未行禮的單位或個人，請到靈前行禮。如果沒有，我們將進行下一個程序。

9.司儀：

下面，我們進行獻花儀式。襄儀給每一位發一支鮮花（如鬱金香）。

獻花儀式開始！襄儀在前面引導參加公奠者，二人一排或四人一排，緩緩至靈前，雙手持花，行一鞠躬禮，然後將花放置於靈堂供桌上，繞靈一周，慰問家屬，然後離場。

亦可是「自由捻香儀式」。襄儀給每一位發一支燃香。

自由捻香儀式開始！襄儀在前面引導參加公奠者，佇列、行爲如獻花，只是行一鞠躬禮後，將燃香插入香爐中。

10.司儀：

估計獻花儀式可以結束時，

非常感謝各位領導、前輩、同事、朋友們前來參加吳此人老先生的公奠，使今天的奠禮非常隆重。謝謝大家！

現在，我宣布：吳此人老先生公奠禮圓滿禮成。

奏樂！此時音樂可以不停。

11.司儀：

接下來，可以邀集衆親友舉行小範圍的「瞻仰遺容」，並慰問家屬。通常，公奠禮後面就是遺體下葬或火化。

【說明】

「公祭尊貴」，此爲中國傳統殯葬文化中「尊尊」之原則，公奠禮即爲公祭的一種形式。所謂「尊貴」，就是尊顯社會地位。

一般原則是：以個人的名義組織公奠團體時，通常是地位最高者、名望最大者充當主奠；以單位組織名義組織公奠團體時，通常是社會地位最高，或名望最高的單位，或死者生前所在的單位，派代表充當主奠者。另有約定的除外。此時，司儀一定要和參與各方進行充分的溝通，確定主奠者、陪奠者和與奠者，及他們的站列位置、行禮的次序。須知，中國人是非常講究這一點的。

如果公奠參加者有數百人、數千人，則公奠儀式須擇較大之場地舉行。主奠儀式完成後，可以四人一排列成縱隊，襄儀引導人群緩緩至靈前，行獻花禮。如果來賓單位覺得不宜一起舉行公奠儀式，則如上述分批舉行。

第二節　追悼會禮儀實例

實例　吳此人老先生追悼會

吳此人老先生，係某中學教師，執教多年，默默耕耘於教育領域，門下弟子逾萬，成爲社會有用之才。後退休。老先生辛苦一生，養育子女，提攜孫輩，任勞任怨。老先生於XXXX年X月X日因病醫治無效而去世，享年七十九歲。追悼會在XX殯儀館思親廳舉行。

本館禮儀部接受家屬委託，承辦此次追悼會。此爲策劃書，供參考。

(一)場地布置及其物質準備

■靈堂門口裝飾

靈堂房門，上額橫書「吳府治喪」；入口左側置一張桌子，上置簽到簿、簽字筆、一箱小白花、礦泉水若干瓶；門兩側上掛白色燈籠，上寫黑色「奠」字；門框輓聯一幅：

搶地呼天靈椿長逝

錐心泣血風木同悲

■靈堂布置

兩側花圈，靈前鮮花籃、鮮花圈、鮮花遺像框；

上面電子螢幕：吳此人老先生追悼會。

大輓聯三副：

1.按歲序輓：

預詠九如詩待來歲祝公八秩

競成千古別何上天斫此一齡

2.按節序輓：

長別黯銷魂可歎春光隨水去

沉痛難脫體哪堪暑氣逼人來

3.輓丈夫：

無祿才郎長夜不醒蝴蝶夢

傷心愚婦深宵悲聽子規啼

小輓聯兩副：

4.輓學界：

學界於今傷鉅子

名山自古有遺書

5.輓父親：

倚門人去三更月

泣杖兒悲五夜寒

■鮮花及其他

1.準備若干支紫羅蘭（視來賓多少而定），在追悼會繞靈一周時，各位來賓每人一支，向吳老先生靈前獻花。

2.鞭炮若干，蠟燭若干（亦可用電子鞭炮、電蠟代替）。

3.代書悼詞、答謝詞，提前一天交給家屬，並做好溝通。

(二)追悼會參與人員

1.操作人員：

(1)司儀一名。

(2)襄儀兩名。

(3)儀仗隊若干名。（請靈、護靈、送靈）

(4)樂隊：八人。

2.吳老先生的家屬、單位人員、生前好友等。

(三)追悼會儀式程序

1.家屬、領導、來賓就位。

2.請靈、點燃蠟燭。

3.司儀宣布吳此人老先生追悼會正式開始。

4.介紹參加追悼會的來賓，並送來花圈、唁電的單位和個人。

5.全體默哀、鳴炮。

6.請單位領導致悼詞。

7.單位同事致悼詞。

8.學生靈前致辭，贈輓聯。

9.孝女於靈前答謝。

10.全體來賓三鞠躬。

11.繞靈一周，獻花，並慰問家屬。

12.司儀宣布吳此人老先生追悼會結束，自由悼念。

13.送靈。

(四)儀式操作過程

先播放背景音樂《江河水》、《眞的好想你》等樂曲。此時可根據家屬的意願選擇背景音樂。

1.司儀：

各位領導、各位來賓！吳此人老先生追悼會馬上就要開始了。先要核實清楚，家屬、參加追悼會的人員是否到齊。

2.司儀：

家屬請在靈堂左側就位！面對靈堂的左側。

靈堂左側是家屬位，按輩分及年齡大小，從上往下排列：老先生的兒子與兒媳、女兒與女婿、孫、孫女、外孫與外孫女等，平輩兄弟姊妹，姻親等。吳母年事已高，一般可以不在列（不參加，如參加則另設座椅休息），如在列，則應站兒子與兒媳的前面。

領導請於靈堂的前方就位！

各位來賓、親朋好友請於靈堂正面就位！

可根據靈堂的大小，以十人或若干人為一排，依次就位。襄儀負責安排整個場面的人員就位。

追悼會的性質類似於「半公奠」。所以，一般是按照各人的社會地位排序，領導居前居中，第一、二排，來賓居後面，家屬孝眷居於左側的答禮席。在實踐中，除領導居前居中外，其他來賓是按進場的先後隨意站的，所以顯得有點散亂。

3.司儀：

各位來賓，為了保持儀式會場的莊嚴肅穆，請帶手機的來賓暫時關

閉手機或調爲振動狀態；吸菸的來賓請暫時熄滅您手中的菸頭；戴帽的來賓請暫時脫帽。謝謝您的配合！

4.司儀：

各位孝眷、親屬，各位領導、來賓：早安／午安／晚安／！

我們是XX殯儀館禮儀部的禮儀師，受吳此人老先生家屬和老人家生前單位所託，主持本次追悼會。

本司儀將以最誠摯的心情、非常謹慎的態度，和最專業的精神來主持這場莊嚴的追悼會，以不負家屬與單位所託。謝謝！

司儀出列，對全體來賓行一鞠躬禮。

現在，我宣布：吳此人老先生追悼會正式開始。

奏樂！

鳴炮！可用電子炮。

樂畢！

5.司儀：

吉時已到，請靈！

舊式禮儀，「請靈」就是抬出靈柩或逝者的牌位，此時孝眷要下跪，以示迎靈。孝家點燃七十九支蠟燭，以示爲父親大人照路。

安靈畢！

各孝眷請起！

現在的殯儀館，在儀式舉行前，遺體一般都已安放在靈堂之中。所以，「請靈」這一項就可以取消，或用其他方式代替，直接進入儀式。

6.司儀：

下面是一段「例行的」開場白。

尊敬的各位領導、各位來賓：

今天，我們懷著萬分悲痛的心情，聚集在這肅穆的永安廳，舉行一個莊嚴而簡樸的追悼會，並送吳此人老先生最後一程。

吳此人老先生患病以後，雖經家人悉心照顧，醫院多方救治，終致無效，於XXXX年X月X日下午四時三十分與世長辭，享年七十九歲。

吳老先生，一生淡泊名利，坐守青氈數十載，爲國作育英才，手栽桃李三千株。老先生的不幸逝世讓我們深感惋惜。我謹代表XX殯儀館對吳此人老先生的不幸去世表示沉痛的哀悼，並對家屬表示深切的慰問！司儀出列，對家屬行一鞠躬禮。

今天，吳此人老先生生前所在單位的領導、同事、生前友好、學生，共兩百多人參加追悼會，並分別敬獻了花圈、花藍。

敬獻花圈、花藍的單位及個人有：

長沙市政協、長沙市民政局、長沙市教育局、長沙市第一中學、長沙市雅禮中學、吳此人同志生前工作過的單位領導、同事、朋友……

有時，這一項耗時太長，則可與家屬及有關單位溝通，只誦讀其中的主要部分。

本司儀謹代表家屬，向前來參加吳此人老先生追悼會的單位、來賓，以及上述贈送花圈、花藍的單位和友好，表示衷心的感謝！司儀出列，對全體來賓行一鞠躬禮。

7.司儀：

請全體肅立，默哀！奏樂！

默哀的時間通常說是「三分鐘」，但實際上很難做到三分鐘。故這時只說「默哀」即可，實際掌握在一分鐘內爲宜。

默哀畢！

8.司儀：

壽終德望在，身去音容存。百年三萬日，一別幾千秋。吳此人老先生一生勤勤懇懇，任勞任怨，正直無邪，爲單位同仁、學生所敬重。下面，有請吳此人老先生生前所在學校XXX校長致《悼詞》。

《悼詞》曰：

各位家屬、各位來賓：

今天，我們懷著無比沉痛的心情，在這裡參加吳此人老先生的追悼會。

吳老先生是個正直、平凡而又善良的人……

春蠶到老絲方盡，蠟炬成灰淚始乾，這就是吳此人老先生一生眞實的寫照。他老人家是個工作極其認眞、踏實的人……

吳老先生又是艱辛的、忙碌的一生，又是奮鬥不息的。他出生貧寒，勤奮學習，努力工作，從無到有，一步一個腳印，其中的酸和苦都是他一個人默默承受。

吳老先生是個慈愛的長者，他對同事、對晚輩的呵護與關愛……吳老先生是位嚴厲的師長，他的教誨讓自己的桃李銘記在心……歲月無情，人間有愛，您最後離我們而去，但您的品德和思想傳給了您的子女、您的學生，並將一代一代的傳下去，直到永遠！

……

祝您一路走好！

並願他的家人節哀順變！

XXXX年X月X日

誦讀《悼詞》完畢，襄儀應事先告知，校長應向家屬行一鞠躬禮。

注意：當領導誦讀《悼詞》，向家屬行一鞠躬禮時，孝眷應向施禮者一叩首答禮致謝。但如果悼念廳太大，恐司儀傳達口令不暢，故是否答禮，由司儀臨場掌握。

單位領導的《悼詞》，相當於傳統的《公奠文》。

誦讀《悼詞》完畢時：

爲表達對吳此人老先生的緬懷之情，請奏樂《海闊天空》！

樂畢！

9.司儀：

風雲變幻，吳此人老先生撒手西去，同輩傷感，四鄰又少一賢長。天人永隔，相見無期。下面，有請吳此人老先生生前摯友XXX致懷念詞。

《懷念詞》曰：

吳此人老先生離我們而去了……

……

吳老先生，祝您一路走好！

並願他的家人節哀順變！

XXX

XXXX年X月X日

誦讀《懷念詞》畢，向家屬行一鞠躬禮。

注意：當誦讀《懷念詞》畢，向家屬行一鞠躬禮時，孝眷是否向施禮者一叩首答禮致謝，亦由司儀臨場掌握。

謝謝XXX老師的《懷念詞》！爲表達對吳此人老先生的緬懷之情，請奏樂《送戰友》！

樂畢！

10.司儀：

恩師仙逝，笑貌音容仍在；弟子含悲，春風桃李下成蹊。明月清風懷入夢，殘山餘水讀遺詩。

今天有不少吳老先生的學生，專程從不同的地方趕來參加老師的追悼會，以表達對恩師的懷念之情。

下面，有請吳老先生專門從遠方趕來的學生，參加張老師的告別會，並親自帶來禮物贈與先生，請張老師的學生XXX作爲代表，致《悼師文》。

此時，學生可以另外敬獻一副輓聯。樂隊奏樂。如無，則免。

《悼師文》曰：

童稚的時候，對老師只是一種依賴；少年的時候，對老師也許只是一種盲目的崇拜。只有當生命的太陽走向正午，人生有了春，也開始了夏，對老師才有了深刻的理解，深刻的信任！……

是您，引領我們這些不懂事的孩子走過了那些歲月，教導我們成長，引領我們進步，付出了您博大無私的愛，這樣才有了我們的今天……

老師您累了，您安息吧！

您永遠的學生XXX

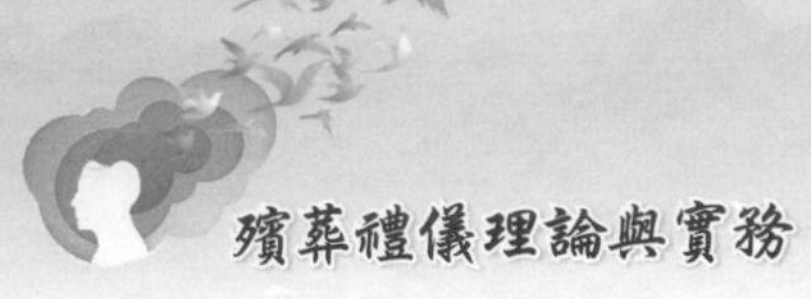

XXXX年X月X日

致辭畢，學生向家屬行一鞠躬禮。家屬是否答禮，由司儀掌握。

謝謝XXX同學的致詞。爲表達對吳此人老先生恩師的深切緬懷，請樂隊奏樂《每當我走過老師窗前》！

樂畢！

11.司儀：

多謝賓朋來祭奠，痛哀慈父去難留。從此陰陽兩相隔，殘月再難圓，惟有追憶永綿綿。下面，有請吳老先生女兒吳靈靈女士致答謝詞！

《答謝詞》曰：

各位領導、各位親朋好友、各位來賓：

「樹欲靜而風不止，子欲養而親不待。」今天，我的爸爸走完了他坎坷、平凡而又絢麗的一生，永遠離開了我們。我們懷著萬分悲痛的心情，在這裡舉行追悼會，寄託我們的哀思。

首先，謹讓我代表我的母親，代表我們全家，向參加告別會的各位領導、各位親朋好友表示誠摯的謝意！感謝你們在百忙之中來到這裡，和我們一起，向我的爸爸做最後的告別。在爸爸生病住院期間，承蒙各位領導和親朋好友的關懷，多次探望、慰問，給了爸爸莫大的安慰。作爲家屬，我們也心存感激。

……

此時此刻，我們想以泰戈爾的一句詩爲您送行：

生如春花之絢爛，逝如秋葉之靜美。

親愛的爸爸，您安息吧！

最後，我代表我的母親和家人，再次向出席告別儀式的各位領導、同事、學生以及所有的親朋好友，表示衷心的感謝！

謝謝大家！

不孝女：吳靈靈

XXXX年XX日

誦讀《感謝詞》畢，孝女向來賓行三鞠躬禮。舊式禮儀，此時是三

叩首。

貌容杳杳，身歸靜府應無憾；兒女悲泣，淚灑江天憾有餘。請樂隊奏《祝你一路順風》！

12.司儀：

吳此人老先生從此離我們遠去，但他老先生的美德將永遠留在我們心中，成爲我們的榜樣。爲了再次表達對老先生的不幸離去，請全體來賓以三鞠躬禮寄託哀思。襄儀引導來賓行禮。

一鞠躬！

再鞠躬！

三鞠躬！

禮畢！

13.司儀：

非常感謝各位領導、同事、親戚、朋友、學生等人的光臨，使今天的追悼會特別隆重，謝謝大家！鞠一躬。

下面，有請全體來賓，繞靈一周，瞻仰遺容，送老先生最後一程，同時慰問家屬。襄儀引導，以逆時鐘方向行進。

此時需要不停頓的輕聲背景音樂。

14.司儀：

青山綠水，長留浩氣；蒼松翠柏，堪慰英靈！

現在，我宣布：吳此人老先生追悼會圓滿禮成，到此結束，敬請家屬節哀順變！

奏樂！樂隊反覆演奏《好人一生平安》、《眞的好想你》。

請鳴炮！炮發千秋！可用電子炮代替。

下面，請自由悼念！

司儀、襄儀等禮儀人員整理場地、清掃，安排家屬到休息室休息，並處理諸後續事宜。

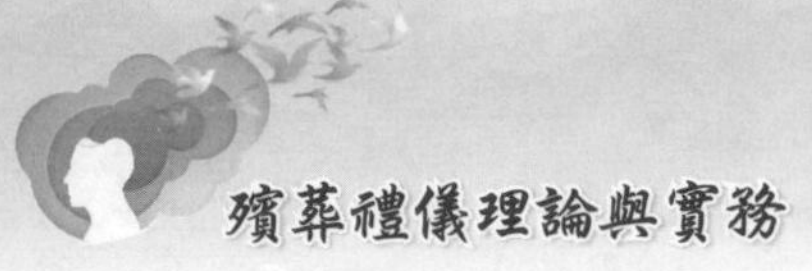

第三節　出殯發引禮儀實例

實例　吳此人老大人出殯儀式

(一)出殯禮儀的各項準備工作

請參見第八章出殯禮儀第二節出殯禮儀準備。下面是出殯儀式的操作過程，供參考。

1.司儀：

各位來賓：吳此人老大人出殯儀式，現在開始準備，請各就各位。

恭請牌位就位！

恭請遺像就位！

恭請法師就位！無法師則免。

恭請靈柩就位！

恭請孝眷就位！孝眷站隊伍前面。

恭請家屬就位！

恭請各位來賓就位！

恭請樂隊就位！

恭請全體人員聽令！

諸就位只是儀式性的點名，出殯次序請參考第八章第二節，並遵從各地風俗習慣。襄儀引導參加出殯的人員站好各自的位置。

2.司儀：

吉時已到，吳此人老大人出殯儀式，現在正式開始，全體肅立。

請全體來賓肅立！

默哀！約二十秒即可。

鳴炮！

奏樂！樂曲亦可由家屬選擇。

默哀畢！

3.司儀：

有請孝長子（或孝長女）XXX引領孝眷晚輩，靈前行送別禮[2]。

一奠酒！只有孝長子（或孝長女）奠酒，襄儀負責遞酒，並引導奠酒禮。

再奠酒！

三奠酒！

一叩首！襄儀引導全體孝眷行三叩首禮。

二叩首！

三叩首！

孝眷請起！拜！

奏樂！

4.司儀：

吉時已到，吳此人老大人出殯儀式，現在出發。

大聲喊：**啓——殯！**

此時的襄儀、禮儀生則應聲而喊：**啓——殯！**以壯聲威。

抬靈柩者，立即將靈柩抬起，抬起後就不能隨便放下。如欲放下，則應事先準備條凳，而不能放於地面，否則民間認為「不吉利」。

鳴炮！民間有「摔盆」習俗的，可於此時行之。

奏樂！

---

[2] 出殯前的祭奠，古稱「遣奠」。《禮記・檀弓下》：「始死，脯醢之奠；將行，遣而行之；既葬而食之。未有見其饗之者也，自上世以來，未之有舍也，爲使人勿倍也。」鄭玄註：「將行，將葬也。葬有遣奠。食，反虞之祭。舍猶廢也。」就是說，人剛死，設置有「脯醢之奠」；準備出發下葬，舉行「遣奠」，「遣」即送別之意。下葬回來以後，再舉行「虞祭」。

出殯隊伍按照事先排好的次序出發。農村土葬的情況，送殯隊伍是一直送到下葬墓地；現在城市實行火葬，多由殯儀館靈車前來接運遺體，故靈車停在什麼地點，此事則須與家屬溝通。

一路上可選擇地段奏樂。

(二)注意事項

1.不宜沿途 灑紙錢，以免污染環境。

2.如果有人前來補奠禮的，可於出殯儀式前舉行。

3.行進中遇到路祭者，視情況決定隊伍是否停下來接受路祭，或隊伍不停，而由孝長子（孝長女）單獨答禮（司儀須與家屬溝通後再操作）。

4.過橋時，一些地方的民俗有燃放鞭炮、祭土地神，以示「買路」或「鎮邪」，可視情況而定。

5.家屬如請法師參加出殯，其位置一般在遺像前面。但此事無明文規定，可變通隨俗。

6.有的地方風俗，給老人出殯時，靈柩隊伍出發後，故意走走停停、停停走走。其意大約有二：一是表示逝者與親人們都不希望很快地離去；二是儀式策劃者以此讓孝眷們多行跪拜禮以盡孝，亦有軟化悲傷氣氛的意思。此類風俗，亦可變通隨俗。

第四節　下葬禮儀實例

實例一　骨灰下葬儀式

遺體土葬與骨灰下葬的儀式可通用。只是，舊式土葬儀式比較講究排場，現代骨灰下葬則相對比較簡單。

「下葬」或「安葬」兩個用法均可，可視各地的習俗選用。

(一)活動準備

1.活動所需用品

(1)供桌一個、供品（鮮花瓣、鮮花束、鮮果、酒、酒杯、線香、五穀等）、盤子、紅布、香爐、骨灰盒等。

(2)潔淨白布數塊，七星錢幣七枚。

(3)蓮花燈數盞，禮炮數門（可用電子炮代替）。

(4)用於放生之白鴿一籠。

(5)音響設備等。

2.參與人員：

(1)司儀一名。

(2)襄儀兩名。

(3)護靈方隊四名。

(4)司樂一名。

(5)家屬、親戚、親友等。

(二)骨灰安葬儀式操作程序

1.司儀：

吉宅將至，請護靈方隊就位！護靈人員就位。

吳此人老人骨灰安葬儀式即將開始，請全體肅靜。

鮮花鋪路！襄儀以鮮花花瓣撒於墓道前。

恭請骨灰，遺像！護靈方隊將骨灰盒送至墓前。

2.司儀：

吉時已到，吳此人老人骨灰安葬儀式，現在開始。

請全體肅立！向吳此人老人行三鞠躬禮！面向骨灰盒及墓碑。

一鞠躬！

再鞠躬！

三鞠躬！全部人員行鞠躬禮，包括司儀、襄儀人員。

禮畢！

鳴炮！奏樂！

家屬請就位！立於墓道兩側。

3.司儀：

音容宛在，今朝憑誰問；雲歸幽悠，英靈何處尋。

吳此人老人於西元XXXX年X月X日駕鶴歸去，他將無盡的愛留在了人間。一朝永別成追憶，相見只能期夢中。

今天，我們在這裡爲您舉行骨灰安葬儀式，願您在這片天賜福至的土地上，帶著親人美好的懷念，入土爲安，永遠安息。

襄儀於墓穴鋪好紅布，並準備跪墊數塊。

4.司儀：

家屬請肅靜！

孝子吳XX請靈前就位！

5.司儀：

孝子請淨穴！用事先準備好之潔淨白布揩拭墓穴。

內淨外淨，內外肅靜；乾淨歸去，不帶塵埃。

淨穴畢！

6.司儀：

孝子請暖穴！孝子點亮蓮花燈爲老人溫暖新居。

新居溫暖，無災無痛；興旺發達，美滿家族。

暖穴畢！

7.司儀：

擺七星！

有些地方風俗，以七枚小錢在墓穴內擺成北斗七星形狀。無此風俗則免。

腳踏七星，福佑兒孫；家族興旺，庇澤鄰里。

擺七星畢！

8.司儀：

播撒五穀！請所有家屬往墓穴裡象徵性地 灑一些糧食。亦爲地方風俗。

五穀之能，泱泱之德；豐衣足食，四方太平。

播灑五穀畢！

9.司儀：

家屬請默哀！

默哀畢！

家屬請復位！站到墓穴兩旁。

10.司儀：

請孝子跪放老人骨灰！襄儀協助孝子或孝女。

孝子孝媳、孝女女婿，請跪！

孫輩請跪！

其他晚輩請跪！侄子、侄孫等晚輩是否下跪，可斟酌當地風俗。

其他親朋、好友、來賓，請肅立，雙手合十！

骨灰安放！

鳴炮！奏樂！播放背景音樂。

11.司儀：

下面，由本司儀代爲恭讀安靈辭。

吳此人老大人《安靈辭》

逝者已矣，生者永悼。

逝者雖死猶生，無論他留下什麼，或者一切蕩然無存，唯有思念、記憶永存我們的心中。

離情別緒，魂牽夢縈，這裡寄託了人世疲旅的最後願望，以及家人生者的祈禱。

人來於自然，歸於自然，這裡是人生永恆的樂土，無論過去，承載著撫慰靈魂的重任。

善事逝者，慰藉生者，我們把溫暖和關懷獻給您的親人。

願逝者安息，生者永憶。

今有鮮花香茗、佳餚美酒，敬於靈前，伏惟尚饗！

12.司儀：

孝子請封穴！象徵性的，實際上陵園的封穴是由工作人員完成的。

鳴炮！如墓園禁止鳴謝鞭炮，則免。可用電子鞭炮代替。

鞭炮轟鳴徹雲天，滿堂兒女站碑前；先人已到安樂處，願祝含笑永長眠。

禮成！

孝眷、家屬請起！

諸位來賓請復位！

13.司儀：

下面，墓前奠祭！

有請孝子吳XX、孝媳劉XX墓前祭奠！行三跪九叩首大禮，感謝父親大人的養育之恩。

襄儀於墓前擺好奠品。如有諸子及女兒女婿，可一併行禮。

孝子登堂，手捧明香；親魂一別，淚灑千行。

靈前上香！拜！襄儀給各人一支燃香，雙手捧香行一鞠躬禮。然後收回，插於香爐中。

孝子、孝媳請跪！

一叩首！

再叩首！

三叩首！

請起！拜！雙手合十，行一鞠躬禮。下同。

再跪！

四叩首！

五叩首！

六叩首！

請起！拜！

三跪！

七叩首！

八叩首！

滿叩首！

奠酒！襄儀倒酒於酒杯中，托盤遞給子及媳（女及女婿），示意澆於地下。如此三次。

請起！拜!

禮成！

孝子、孝媳請復位！

14.司儀：

有請吳此人老人的孝孫吳XX、孝孫女吳XX、孝外孫陳XX，於靈前奠祭！行一跪三叩首禮，感謝老人家親愛之恩，同時獻上對老人的祝福。

靈前上香！拜！襄儀給各人一支燃香，雙手捧香行一鞠躬禮。然後收回，插於香爐中。

請跪！

一叩首！

再叩首！

三叩首！

奠酒！

請起！拜！襄儀倒酒於酒杯中，托盤遞給諸孝孫、孫女，示意澆於地下。如此三次。

禮成！請復位！

15.司儀：

請姻親劉XX老先生靈前行禮。

獻花！

獻果！

獻茶！

奠酒！襄儀倒酒於酒杯中，托盤遞給劉老先生，示意澆於地下。如此三次。

一鞠躬！

再鞠躬！

三鞠躬！

禮成！請復位！

16.司儀：

最後，請全體人員向吳此人老人墓碑行三鞠躬禮，以表我們對他老人家的深深敬意與無限的思念。

一鞠躬！

再鞠躬！

三鞠躬！

生靈相伴入紫府，飛天帶路去瑤池。

鳴炮！奏樂！

禮成！

17.司儀：

雲山蒼蒼，江水泱泱；智者之德，山高水長。

吳此人老人骨灰安葬儀式，圓滿禮成。

下面有請自由祭奠。

鳴炮！奏樂！播放背景音樂。

實例二　骨灰遷移並下葬儀式

本處是一次骨灰遷移並下葬的儀式活動實例，時間是2004年春。本處對案中的人名做了隱性處理，並對個別文字做了潤色。

案主孫時儀（八十二歲）、孫能渠（七十六歲）兩兄弟，北京順義人氏。1949年到臺灣，1980年代回大陸時，其父孫執已於1951年11月、

其母孫楊氏已於1967年3月先後去世。兄弟倆有感於父母在世時失於贍養，去世後又未送終，隨自己年事已高，愧疚之心與日俱增。於是，於順義某陵園爲亡故多年的父母購得一座骨灰墓穴，爲父母舉行了骨灰遷葬活動。但是，由於年代久遠，農村田園改造，父母舊墳早已無處可尋，因而遺骸之遷移也只是一個形式而已。

本案中的活動有兩個階段：一是遺骸遷移，又稱「接靈儀式」；二是遺骸安葬儀式。

該案中涉及的親屬較多，關係又複雜，故行禮的先後次序須慎重排列，並取得兩老先生的認同，簽字認可。

(一)接靈儀式操作程序

孫執、孫楊氏的墓地在順義郊外，現已成爲農田，舊墓已無跡可循，據尙在世的老人回憶指認，大約在該處。因而，去接靈就只是一個形式。

王夫子任司儀，兩名殯儀學生任襄儀，若干學生任禮儀生，擔任後勤，維持秩序，並協調隊伍。

操作過程如下：

上午九點正出發。三十餘人乘坐一輛大客車。

到故有墓地約三百公尺處，下車，整隊。司儀手持一個小鈴鐺，一邊走，一邊搖。後面一人持幡（長條狀），上書「孫府安靈」；接著是樂隊以及孝子孫侄等孝眷、親屬，再後是村裡諸參與儀式的來賓人等，大家排隊向舊「墓地」進發。

此時，可以答錄機播放音樂，也可以請樂隊奏樂。到舊「墓地」處停下來。

清理出一塊場地，作爲祭祀場所。設置一張桌子當祭台，擺上兩老人的靈牌位、香燭、果品等。靈牌位上書：「先父孫公執老大人之靈位」、「先母孫楊氏老孺人之靈位」。

開始舉行接靈儀式。

儀式程序如下：

1.司儀：

吉時已到，故孫公執府君、故孫母楊氏太孺人，接靈儀式現在開始，恭請列位孝眷、親屬、來賓人等就——位。

由於兩位孝子、孝媳本應下跪，但考慮到均年事已高，故特備了靠椅，讓他們坐著；以孫執之子「長孫承重」行孝子禮，其他晚輩親屬下跪，與逝者平輩的親屬肅立。

鳴炮！奏樂！

樂畢！

司儀手持一根燃香，向兩位靈主行一鞠躬禮，並將燃香插入供桌上的香爐中。返身，再就位。

2.司儀：

蒼蒼青天，茫茫后土。生命在天地之關愛下生長，並最終又要回到您的懷抱。故孫公執府君、故孫母楊氏太孺人辭世歸土已分別有三十五年、五十一年，當年匆匆葬埋於此。世道艱難，音訊斷絕，生未能養，死不及葬，竟至先人墳塋丟失，實大虧於孝道。每念及此，未嘗不肝腸寸斷。今不孝子時儀、能渠已於順義**XX**陵園購得兩老千年吉祥福地，並親率子孫、親屬人等前來，恭請兩老魂靈前去安寢，以贖我們不孝子罪孽於萬一。

請奏樂！

樂畢！

3.司儀：

有請孝長孫孫**XX**出列，靈前行禮。

請拜！襄儀給三支燃香。

拜！雙手持香而拜，然後襄儀接過三支燃香，插於香爐中。

請跪！

一叩首！

再叩首！

三叩首！

請起！拜！

再跪！

四叩首！

五叩首！

六叩首！

請起！拜！

三跪！

七叩首！

八叩首！

滿叩首！

奠酒！襄儀倒酒於酒杯中，托盤遞上，示意孫XX澆於地下。如此三次。

請起！拜！

圓滿禮成！

4.司儀：

有請孝長孫孫XX恭捧祖父之靈入盒。襄儀引導孫XX從麥田裡捧起一坏泥放入祖父的骨灰盒內。

有請孝長孫孫XX恭捧祖母之靈入盒。襄儀引導孫XX從麥田裡捧起一坏泥放入祖母的骨灰盒內。

奠酒！三次，如上儀。

禮畢！

有請孝長孫復位！孝長孫可立於儀式現場一側。

5.司儀：

下面，有請曾孫輩：顧XX、郝XX–景XX出列，靈前行禮！凡兩人姓名之間用短線相連者，係夫妻關係。

請拜！襄儀給各人一支燃香。

拜！襄儀接過各人的燃香，插於香爐中。

請跪！

一叩首！

再叩首！

三叩首！

請奠酒！只爲首者奠酒，餘者不動。或全部均奠酒。操作均如上。

請起！拜！

禮成！

請復位！

6.司儀：

請所有孝眷、親屬、來賓，向故孫公執府君、故孫母楊氏太孺人之靈盒行三鞠躬禮，以表追思之情。

一鞠躬！

二鞠躬！

三鞠躬！

圓滿禮成！

請復位！

7.司儀：

襄儀幫助整理隊伍，準備出發。

請出發！前往潮白陵園兩位老人之新家。

請奏樂！

(二)下葬儀式操作程序

到達XX陵園的禮儀廳。到這裡做下葬儀式，再去墓地下葬。

此次是象徵性的「下葬」。由於逝者去世後，均沒有舉行正常的喪禮，故下葬前在禮廳舉行一次祭奠，相當於傳統土葬出殯前的「遣奠」。

1.司儀：

襄儀就位！禮儀生就位！各司其職。

兩個骨灰盒並列於供桌上；骨灰盒後面是各自的牌位，供桌上擺有諸供品。

襄儀引領孝眷、來賓站位。司儀檢查各項準備工作是否就緒，然後開始。

2.司儀：

吉時已到，故孫公執府君、故孫母楊氏太孺人安靈儀式準備就緒，請列位孝眷、親屬、來賓人等，就——位。

司儀、兩位襄儀，各手持一根燃香，向兩位老人的靈牌位行一鞠躬禮，並將燃香插入供桌上的香爐中。返身，再就位。

3.司儀：

各位孝眷、親屬、來賓，大家好！我們是XX禮儀公司禮儀部的禮儀師，受孫府所託主持本次下葬儀式。本司儀謹代表家屬向各位於百忙之中，撥駕前來參加故孫公執府君、故孫母楊氏太孺人下葬儀式，深表感謝！

司儀、襄儀面向來賓行一鞠躬禮。

現在，我宣布：故孫公執府君、故孫母楊氏太孺人下葬儀式正式開始。

請奏樂！

樂畢！

4.司儀：

集天地之靈氣而誕生了人類，人是天地間最具智慧之生物，是萬物之主宰。然而，高貴的生命啊！您來自於塵土，又復歸於塵土。當人生歷盡了各種喜悅與憂愁，坎坷與波折，養育了兒女子孫，對社會和家庭盡了自己的義務，他的生命也就放出了光彩，有了非凡的意義。大限來臨時，他也就可以從容而去，含笑駕鶴西行。他的英名也就值得後人的追思與懷念。

今天，是故孫公執府君、故孫母楊氏太孺人兩位先人的下葬儀式。兩位老人家勤奮一生，節儉一生，待人忠厚，和藹可親。兩位老人家已於西元1951年11月11日、1967年3月1日先後辭世。由於時代之變故，墳塋已不存，後人之追遠無所寄託，哀思之無所張揚。

孝道乃中華民族之美德，爲使我後人不忘先人哺育之艱難，特於XX陵園爲兩位老人家重新購地置墓，並隆重舉行故孫公執府君、故孫母楊氏太孺人下葬儀式，以顯「入土爲安」之心願。

請奏樂！

樂畢！

5.司儀：

今天，前來參加儀式的子女、孫、曾孫、玄孫輩達三十餘人，爲表達對兩位老人家的追思之情，下面請依次行禮。

6.司儀：

先有請孝長子孫時儀先生、孝次子孫能渠先生出列，靈前行禮。鑑於兩位老先生年事已高，主於座位上行三鞠躬禮，以點頭代替鞠躬禮。

一鞠躬！

再鞠躬！

三鞠躬！

請奠酒！襄儀倒兩杯酒，托盤遞給兩位，示意灑地。如此三次。

禮畢！

請復位！

7.司儀：

有請孝長孫孫XX代父輩恭讀祭文。此處由司儀代爲誦讀。

《祭顯考顯妣文》

維西元2002年4月5日，節次清明，不孝子孫時儀、孫能渠率——

女及女婿輩：孫X珍，孫X慧–閻XX等；

孫及孫女、孫婿輩：孫XX、孫XX、孫XX、趙XX、郝XX–侯XX、郝XX–申XX、郝XX–楊XX、郝XX–李XX、康XX、閻XX–王

XX、閻XX–叢XX等；

曾孫輩：周XX、郝XX、郝XX–李XX、郝XX、申XX、申XX等；

玄孫輩：顧XX、郝XX–景XX等；

此外，還有孫時儀之七叔孫X、族弟孫XX、族侄女孫XX等親屬鄰里人等凡三十餘。齊集您兩老之靈前，祭品有鮮果、米糧、餅乾、醪酒、鮮花，以告慰兩老在天之靈。

祭文曰：

嗚呼！百年滄桑，家園多難。先父生於西元1897年農曆2月13日，先母生於1893年農曆9月15日，此正値內憂外患、天下分崩、戰火頻仍、生計艱難之時也。

吾先祖世代耕讀之家，辛勤勞作，節儉持家，先嚴、先慈撫育有二子四女。那時，社會動盪，生計日艱，爲了撫育我們子女成人，先嚴終年未嘗有一日之休憩，由於過度的操勞和疾病，損害了他老人家的健康，竟至1951年11月11日，以五十四歲之壯年辭世。先慈終身操持家務，縫補漿洗，常省口中之食餵養子女，躬育我們成人。此情此景，雖歷五十餘年，而猶在昨日，先慈於1967年3月1日辭世，享年七十有四。先嚴、先慈恩深似海，音容笑貌，宛在眼前。不孝男孫時儀、孫能渠每念及此，未嘗不痛心疾首，淚濕衣襟。現以一奠酒，以饗先嚴、先慈在天之靈！襄儀引導兩位老人家一奠酒。

國家多故，不孝男孫時儀、孫能渠書於1949年以年輕之姿漂泊海外，數十年間音訊斷絕。迄1980年代鬢白之身重返故土時，父母竟都以撒手西歸。又時代變遷，且至墳塋不存。嚴、慈在日，既不能恭親奉養於前；嚴、慈垂危，又未嘗一日一時榻前侍奉湯藥。嗚呼哀哉，孝道盡失！每念及此，我等未嘗不肝腸寸斷，負疚終身！嚴父、慈母：您們能聽到不孝男時儀、能渠的呼喚嗎？我們兄弟均年事已高，來日無多，但思親之情卻有增無已。如果有來世，今生欠您們的恩情，也只能來世償還了。現以二奠酒，以饗先嚴先慈在天之靈！襄儀引導兩位老人家二奠酒。

星移斗轉，繼往開來。賴先嚴、先慈在天之靈，垂節之懿德，孫氏子孫親眷人丁興旺，和睦融洽。今日，不孝長男時儀、次男能渠率內外族衆三十餘人，以萬分恭敬贖罪之心情，謹以時鮮果品，重新給您兩老安靈。現以三奠酒，以饗先嚴、先慈在天之靈！襄儀引導兩位老人家三奠酒。

伏惟尚饗！

8.司儀：

有請孝長孫孫XX靈前行禮。襄儀示意長孫出列。

請拜！襄儀遞給三支燃香。

拜！襄儀接過三支燃香，插於香爐中。

請跪！襄儀示意長孫下跪。

一叩首！

再叩首！

三叩首！

三奠酒！襄儀倒酒於酒杯中，托盤遞上，示意澆於托盤內。如此三次。因爲是在禮廳內行禮，故奠酒不能澆於地上。下同。

禮畢！

請起！請復位！

9.司儀：

有請孝女孫X珍、孫X慧出列，靈前行禮。鑑於兩位老太太年事已高，請於座位上行禮。

請拜！襄儀遞給一支燃香。

拜！襄儀接過一支燃香，插於香爐中。

一鞠躬！

再鞠躬！

三鞠躬！

三奠酒！行禮如上。

禮畢！

請復位！

10.司儀：

有請故孫公執府君之堂弟孫X先生出列，靈前行禮。鑑於老先生年事已高，請於座位上行禮。

請拜！襄儀遞給一支燃香。

拜！襄儀接過一支燃香，插於香爐中。

一鞠躬！

再鞠躬！

三鞠躬！

三奠酒！行禮如上。

禮畢！

請復位！

【說明】堂弟的行禮排在孫執的孫輩、曾孫輩、玄孫輩之前，是考慮到該堂弟與孫執是共祖父的嫡親堂弟，且年近八十；而後面行禮的孫輩、曾孫輩、玄孫輩均為隔了幾層血緣關係的五服之親，或表親關係，非孫執的直系子孫後裔。

11.司儀：

有請孫輩孝眷出列，靈前行禮。

孫XX、孫XX、孫XX、趙XX、郝XX–侯XX、郝XX–申XX、郝XX–XX、郝XX–李XX、康XX、閻XX–王XX、閻XX–叢XX等人出列行禮。

請拜！襄儀遞給每人一支燃香。

拜！襄儀接過各人的燃香，插於香爐中。

請跪！

一叩首！

再叩首！

三叩首！

請奠酒！一奠酒。如人太多，則可只讓第一排者奠酒。

請起！拜！

禮畢！

請復位！

12.司儀：

有請曾孫輩孝眷出列，靈前行禮。

周X、郝XX、郝XX–李X、郝XX、申XX、申XX出列，靈前行禮。

請拜！襄儀遞給每人一支燃香。

拜！襄儀接過各人的燃香，插於香爐中。

請跪！

一叩首！

再叩首！

三叩首！

請奠酒！一奠酒。

請起！拜！

禮畢！

請復位！

13.司儀：

有請玄孫輩孝眷出列，靈前行禮。

顧XX，郝XX–景XX出列，靈前行禮。

請拜！襄儀遞給每人一支燃香。

拜！襄儀接過各人的燃香，插於香爐中。

請跪！

一叩首！

再叩首！

三叩首！

請奠酒！一奠酒。

請起！拜！

禮畢！

請復位！

14.司儀：

有請孫時儀先生之族弟孫**XX**先生率族侄女孫**XX**女士出列，靈前行禮。

請拜！襄儀遞給每人一支燃香。

拜！襄儀接過各人的燃香，插於香爐中。

一鞠躬！

再鞠躬！

三鞠躬！

請奠酒！一奠酒。

禮畢！

請復位！

此族弟已經出了五服，故排在最後行禮。

15.司儀：

有請故孫公執府君、故孫母楊氏太孺人的其他親屬、鄰里一同出列，靈前行禮。

請拜！襄儀遞給每人一支燃香。

拜！襄儀接過各人的燃香，插於香爐中。

一鞠躬！

再鞠躬！

三鞠躬！

請奠酒！一奠酒。

禮畢！

請復位！

16.司儀：

現在，故孫公執府君、故孫母楊氏太孺人安靈儀式的家祭禮，圓滿禮成。

請奏樂！

樂畢！

17.司儀：

下面，有請公祭單位——順義區XX陵園的領導代表出列，靈前行禮。

請拜！襄儀遞給每人一支燃香。

拜！襄儀接過各人的燃香，插於香爐中。

一鞠躬！

再鞠躬！

三鞠躬！

請奠酒！一奠酒。

禮畢！

請復位！

公祭禮畢！

請奏樂！

樂畢！

做好出發的各項準備。

18.司儀：

現在，有請列位孝眷、親屬、來賓恭送故孫公執府君、故孫母楊氏太孺人之靈赴XX陵園千年吉祥福地安寢。

有請孝長孫孫XX出列，嫡孫承重，替父輩恭捧靈盒。

佇列次序如下：

主持人持鈴前行；

傅XX打「安靈引導旗」；

長孫孫XX捧靈盒（有一個骨灰盒是另一孝眷幫忙捧著的）；

孫時儀的子女輩與任XX共四位女士攙扶兩位老人；

孫XX等孫輩；

周X等曾孫輩；

顧XX等玄孫輩；

其他親屬、來賓人等。

一路上，音樂相隨。供品先行送到，擺好。

到墓地。

此時，隊伍來到孫執、孫母楊氏的雙穴位前。

孝長孫孫XX將兩個靈盒放於穴前；孝眷居墓穴正面，其他人環繞四周站好。

19.司儀：

下面，是故孫公執府君、故孫母楊氏太孺人骨灰下葬儀式。

有請孝長孫孫XX出列行禮。

請拜！襄儀遞給每人一支燃香。

拜！襄儀接過各人的燃香，插於香爐中。

一跪！

一叩首！

再叩首！

三叩首！

請起！拜！行鞠躬禮。下同。

再跪！

四叩首！

五叩首！

六叩首！

請起！拜！

三跪！

七叩首！

八叩首！

滿叩首！

請起！拜！

20.司儀：

請孝長孫孫XX下葬安靈。禮儀人員協助將兩老骨灰盒下葬入墓穴之中。當做完後……

下葬安靈畢！請奠酒！奠酒三次。

禮畢！

請復位！

請奏樂！

樂畢！

21.司儀：

請全體孝眷、親屬、來賓向故孫公執府君、故孫母楊氏太孺人之靈位行三鞠躬禮。

一鞠躬！

再鞠躬！

三鞠躬！

禮畢！

請復位！

22.司儀：

現在，我宣布：故孫公執府君、故孫母楊氏太孺人靈位安放儀式圓滿禮成。

請奏樂！此時播放背景音樂或樂隊演奏，可以一直進行下去。

下面，請自由祭悼。

第五節　骨灰交接禮儀實例

以前，殯儀館將逝者火化後，將骨灰交給家屬時是非常簡單的，通常是在火化間牆上開一個視窗，或火化間門口擺一張小桌子，火化工喊逝者「某的骨灰」，或「某家屬來領骨灰」之類，大有簡單、冷漠之嫌。

後來，有人開發「骨灰交接禮儀」，舉行一個小型的儀式，然後將骨灰鄭重其事地交給家屬，以彰顯尊嚴與神聖，於是就有了骨灰交接禮儀。

實例　吳此人老大人骨灰交接儀式

(一)儀式準備

司儀需要核實喪主是誰，一般是家屬的長子或長女，以及他們與其他參加儀式者的關係，因為這些在儀式中是不能混淆的。

司儀需要與家屬溝通人員是否到齊、家屬往骨灰盒放置的隨葬品等，如乾燥劑、「元寶」之類。

布置好禮廳，設置好儀式台，準備禮儀用物，擺好逝者的遺像、牌位、供品等。可參照前面其他的儀式。

(二)骨灰入盒

在一些情況下，骨灰已由火化工裝入骨灰容器了，撿骨灰程序就可省掉，骨灰交接儀式就只是從祭拜開始。

下面是禮儀人員說明家屬撿骨灰的程序。因而，祭拜儀式前面就還有一大段撿骨灰的儀式。

1.司儀：

請孝眷（或家屬）跟我來。引領到撿灰爐（台）前。

現在，我們共同將親人骨灰請上「……」。此時不宜說「撿骨灰」，以示尊重。比如，我們在寺院裡說「請一尊佛像」，而不是說「買一尊佛像」。

2.司儀：

恭請各位家屬保持肅靜。

有請全體人員向吳此人老大人靈骨灰行三鞠躬禮。

一鞠躬！

再鞠躬！

三鞠躬！

禮畢！

請復位！

3.司儀：

恭請孝眷淨手！

一位襄儀將水盆捧上，指導親屬洗手，另一位襄儀遞毛巾擦淨。當然是以示虔誠的儀式性行爲。淨手方式：可以一位襄儀捧盆，一位襄儀持壺澆水，再遞毛巾擦手。

4.司儀：

現在，裝灰入盒（或壇、罐）！此時，司儀可以誦念一些吉利性語言。

司儀、襄儀協助孝眷將骨灰裝入骨灰盒。

5.司儀：

親人骨灰入盒完畢！此時，殯儀館有專門人員進行骨灰盒封蓋。

再請孝眷淨手！如前。

6.司儀：

請孝眷下跪！

請孝眷恭接靈盒！

孝眷請起！

然後雙手捧骨灰盒，放入骨灰安靈車（車前通常有一隻鶴，寓意駕鶴西行），整齊隊伍，去禮儀廳。此時，通常有若干名禮儀生隨鶴車步行，以壯觀瞻。距離太遠則可乘汽車。

奏樂！播放背景音樂，或演奏音樂。

7.司儀：

來到禮儀廳。

請孝眷將父親大人的骨灰盒放置於祭祀台上，擺平放正。平平正

正，四方亨通。襄儀協助孝眷整理祭祀台。

(三)祭拜儀式程序

襄儀引導家屬在祭祀台前站好，站列次序可參照前面的其他儀式。

參加者有長輩或年齡較大者，可以設座椅，坐著行注目禮即可。

諸事準備就緒，就可以開始儀式了。

1.司儀：

儀式馬上就要開始了，爲了表示對親人的尊敬，請各位參加儀式者把手機關閉或調到震動狀態。

戴帽的請暫時脫帽。

戴墨鏡的，如方便，請暫時摘下墨鏡。

謝謝！

2.司儀：

請孝子淨盒！襄儀遞毛巾給孝子，引導其擦拭骨灰盒。

擦畢！

請復位！

3.司儀：

現在，開始祭拜。

有請孝長子吳XX、孝媳劉XX出列，靈前行禮。

請拜！襄儀各給一支燃香。

拜！雙手持香而拜，然後襄儀接過燃香，插於香爐中。

請跪！

一叩首！

再叩首！

三叩首！

請起！拜！

再跪！

四叩首！

五叩首！

六叩首！

請起！拜！

三跪！

七叩首！

八叩首！

滿叩首！

奠酒！襄儀倒酒於酒杯中，托盤遞上，示意兩人澆於盤內。如此三次。

請起！拜！

禮成！

4.司儀：

本司儀代爲恭讀《安靈辭》。

維西元**XXXX**年，歲次甲申，**X**月**X**日，不孝男吳**XX**謹以清香、鮮花、素果、奠文之儀，致奠於父親大人靈前曰：

人生在世，如葉隨風；光陰易改，日月難留。充塞天地，橫絕四海，唯孝而已。

……

嗚呼哀哉！伏維尚饗！

請奏樂！

孝子禮成！

請復位！

5.司儀：

有請孫輩吳**XX**、吳**XX**、張**XX**、張**XX**出列，靈前行禮。

請拜！襄儀各給一支燃香。

拜！雙手持香而拜，然後襄儀接過燃香，插於香爐中。

請跪！

一叩首！

再叩首！

三叩首！

請起！拜！

孝孫禮成！

請復位！

6.司儀：

下面，有請家屬及所有來賓出列，靈前行三鞠躬禮。

一鞠躬！

再鞠躬！

三鞠躬！

禮成！

請復位！

7.司儀：

現在，我宣布：吳此人老大人骨灰交接儀式圓滿禮成。

請奏樂！

下面，恭送吳此人老大人起轎出發。

此時，骨灰盒的去向大約爲：去骨灰墓地安葬、晉骨灰塔、帶回家另擇日擇地再行安葬。故此後的儀式相當於一場小型的「送行」或「出殯」。比如去墓地安葬的，通常是數人抬靈輿，或鶴車送行等；如帶回家的，則送達停車場，恭送上車。

請孝眷接靈骨灰！

襄儀引導孝眷、家屬、來賓整隊，排列次序，準備出發。

襄儀提醒孝眷、家屬與來賓帶好隨身之物，不要遺忘。

8.司儀：

恭送吳此人老大人之靈骨灰，現在出發。

如果是送達停車場的，待其交接完畢，司儀則要宣布：

吳此人老大人靈骨灰交接儀式正式圓滿禮成。

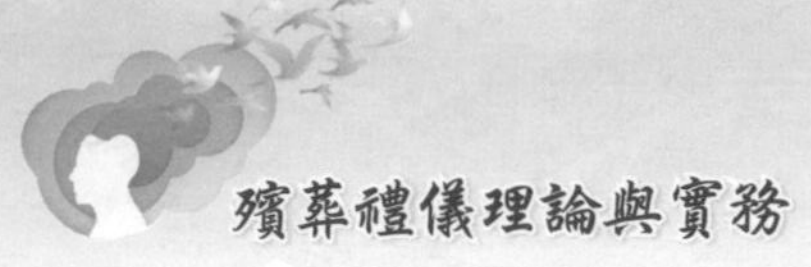

司儀、襄儀等禮儀人員行鞠躬禮；待家屬及來賓開車後，再復位，儀式就全部完成了。如果是送達墓地安葬的，則須待安葬完畢，才算「儀式正式圓滿禮成」。

第六節　祭祀禮儀實例

實例一　翟XX老先生公祭儀式

本儀式是2003年7月有長沙民政職業技術學院殯儀系師生應「湖南XX重工集團」董事長、總裁梁XX先生之請，爲其恩師XX元勳翟XX老先生去世一週年承辦的公祭儀式，意在表達梁XX先生對恩師深沉的哀悼和無限的懷念之情，並凝聚本集團人心，努力工作，以實際行動報答恩師在天之靈。

本處對人名已做隱性處理。

(一)祭祀現場及物件準備

■圓拱門裝飾

在長沙市XX墓地牌樓後面不遠處，是一個廣場，在這裡紮一個充氣橡膠圓拱門，上面橫書「XX重工公祭翟XX老先生」；面對圓拱門右邊一個汽球，下懸條幅「XX重工信條：先做人，後做事」；左邊一個汽球，下懸條幅「長沙民政職業技術學院殯儀系承辦」。

■神道布置

從牌樓到祭台，約有三百公尺，兩側路上裝飾盆花，沿途插滿彩旗，並以彩色皺紋紙剪成條狀，裝飾在兩側的樹枝上，以造成色彩斑爛

的動態效果。

■場地及祭祀台布置

在翟XX老先生墓的左側有一個比較大的空坪，在此處紮一個寬八公尺×深六公尺×離地高一．五公尺的祭祀台，台兩側再各做兩公尺以上的延伸，橫幅書「公祭翟XX老先生」；兩側掛祭聯（另擬）。

台上布置：翟XX老先生相片；祭桌上供奉翟XX老先生的靈牌，兩支紅燭，六盤祭物；八個高約一百二十公分的花藍，以八位董事的名義獻給翟XX老先生，上附「恭祭翟XX老先生」的小條幅。

祭祀台地面鋪以紅色地毯。

祭祀台正面的空餘部分，以菊花裝飾。

祭祀台兩側擺上一些椅子，以備臨時之坐。

提前三天將祭祀台搭好。畫好圖紙，請專業的建築工搭建。

■靈幡製作

請專業的錦州製作店製作一個錦旗式靈幡。靈幡呈長方形條狀，高一百二十公分、寬六十公分，上面橫寫「XX重工」，豎寫「公祭翟XX老先生」。用兩公尺不銹鋼管做旗杆。

■鮮花及其他用品

一百支鬱金香。當祭儀台上的活動結束後，全體人員列隊，梁XX先生居隊前，每人手持一支鮮花，前往翟XX老先生的墓地獻花；孝子孝媳、孝女孝婿跪於墓側，以答禮。

以鮮花裝飾翟XX老先生的墓地。

《祭翟XX老先生祭文》一篇。由梁XX董事長在儀式上宣讀。提前三天送給XX重工集團認可。

鞭炮、紙錢若干。

兩百瓶飲用水，飲料若干。

上述工作，均在前一天完成；物品均在前一天送達XX墓地，存放其辦公室。另有規定的除外。

並做好各項準備的到位情況。

(二)人員、時間與程序等安排

■操作人員

(1)司儀：王夫子。

(2)襄儀兩名，殯儀系男教師。

(3)禮儀小姐八名。

(4)執幡生一名，殯儀系男教師。

(5)禮儀生若干名，殯儀系學生。

■時間安排

2003年7月4日上午八時三十分，全體參祭人員到達XX墓地的牌樓處集合；九時三十分整隊出發；十點儀式正式開始；一小時內全部結束。

■參加祭祀人員

梁XX董事長、八名董事、集團部分中層幹部及部分員工等，約一百人。

XX墓園領導參加。

■佇列次序

行進時的佇列次序：舉靈幡者、兩名襄儀→軍樂隊→梁XX→八名董事→集團中層幹部等。

■現場其他安排

《公祭翟XX儀式程序》預先張貼於祭祀台一側。

孝子孝媳、孝女孝婿在祭祀現場等候；當隊伍到達時，在祭祀台的正面跪迎來賓。此時，梁XX董事長上前將他們扶起。

參祭人員到祭祀現場後，將靈幡插在祭祀台一側。

公祭均行三鞠躬禮。

現場可燃放鞭炮、燒紙，但均在一個大鐵桶內燃放。

家屬如果有要求，可在公祭後舉行家祭儀式。

(三)本次活動的文化說明

按照中國禮制文化傳統，祭祀先人、先賢在西周「五禮」中屬於「吉禮」的範疇，治喪禮儀則屬於「凶禮」的範疇。殯葬學生在實際工作中經常需要進行祭祀先人、先賢的禮儀操作，故列入了教學範疇。

祭祀分為「家祭」和「公祭」。家祭是家庭、家族內部祭祀祖先，如陸游〈示兒〉一詩中有「王師北定中原日，家祭勿忘告乃翁。」公祭則是機關團體等部門祭祀有功德的人物，此次祭祀翟XX老先生即屬公祭。

本次活動是梁XX董事長、總裁率同仁祭祀翟XX老先生，梁為主祭，其他人為助祭。

祭祀的目的在於宣揚孝道，追念先人先賢的美德和功勞，並以此激勵生者。

(四)活動的經費預算

1.祭祀台，由XX重工集團自建：XXXX元。

2.充氣圓拱門、氣球：XXX元。

3.鮮花：XXX元。

4.布料：XXX元。

5.鞭炮、紙錢：XXXX元。

6.十六人軍樂隊：XXXX元。

7.用工：XXXX元。

8.其他：XXX元。

9.預留：XXX元。

10.總預算：XXXXX元。

(五)公祭翟XX老先生儀式程序

■儀式出發

司儀率兩位襄儀面向翟XX老先生靈旗合掌，行一鞠躬禮。

司儀：

吉時已到！現在，我宣布：湖南XX重工集團公祭翟XX老先生儀式，現在出發。

奏樂！

鳴炮！

頓時，軍樂齊奏，鞭炮齊鳴，現場響成一片，遠近之人均來圍觀。隊伍按預先設定的秩序列隊出發。

約十分鐘，隊伍來到祭祀場地。襄儀引導梁XX董事長扶起孝眷，並與師母等家屬交談；來賓在原地休息。

等時間到時，司儀以手勢集合來賓，準備開始。

兩位襄儀引導來賓站好隊形：梁XX董事長在第一排居中；有業務往來公司的代表在梁的兩側；公司董事、中層幹部在第二排；其他人員隨後站立。

公祭儀式即開始。

■儀式開始

十點正。司儀率兩位翟登XX老先生靈牌位行一鞠躬祀。此時三人在祭祀台上。司儀在（面對祭祀台右側）祭祀桌後，襄儀立於祭祀台兩側。

司儀：

現在，我宣布：湖南XX重工集團公祭翟XX老先生儀式準備開始。請肅立！

長沙民政職業技術學院殯儀系受湖南XX控股、XX重工、XX新材料、XX光電子、香港XXX、香港XX等公司委託，主持對翟XX老先生的公祭典禮。

今天，參加公祭翟XX老先生的還有：長沙民政職業技術學院殯儀系、湖南省XX墓地等單位的領導和同仁。謝謝他們今天的參與！

司儀向來賓行一鞠躬禮。

現在，我宣布：湖南XX重工集團公祭翟XX老先生儀式，正式開始。

請奏《滿江紅》！每次奏樂，只是奏該曲的前面一小段，下同。

鳴炮！

樂畢！

■主祭者就位

司儀：

今天，主祭者爲湖南XX集團董事長梁XX先生。下面，有請主祭者上台，靈前就位。襄儀引導主祭者上台。下同。

請奏《蘇武牧羊》！

樂畢！

■陪祭者就位

司儀：

今天，陪祭者有：XX控股總經理唐XX先生、XX總經理向XX先生、XX汽車公司總經理易XX先生、XX新材料公司總經理毛XXX先生、XX通訊公司總經理周XX先生、XX控股工會主席袁XX先生、XX控股監督會副主席王XX先生、XX客車公司總經理季XX先生。下面，有請八位陪祭者上台，於靈前就位。

請奏《蘇武牧羊》！

樂畢！

■與祭者就位

司儀：

今天，與祭者有湖南XX重工集團各位同仁，以及長沙民政職業技術學院殯儀系、湖南省XX墓地等單位的女士、先生們共一百餘人。

有請各位與祭者於台前就位！此時，與祭者是站在祭祀台下面的。

請奏《蘇武牧羊》！

樂畢！

■三獻禮

司儀：

下面，舉行三獻禮儀式。

首先，董事長梁XX先生率集團的八位高級管理助手以及全體公祭人員，向尊敬的翟XX老先生獻上清香一炷，以表一年來對老先生的追思之情。

司儀示意兩位襄儀發給祭祀台上的九位每人一根已點燃的香。

一鞠躬！兩位襄儀將燃香收回，插入香爐中。

翟XX老先生，陝西人氏，原係中南工業大學高級工程師，梁XX董事長的恩師，1986年加盟「XX」，經歷了「XX」初創時期的一切艱難困苦，對「XX」的成長與壯大做出了巨大的貢獻。翟老先生作爲「XX」人達十八年之久，這十八年正是他老人家人生最後一個發出耀眼光芒的時期。他老人家將自己的生命融入了「XX」的成長與壯大之中，從而將自己的名字永遠地鐫刻在「XX」事業的豐碑上，永遠地銘刻在「XX」人的心中。

翟老先生一生勤勉，待人誠懇，和藹可親，公正信實，做事認眞踏實，任勞任怨，敢於負責，贏得了XX集團董事長梁XX先生及其整個

「XX」人的普遍尊敬與愛戴，是我們晚輩難得的楷模。

經過全體「XX」人艱苦不懈的努力，如今，「XX」已經上市成爲控股公司，而他老人家卻不幸於去年3月14日因病搶救無效，駕鶴西去，享年七十歲。董事長梁XX先生及其全體「XX」人的心中對翟XX老先生充滿了感激之心、追思之情。

古人云：「愼終追遠，民德歸厚。」爲表示對翟XX老先生的感激之心、追思之情於萬一，董事長梁XX先生率八位高級助手，於翟XX老先生靈前行三獻禮。

一獻花！右邊襄儀遞花環給主祭者，示意他雙手持花環於胸前行一鞠躬禮。

拜！左邊襄儀收回，再放置於祭祀台上。下同。

二獻饌！右邊襄儀將六盤祭品食盤依次遞給主祭者，示意他以筷子在上面點一點。

拜！左邊襄儀收回。

三獻爵！兩位襄儀遞盛滿酒的小酒杯分發給九位祭祀者。

拜！示意他們灑在地上，並收回酒杯。

嗚呼！老先生英靈不遠，請享晚輩之敬意！

下面，董事長梁XX先生率全體公祭者，向翟XX老先生的英靈行三鞠躬禮！以表深深的追思與敬意。

一鞠躬！

再鞠躬！

三鞠躬！

禮畢！

請奏《安魂曲》！

樂畢！

■恭讀祭文

董事長梁XX先生有祭文一篇，以懷念恩師、「XX」元勳翟XX老先生。

司儀：

下面，有請董事長梁XX先生恭讀《祭翟XX老師文》。

《祭翟XX老師文》

維西元2003年7月4日，湖南XX重工有限公司董事長梁XX率公司高層主管唐XX先生、向XX先生、易XX先生、毛XX先生、周XX先生、袁XX先生、王XX先生、季XX先生、李X先生，以及XX員工等百餘人，謹具清酒庶饈之奠，致祭於公司先賢翟XX老師之墓下。

祭文曰：

嗚呼！翟XX老師棄我而去，已一年零三月，我無時無刻不在懷念著老師，彷彿您還在與我們一起開會，研究公司的發展戰略，彷彿您還與我們一起在車間攻關，彷彿您還與我們一起爲成功而開懷歡笑，彷彿您還與我在一起共進晚餐……

自1986年老師加盟XX，與我們一起拚搏，歷十八個春秋。其中幾多艱難困苦，幾多迷迷茫茫；我們經歷過一無所有，我們曾步入失敗的邊緣。其中辛酸苦辣的滋味實非外人所能體諒，老師無不與我們共嘗！是您，無數次給我鼓勵，無數次給我信心與希望。此情此景，至今歷歷在目，猶如昨日。每思及此，都使我肝腸寸斷，熱淚盈眶。

今天，XX重工已上市成爲控股公司，我們已進入到一個更高的發展平台，我們正在走向更美好的未來。尊敬的老師：我們正在一步步地實現我們最初定下的宏願，那就是，使XX成爲世界上受人敬仰的企業。就在我們XX人享受這一份成功喜悅的時刻，您卻不在我們之中了。老天何不公哉！奪我恩師，奪我先賢，奪我XX元勳！老天何不公哉！

我多麼希望死而有靈，那樣，老師的在天之靈就可以繼續關注我們，繼續關愛我們，繼續分享我們每一次成功的喜悅！

尙饗！

您永遠的學生：梁XX

2003年7月4日

祭文畢！

請奏《眞的好想你》！此曲可奏完整一遍。

樂畢！

■向翟XX老先生墓前獻花

司儀：

請主祭者梁XX先生回位！回到祭祀台下面。

請各位陪祭者回位！

下面，有請梁XX先生率全體公祭人員向翟XX老先生墓地獻花！

請奏《何日君再來》！

襄儀引導：以梁XX爲首，成單行列隊，向翟XX老先生墓地獻花。襄儀給每一位發一支鬱金香鮮花。

軍樂隊立於墓區的路側，不停的反覆演奏《何日君再來》和《友誼地久天長》，直到獻花完畢。

孝子、孝孫輩跪於墓穴之側，以示答禮。

■公祭結束

司儀：

現在，我宣布：湖南XX重工集團公祭翟XX老先生儀式結束，圓滿禮成。

下面自由祭祀。

請奏樂！奏《滿江紅》、《友誼地久天長》。三至五分鐘。

鳴炮！炮發千秋！

實例二　廣東省XX市民政局、市殯葬管理所清明公祭

(一)關於本次公祭活動的說明

自2003年7月以來，殯儀系曾多次在陵園、殯儀館承接並操作祭祀活動，這極大地鍛鍊並提升了我們的老師與學生的專業能力，並檢驗了我們的教學是否貼切於行業。這裡是2010年清明期間殯儀系師生在廣東省XX市承接並操作的一次清明公祭。文中對市名、人名進行了隱性處理，並對文字做了一定的潤色。

XX市是廣東省革命戰爭年代東江縱隊的革命根據地，有名可考的烈士逾一千人。1980年代初建市以來，有四十多名公安幹警和其他各行各業的工作者因工犧牲。另據統計，到目前爲止，市紅十字會已經接收了三百七十二例角膜捐獻、四十五例多器官捐獻和十多例的遺體捐獻。

爲繼承傳統，不忘先賢先烈，XX市民政局、市殯管所2010年清明節在所屬的XX墓園內舉行公祭。由長沙民政職業技術學院殯儀系承辦。

此次公祭的對象，是入住XX墓園的烈士、因公殉職者、捐獻遺體及器官者，及由本殯葬管理所操辦的海葬、樹葬者，並已經安葬於本墓園的所有逝者。

傳統公祭先賢、先烈的活動，在繼承優秀傳統文化的同時，必然要融入一些現代文化元素。比如，現代公祭的場面布置除典雅肅穆以外，通常有敬獻花籃、腰鼓、現代舞娛神、黃絲帶、祝福卡，以及參祭者排隊獻花等，以使祭祀足夠可觀。至於將傳統元素與現代元素融合到什麼程度，是幾比幾的結合，這可能就是個見仁見智的問題了。但我們還是要注意：不可無憑無據地加入所謂的「現代」元素，以致使祭祀變得不倫不類，甚至惹人發笑，起到反作用。

(二)XX市XX公墓清明祭祖應準備之物

序號	內容	準備人	備註
1	長形旗100面／或200面。連杆1.8公尺，寬0.45公尺。黃色。	殯管所	
2	一面祭旗	殯管所	
3	黃帝牌位1個／小牌位5個	殯管所	
4	祭祀現場彩繪牆／汽球2個：左側書「慎終追遠」，右側書「民德歸厚」	殯管所	
5	「主祭」綬帶1條	殯管所	
6	供祭桌1張	殯管所	
7	麥克風音響1組／司儀桌1張	殯管所	找禮儀公司
8	司儀桌：約高1.5公尺，寬0.5公尺	殯管所	找禮儀公司
9	祭桌上祭品：牛肉1盤、羊肉1盤、豬肉1盤／雞1隻、鴨1隻、魚1尾／米飯1團、饅頭1打、米酒2支、香菸3包、水果1盤／大香3支、大紅燭2支、小香10紮、紙錢10紮、鞭炮10捆、鮮花80支（已見殯管所公祭方案）	殯管所	
10	腰鼓隊／或軍樂隊（10人左右）	殯管所	
11	8個大花藍，高約1.2公尺	殯管所	
12	1個托盤（即家用茶盤）	殯管所	
13	4個銅爵	王夫子	
14	黃色儀仗隊服10套，帽10頂，黃祭旗10面	王夫子	
15	繫旗1面，繫訓旗1面	王夫子	
16	2個資料夾：司儀1個，備用1個	王夫子	
17	儀式程序，列印8份	王夫子	
18	……		

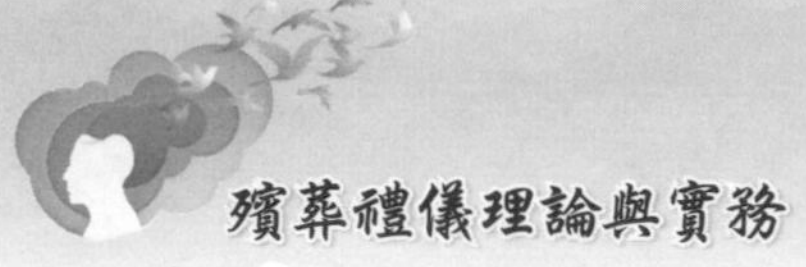

(三)2010年XX市殯葬管理所清明公祭大典儀式實施

■儀式出發（九：〇〇）

當時，找了幾首適宜於祭祀大典場面的樂曲，以使音樂多樣化。為防止發生混淆，將它們編了號碼，並與樂隊進行溝通。

司儀整理隊伍。祭旗第一，儀仗隊第二，主祭第三，陪祭第四，參祭第五，兩人一排，依次排隊出發。

司儀：

XX市殯葬管理所2010年清明公祭大典，現在出發。

奏樂！

隊伍到祭祀場地前面一塊空坪上停下，稍事休息，做正式開始的心理調適。

注意：此類休息不能太久，以免人群產生疲憊及厭倦情緒，更不能解散隊伍，否則人一散就甚難整隊。

儀仗隊人員在祭祀場地的兩側站立。

■儀式準備（九：一五）

1.恭請靈位

司儀：

恭請華夏先祖軒轅氏黃帝之神位！兩名襄儀恭捧黃帝神主安入於供祭桌上。

奏樂！

樂畢！司儀率兩名襄儀點燃三根大香、兩根紅燭。

謹以高香敬獻我華夏始祖！三人行三鞠躬禮！

恭請XX公墓烈士、因公殉職者之靈位！兩名襄儀恭捧靈牌位安入於供祭桌上。

奏樂！

樂畢！

恭請XX市歷年捐獻遺體及器官、眼角膜者之靈位！兩名襄儀恭捧靈牌位安入於供祭桌上。

奏樂！

樂畢！

恭請深圳市歷年海葬者、樹葬者之靈位！兩名襄儀恭捧靈牌位安入於供祭桌上。

奏樂！

樂畢！

恭請吉田公墓歷年入居者之靈位！兩名襄儀恭捧靈牌位安入於供祭桌上。

奏樂！

樂畢！

恭請深圳市歷年無名去世者之靈位！兩名襄儀恭捧靈位牌安入於供祭桌上。

奏樂！

樂畢！

恭請靈位畢！

鳴炮！奏樂！

2.祭者就位

司儀：

下面，恭請主祭、XX市殯葬管理所所長林XX先生祭台前就位！兩名襄儀引導主祭者到祭台前就位。

敬獻花藍！由四名禮儀生，兩人各抬一個花藍，分別放在祭台兩側，並向祭桌行一鞠躬禮，然後退下。

奏樂！

樂畢！

恭請陪祭、XX市殯葬管理所副所長楊XX先生祭台前就位！兩名襄儀引導陪祭者到主祭者身後半步就位。

敬獻花藍！由四名禮儀生分別獻兩個花藍，如上。

奏樂！

樂畢！

恭請今日與祭就位。

有請郭**XX**先生、楊**XX**先生、孫**X**先生、鐘**XX**先生、左**XX**女士、曾**XX**先生、周**XX**先生、蕭**XX**先生、戴**XX**先生、潘**XX**女士、付**XX**先生、古**X**先生，祭台前就位！兩名襄儀引導與祭者到陪祭者身後半步，橫排開就位。

敬獻花藍！由四名禮儀生分別獻兩個花藍，如上。

奏樂！

樂畢！

恭請今日參加公祭的其他來賓就位！兩名襄儀引導與祭者到陪祭者身後半步，橫排開就位。

敬獻花藍！由四名禮儀生分別獻兩個花藍，如上。此時一共獻上了八個花藍，呈八字分擺兩側。

奏樂！

樂畢！

■祭祀儀式（九：三〇）

司儀：

XX市殯葬管理所**2010**年清明節公祭儀式，正式開始。

鳴炮！奏樂！

樂畢！

司儀略述清明公祭的意義。

清明節是中國人有著悠久歷史傳統的祭祖日子，它體現了孝道，表達了親情、感恩、和睦，對於加強兩代人之間的孝道聯繫、加強同代人之間的血緣親情有著非常重要的作用，因而歷代受到重視。

軒轅氏黃帝是我們中華民族共同的祖先，是我們所有中國人相互依戀的血緣精神偶像，對團結我們的族群有著不可替代的作用，因而受到歷朝歷代中國人的供奉與膜拜。

今天，XX市殯葬管理所會同長沙民政職業技術學院殯儀系在本處舉行「清明公祭」儀式，在軒轅氏黃帝的名義下，公祭自XX市建市以來歷年安眠於此的人們，尤其是那些烈士、因公殉職者、捐獻遺體與器官、眼角膜的人們，以此表達我們對於先祖、先賢的追思之念，所謂「事死如事生，事亡如事存」。

播放背景音樂，音量稍低。

1.上香

司儀：

上香！襄儀給每一位祭者一支點燃的小香。

下面，有請主祭、陪祭者率領各位與祭者，謹以清香、三拜禮恭祭先人先賢。

一拜！

再拜！

三拜！

禮畢！

奏樂！

襄儀收回每一位手中的燃香，插入祭祀台上的香爐中。

2.三獻爵！

司儀：

有請主祭、陪祭謹以三獻爵禮——

敬獻我軒轅氏黃帝及華夏諸位先祖！

敬獻深圳市歷年烈士、因公殉職者！

敬獻深圳市歷年捐獻遺體與器官、捐獻眼角膜者！

敬獻深圳市歷年海葬者、樹葬者！

敬獻吉田公墓歷年入居者！

敬獻深圳市歷年無名去世者之亡靈。

初獻大爵！襄儀給主祭、陪祭各一杯酒。

祭酒！襄儀示意潑酒，收回酒杯。

亞獻大爵！襄儀操作如上。

祭酒！襄儀操作如上。

終獻大爵！襄儀操作如上。

祭酒！襄儀操作如上。

禮成！

請奏樂！

樂畢！

3.恭獻祭文

司儀：

主祭者恭讀祭文。主祭先面向祭台行一鞠躬禮，再誦讀祭文。

《2010年XX市殯葬管理所清明節公祭文》

維西元2010年，歲次庚寅，節序清明，林XX率XX市殯葬管理所等全體同仁，謹以鮮花、美酒、餚饈、時鮮、祭文之儀，致祭於XX市XX墓園衆安息逝者之神靈。曰：

肅肅吉田，巍巍靈峰；山環水複，六合安容。

清流毓秀，柏翠松青；惠風和暢，紫氣氤氳。

祁祁甘霖，膏澤流盈；陵園祭亭，綠簷紅楹。

西宮殿閣，畫梁列呈；英烈棲息，浩氣駐存。

飛龍潛壤，靈鳳擢形；物類斯聚，元吉有徵。

此地享龍崗之古韻，得元寶之博深。

源流有自，萬代福澤長蘊；四方佑佐，百業如日之升。

粤稽遐古，思此衆靈；銘功紀德，常日盈胸；今次佳節，尤以踴騰。

發奮圖強，興邦家之宏業；堅毅隱忍，鑄民族之精神。

英靈威德，赫赫彬彬；風流著史，萬代長存。

今民富國安，海晏河清；仗眾靈之默佑，啓是日之盛舉。

萬民斯聚，吉園增輝；禮儀有容，頌揚謹呈。

鐘鼓振動，金石宣和；惟其來祭，薦饈斯備。

六佾合舞，八音同舉；九功斯詠，永厥無極。

秉眾靈之美德，揚華夏之威風。

仰眾靈之福佑，襄今日之成功。

敦淳教化，和睦人倫；科技昌明，萬業俱興。

山川愈加壯美，人物盡顯風情；春風得意之世，躍馬揚鞭之時。

是以今日之祭，天涯共此；明日之功，輝煌可待。

祭祀大成，伏維尚饗！

誦讀畢！主祭面對祭祀台諸靈牌位，行一鞠躬禮，然後回位。

奏樂！

樂畢！

4.三鞠躬禮

司儀：

所有公祭者以三鞠躬禮向在上諸英靈恭表敬意。

一鞠躬！

再鞠躬！

三鞠躬！

禮畢！

請復位！

奏樂！

樂畢！

5.獻花禮

司儀：

有請所有公祭者依次向靈位獻花，行一鞠躬禮。襄儀給所有參祭者發一支鮮花，引導他們依次到祭祀台前，獻花，行一鞠躬禮，然後回原位。

奏樂！

樂畢！

6.繫祈福黃絲帶

司儀：

下面，舉行繫黃絲帶儀式。請各位參祭者手持黃絲帶，繫於墓園大樹之上，以此祈願祖國繁榮昌盛，人民平安幸福。

樂隊請奏《祈禱》！

7.儀式結束，自由祭拜。

司儀：

現在，我宣布：**2010**年**XX**市民政局、**XX**市殯葬管理所清明公祭大典儀式圓滿禮成，儀式結束。

鳴炮！炮發千秋！

下面，自由祭拜。

附錄　喪禮的本質[3]

王夫子

一、經驗世界與超驗世界

人類依據自己的眼、耳、鼻、舌、身五個感官進行認識，獲得不同的對象認識，依次有感覺、知覺，繼而上升到規律與理性，即科學理論。這是所謂「經驗的世界」，或「實證的世界」。但是，人類的感覺總是有限的，超出一定的限度，就進入了「超驗的世界」，感覺的認識就無法進行了。人類的本性又總是力圖窮盡對世界的認識，正是這一認識的衝動發展出了信仰的能力，以彌補感覺能力的不足。所謂信仰，通俗地說，就是對假設的崇拜，人們以眞誠的「願望」去認識。你願意信就信，不願信就拉倒。比如無限大（宇宙世界）、無限小（微觀世界）、靈魂的存在與否等。比如說，我相信生命的永恆或靈魂有一個「彼岸」，它是生命的來由與去處，因而「舉頭三尺有神明」。信仰的對象，它們既不能被證實，也不能被證僞。

科學提升我們駕馭周邊自然對象的實證能力，而信仰則使我們內心堅定、充滿自信，並能忍受一切苦難。說白了，科學與信仰是人類兩個並行不悖的認知世界的能力，它們各有自己的內含與外延。這是從哲學上討論問題。

---

[3]此文曾於2020年11月在《華人生死學》網路上發表。
本文請參見王夫子著《殯葬文化學》第十一章喪禮概述之第二節喪禮的社會意義，中國社會出版社，1998年2月。

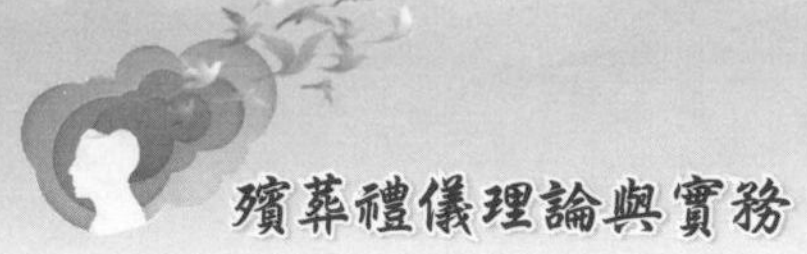

二、一個偉大的假設

「靈魂不死」以及與之相聯繫的「彼岸世界」觀念是原始人一項偉大的發明，也是一個偉大的假設。靈魂觀念源於人類對於生命永恆的追求。人類的殯葬活動就建立在這個「假設」的基礎上，否則人類的殯葬、祭祖等活動就失去了根基，也變得無意義。

「靈魂不死」與「彼岸世界」之所以是假設，因爲它是一個既不能證實也不能證僞的命題。一個假設，只要是無害的，有利於提升道德水準，大家又願意奉行就行。比如無限遠，無限近；無限大，無限小。又如我的小孩將會很有成就，我的未來輝煌燦爛，天堂地獄等也屬於此類。南宋詩人高翥〈清明日對酒〉中有句「人生有酒須當醉，一滴何曾到九泉。」詩人直面清明日祭祖的「紛然」壯觀場面，感嘆九泉之下的先人未免眞收到了後人祭祖物品的一丁點兒，人生何不有酒當醉呢！應該說他已經感悟到彼岸世界只是一個「假設」，當然他仍然並不反對祭祖。

三、喪禮的定義

所謂喪禮，就是人們在喪事活動中所遵循的程序化行爲規範。一個人去世後，在其生前影響所及的範圍內是一件大事，人們會用異於平常的行爲方式去追念死者（舊稱「弔死」）並慰問其家屬（舊稱「問生」）。這些「行爲規範」多爲肅穆、傷感，並夾雜著某種神祕的氣氛。久而久之，固定下來就成爲了喪禮。

按時間劃分，喪禮可以劃分爲殯禮、葬禮。喪事終了，每年還有祭禮，如忌日祭，所謂「君子有終身之喪，忌日是也」（《禮記·祭義》）。後來還有清明祭等。須指出，在西周以來的禮制傳統，殯葬的

喪禮屬於凶禮，祭祖的祭禮則屬於吉禮。對此，本處不予展開。

人類的殯葬活動從什麼時候開始，喪禮就從什麼時候開始。狹義上，喪禮指喪事中的儀式、行爲、語言、賻贈、喪宴、民間的分子錢等規範，即殯葬禮儀；廣義上，則延伸到謚法、陵墓、碑銘等規範。

四、喪禮的自然本質

當原始人困惑於人從哪裡來，人死後又去了哪裡，他們發明了「靈魂不死」與「彼岸世界」觀念。從這裡開始，原始人又發明了殯葬行爲。喪禮的自然本質，或喪禮的最原始根據，是原始人虔誠地將死者的靈魂（鬼魂）順利地「送行」到彼岸世界去，希望他們在那裡「過得好」，再「降生回來」，並且不要「糾纏」自己。給死者「送行」，諸如古代的招魂裝殮、超渡亡靈，喪服、喪期齋戒等，大體上就是裝飾死者並裝飾生者，心存敬畏、不敢大意，行爲檢點、不敢冒犯。這就是文化人類學家所說的死亡的「通過儀式」，最後的「人生之節」。

在現代的追悼儀式場合，經常有「一路走好」、「含笑九泉」、「生者安息」、「告慰死者在天之靈」等說法，這就是「靈魂不死」與「彼岸世界」的原始遺跡語言。這種「生死一體」的觀念其實是世界性的，只是各民族各時期的表達方式略異而已。我們如果抽掉最下面的那塊板子，上面的體系就會轟然倒塌。

原始的喪禮是高度純質的，它不是做給外人看的，而是做給死者看的，做給參與者自己享用的，因爲「舉頭三尺有神明」（祭祖行爲與此類同，不另敘）。

殯葬是人類區別於動物的一道分水嶺。動物行爲學向我們展示了，大象存在著對死亡同伴的傷感，牠們圍繞在同伴的遺體周圍，哀嚎，用長鼻子嗅遺體，久久不忍離去。但沒有見過牠們用祭品侍奉死去的同伴，比如大象們用一些香蕉擺在死去的大象前面以示奠祭，或掘一個坑埋葬死去的大象等，因爲這需要有「靈魂不死」與「彼岸世界」的觀念。在思維邏輯上，這需要有「類」的概念，需要有「信仰」的能力，而這只是人類才具有的。

五、喪禮的社會本質

進入文明社會，隨財富的增長、社會的分裂、政治權力的衍生等情況，社會變得複雜起來，這些因素逐漸滲透到殯葬中，從而使殯葬也變得複雜起來。這些因素，簡述如下。

(一)經濟的

殯葬與經濟相關聯，這是一個常識問題。治喪的規模就直接與時代、各家庭家族的經濟水準相關。富裕的社會，而人們又沒有其他足以刺激起熱情的社會活動，就很容易將財富用於殯葬等民俗活動；嚴格地說，隆喪厚葬是一個財富相對充裕的太平世道的一項精神奢侈品。中國古代農業社會正好具備這些條件，因而長足地發展了隆喪厚葬的殯葬文化。

(二)政治與意識型態的

國家政治的存在及其意識型態必然要干預殯葬。比如，儒家提倡忠、孝，國家對死於國事、生前孝順於父母者的治喪規格高，還建立紀念設施（如抗日烈士陵園、雷鋒紀念館之類），所謂的「哀榮」。中國人最核心的價值觀念是孝道，孝道建立在祖先崇拜的基礎上，而祖先崇拜就建立在靈魂不死、彼岸世界的假設基礎上。祖先們去世了，他們的牌位被供奉在祠堂裡，被視為是本家庭（家族）的「編外人員」，忌日、清明、除夕等特殊日子，後人們虔誠地祭拜他們，他們生活在「另一個世界」裡是否安逸，以及本家庭（家族）的平安與否，都與生者自己的行為是否合乎規範相關聯。這是個複雜的大系統，它旨在陶冶人

性、治理社會。又如，基督教的喪禮是為了證明上帝的榮耀與偉大，其他宗教亦如此，只是最高存在的「主」名稱不同。

這種政治的、意識型態的導向是將殯葬作為治理社會的一個槓杆在使用。

(三)民俗的

殯葬的民俗因素，指各民族獨有的日常生活條件所導致的喪禮特徵。如殯葬作為一類民俗具有聚會功能，農忙時期喪事辦得簡單，過年期間則禁止辦喪。又如苗族的「跳喪」民俗就與他們的生活條件相關。他們多居於深山，交通不便，人口分布稀疏，家裡有人去世，晚上尤其恐怖逼人，請親戚友鄰來喝酒吃肉，然後圍繞遺體邊跳邊唱，一人領唱，衆人隨和，名曰跳喪，這有助於驅散恐怖氣氛。當然，這裡面也包含了對死亡的豁達認知。

(四)社會心理的

人們的行為，包括殯葬，建立在當時代的社會心理基礎上。如中國傳統的隆喪厚葬就與人們的「炫耀心理」相關，與這相應的則是「攀比心理」。炫耀心理是一類主動型態，就是喪主希望將自家的喪事辦得遠近震撼，壓倒所有人，從而取得心理優勢；而攀比心理則是不想太寒磣，以免死者與生者臉面無光。

其他方面的因素，此處不再逐一展開。

六、思考

我們看到，現實中的喪禮是一層一層地疊加起來的，最裡面的核心是對死亡的原始心理認知，也就是「靈魂不死」與「彼岸世界」的假設；外面混雜包裹著經濟的、政治的、意識型態的、民俗的、社會心理的等因素。不論殯葬變得如何複雜，它的原始本質，即那個「假設」是不變的，當然在不同時期、不同的個人，「假設」的濃度會有所不同；層層混雜包裹的因素則隨時代而發生改變，它們是「文明的灰塵」，離殯葬的自然本質會越遠。比如，我在很多殯儀館遇見過多年從事殯葬的火化工，他們坦言，晚上獨自待在火化間時，心裡會發毛，背脊會發涼，這就是數萬年乃至數十萬年以來原始的鬼魂觀念已經根植於人類的心靈深處，甚至是遺傳基因之中了。

我們不可隨意對待宗教問題及其民間信仰（舊稱「迷信」）。「舉頭三尺有神明」是人類社會永恆的不可或缺的假設。過去，我們以革命的熱情與政治措施，將自己傳統的宗教、民間信仰掃蕩一空，砸得稀巴爛，當革命的熱情漸趨冷卻後，才陡然發現，我們的信仰領域竟然是一片空白！人們的神聖感、虔誠感也蕩然無存。於是外來宗教，諸如基督教，就迅速地浸潤到人們的思想深處，它們遠道而來占據這一眞空，企圖給人們的心靈深處提供慰藉，給冰冷詭譎的人際關係注入溫情。

第三篇

未來篇

第十三章
傳統殯葬禮俗如何因應現代社會的挑戰

- 第一節　前言
- 第二節　挑戰與因應
- 第三節　問題與省思
- 第四節　解答與建議
- 第五節　結語

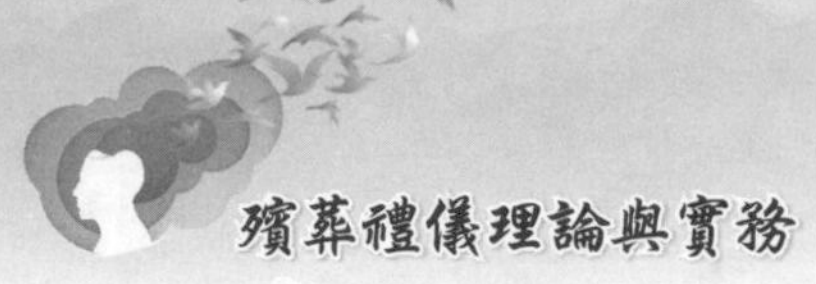

第一節　前言

對過去的中國人而言，傳統殯葬禮俗的存在本來就是一件天經地義的事情。如果有人質疑這樣的事情，那麼這樣的行爲不是被認爲瘋子就是被認爲離經叛道。他們之所以這樣認定，是因爲他們認爲人的死亡本來就應該這樣被處理。如果有人在處理死亡時沒有按照這樣的規矩來處理，那一定會被認爲有問題。因此，爲了讓死亡處理可以獲得圓滿，並贏得社會大衆的讚許，我們一定要按照傳統殯葬禮俗的規定來處理死亡。

可是，我們不要忘了，傳統殯葬禮俗有其存在的背景。如果背景沒有變，那麼傳統殯葬禮俗的存在自然就不會出現問題。但如果背景變得和原先不一樣，那麼傳統殯葬禮俗的存在就會出現問題。因爲，在不同背景下所產生的殯葬禮俗是不一樣的。例如農業社會和工商社會背景的殯葬禮俗就會不一樣。既然不一樣，那麼舊有的殯葬禮俗當然就不再適用於新的社會。在不適用的情況下，舊有的殯葬禮俗只有被淘汰的命運。如果不想被淘汰，只有按照新的背景要求去改變自己。就是這種新背景的要求，讓傳統殯葬禮俗產生挑戰與因應的問題。

表面看來，這樣的理解並沒有錯。因爲，傳統殯葬禮俗的確是在過去農業社會的土壤下醞釀出來的。因此，它的存在帶著農業社會的形式。可是，現在環境改變了，不再是農業社會的背景，而是工商社會的背景。所以，在表現的形式上不能再以農業社會的形式出現，而要以工商社會的形式出現。既然如此，它就必須面對時代變遷的挑戰，找出能夠因應工商社會要求的形式[1]。否則，在找不出可以因應工商社會要求

---

[1]尉遲淦撰，〈從殯葬自主、性別平等與多元尊重看傳統禮俗的改革問題〉，《中華禮儀》第27期（臺北市：中華民國殯葬禮儀協會，2012年12月），頁8。

的形式，那麼只有接受被淘汰的命運。

不過，只要我們瞭解得再深入一點，就會發現實際情形並沒有想像的那麼理所當然。實際上，傳統殯葬禮俗和一般的存在不一樣。對一般的存在而言，只要時代不一樣，那麼自然就會失去存在的價值。可是，傳統殯葬禮俗就不一樣，它的存在受到死亡禁忌的保護，即使受到時代變遷的影響，也不見得就一定會隨著時代的改變而改變。所以，如果我們要說明傳統殯葬禮俗在時代的變遷中一定要面對挑戰與因應，那麼就必須提出更進一步的解釋。

那麼，這個解釋會是什麼？根據我們的瞭解，就是當時是一個很特別的時代，如果不是這個時代的特殊性，那麼傳統殯葬禮俗也不見得就一定要改變。本來，傳統殯葬禮俗在西方船堅砲利進入中國之前一直存在得很好。可是，在西方船堅砲利進入中國之後，中國開始受到列強的瓜分。爲了避免當亡國奴，當時的有志之士認爲要救中國就必須改造中國。可是，他們沒有忘記過去失敗的教訓，知道單純模仿船堅砲利是不夠的。如果眞的要模仿，那麼應該模仿的也是讓船堅砲利出現的原因，也就是所謂的科學與民主。只要我們成功模仿科學與民主，那麼中國要富國強兵自然就不成問題。因此，爲了富國強兵，我們需要改造自己的傳統文化。如果沒有徹底改造自己的傳統文化，那麼在傳統文化的干擾下要富國強兵是不可能的。在這種理由的要求下，傳統殯葬禮俗成爲批判的對象之一[2]。

爲什麼他們會把傳統殯葬禮俗當成批判的對象呢？這是因爲傳統殯葬禮俗雖然是傳統文化中最末端的一個環節，但卻是最保守的一個環節。如果連這個環節都可以鬆動，那麼傳統文化中就沒有哪個環節不能鬆動了。從表面來看，把傳統殯葬禮俗當成批判的對象似乎沒有那麼必要。可是，只要我們深入瞭解當時的用意，就會發現這樣的批判其實是

---

[2]陳高華、徐吉軍主編，《中國風俗通史——民國卷》（上海：上海文藝出版社，2012年7月），頁430。

有意義的。透過這樣的批判，傳統殯葬禮俗就必須被迫面對與因應時代變遷的挑戰。

第二節　挑戰與因應

在面對時代變遷所帶來的挑戰時，傳統殯葬禮俗是如何因應的？從表面來看，這種因應的作爲應該一次就要到位。如果不能一次到位，就表示這樣的因應作爲是失敗的。可是，傳統殯葬禮俗的因應情形並非如此。之所以這樣，是因爲我們對於傳統殯葬禮俗應該如何因應時代變遷的瞭解是逐步加深的。既然如此，這就表示整個因應的過程是複雜的，需要不同階段的調整。就我們的瞭解，這樣的調整過程可以分爲三個階段：第一個階段是如何與現代化接軌；第二個階段是如何與現代生活接軌；第三個階段是如何與後現代生活接軌。以下，我們分別說明。

首先，說明第一個階段：如何與現代化接軌。正如上述所說，傳統殯葬禮俗之所以產生挑戰與因應的問題，主要來自中國必須救亡圖存，也就是傳統殯葬禮俗必須滿足科學與民主的要求。如果傳統殯葬禮俗不能滿足科學與民主的要求，那麼就只有被時代淘汰的命運。然而對中國而言，不可能沒有殯葬禮俗。如果沒有了殯葬禮俗，那麼中國人的死亡問題就沒有辦法得到合適的解決。所以，爲了合適解決死亡的問題，殯葬禮俗必須繼續存在下去。根據這樣的要求，傳統殯葬禮俗除了調整自己的存在形式外就沒有其他選擇了。

問題是，傳統殯葬禮俗要如何調整自己的存在形式呢？就上述所言，傳統殯葬禮俗必須滿足科學與民主的要求，爲什麼呢？表面看來，滿足科學與民主的要求是爲了富國強兵。實際上，除了富國強兵之外，還有另外一個目的，就是爲了讓中國躋身於現代化國家之列。對當時的有志之士而言，科學與民主的要求就是現代化的要求，而現代化的要求也就是科學與民主的要求，這兩者其實是二而一、一而二的，彼此之間

並沒有什麼分別。根據這樣的理解，他們認爲傳統殯葬禮俗在滿足科學與民主要求的同時，也就是在滿足現代化的要求。

那麼，傳統殯葬禮俗要怎麼調整才能滿足現代化的要求呢？對於這個問題，我們可以從傳統殯葬禮俗是否可以通過科學與民主要求的洗禮來回答。就我們的瞭解，在科學要求的部分，傳統殯葬禮俗就有些無法通過科學要求的部分，像重視風水與強調做七就是其中兩個明顯的例子。除此以外，傳統殯葬禮俗中與感情表達有關的部分也是一樣。另外，傳統殯葬禮俗對於資源浪費的部分也不能合乎科學的要求。至於科學要求以外的民主要求，傳統殯葬禮俗也有不能通過洗禮的部分，像對於等級制度的強調就是一個例子。以下，我們做進一步的說明。

就重視風水的部分而言，他們認爲這樣的作爲違反科學的要求。爲什麼他們會這樣判斷呢？理由其實很簡單。對他們而言，如果風水這麼可靠，那風水師爲什麼不先圖利自己而要圖利他人？這種先圖利他人的作爲就令人懷疑。不只如此，那些相信風水的人在利用風水之後，他們的後代子孫是否就因此得到比較好的庇蔭，其實也不見得。其中，有人過得比較好，有人過得比較不好。由此可見，一個人過得好不好，不一定和風水有關。既然如此，就經驗而言，我們就不該相信風水的可靠性。如果風水不可信而又非信不可，那麼這種信就是一種迷信，對科學而言，就是一種違反科學要求的做法，是需要去除的[3]。

同樣地，做七也是一種違反科學要求的作爲。爲什麼他們會做出這樣的判斷呢？這是因爲他們認爲做七根本就沒有作用。既然沒有作用卻又相信，那麼這也是一種迷信，違反了科學的要求。那爲什麼他們會認爲做七是沒有作用的呢？理由很簡單。對他們而言，做七的目的是爲了要超渡亡者。既然要超渡亡者，就必須先假定亡者有罪。如果亡者本來就沒有罪，那麼這樣的超渡就不會有意義。所以，爲了讓超渡的作爲有

---

[3]陳高華、徐吉軍主編，《中國風俗通史——民國卷》（上海：上海文藝出版社，2012年7月），頁434-436。

意義，那麼就一定要先假定亡者有罪。可是，亡者如果本來就沒有罪，現在卻要假定他有罪，那麼這種假定就是一種不孝的行爲。如果亡者眞的有罪，那麼就算做了超渡的儀式，佛祖也沒有辦法赦免亡者的罪。因爲，個人的罪一定要個人自己承擔。除非亡者付出對等的代價，否則這樣的罪是沒有辦法消除的。所以，這種超渡是沒有作用的。何況，人死後有沒有另外一個世界也很可議。既然如此，做七的作爲就沒有必要，是可以去除的[4]。

就與感情表達有關的部分而言，他們認爲這也是違反科學的要求。那麼，爲什麼他們會這樣認爲呢？就我們的瞭解，理由是因爲他們認爲傳統殯葬禮俗對於感情的表達不只誇張、繁複，還非常地不切合實際。例如在父母去世的時候，爲人子女必須按照規定表達他們的哀傷，除了哭聲要不絕外，還要披頭散髮、不能整理儀容，甚至於衣服反穿。可是，這樣的表達方式不見得適合所有的人。因爲，一般人不一定會有這樣的哀傷。在這種情況下，他們認爲這樣表達的方式過於誇大、繁複，不夠眞實[5]。除此之外，在父母去世之後爲人子女哀傷的時間是否會有三年之久，其實也不見得。一般而言，爲人子女雖然會有哀傷的反應，但是哀傷的時間不一定那麼長。既然哀傷時間沒有那麼長，卻又規定要守那麼長的喪，那麼這種守喪的規定就顯得非常地不切合實際，是一種沒有意義的作爲[6]。從這些要求與規定來看，可見傳統殯葬禮俗有關感情表達的部分也是違反科學的要求，是需要去除的。

就資源浪費的部分而言，他們認爲這也是違反科學要求的作爲。那麼，他們爲什麼會有這樣的想法呢？對他們而言，科學要求的就是對資

---

[4]陳高華、徐吉軍主編，《中國風俗通史——民國卷》（上海：上海文藝出版社，2012年7月），頁438-439。

[5]陳高華、徐吉軍主編，《中國風俗通史——民國卷》（上海：上海文藝出版社，2012年7月），頁430-431。

[6]陳高華、徐吉軍主編，《中國風俗通史——民國卷》（上海：上海文藝出版社，2012年7月），頁444-445。

源要做一最簡省的利用，讓資源可以發揮最大的效益。可是，就傳統殯葬禮俗而言，它對資源不僅沒有做到最有效的利用，反而製造更多的浪費。例如有關土地利用的部分，受到風水與土葬的影響，不但有用的土地變成了無用的荒地，甚至還破壞了山水景觀，污染地下水源，製造公共衛生的問題。不僅如此，土葬所用的棺木以及做七所焚燒的紙錢、紙紮等更是木材製品，除了造成木材有用資源的浪費外，還影響了山林的水土保持。尤其是，紙錢與紙紮的焚燒更會帶來空氣污染的問題。基於這樣的反省，他們認為上述的作為不但浪費資源，也違反科學的要求，是需要去除的[7]。

就等級制度的部分而言，他們認為這也是違反民主要求的作為。那麼，為什麼他們會有這樣的判斷呢？這是因為他們認為等級制度違反個人的人性，不僅沒有尊重個人的自由，更沒有平等對待所有的人。例如傳統殯葬禮俗有關守喪的規定，它是按照當事人與亡者的遠近親疏關係來決定該如何守喪的，並沒有考慮個人對於哀傷的反應。所以，這種規定並沒有尊重到哀傷的個人。除此之外，對於人的死亡也不應該按照身分地位的不同而給予不同的待遇。實際上，人的死亡都是一樣的，和身分地位沒有什麼關係。既然如此，在喪事的處理上就應該一視同仁，不可以有任何的差別待遇。根據上述的反省，他們認為傳統殯葬禮俗的等級制度違反民主的要求，是需要去除的[8]。

經過上述的種種說明，我們對於第一個階段的調整做法可以總結如下：第一，為了符合科學的要求，凡是違反的部分都需要加以去除。如此一來，不僅風水（土葬）的部分被去除了，做七的部分被去除了，像感情表達不真實的部分也被去除了，連與悼念亡者無直接關係的部分也被去除了，至於資源浪費的部分就更不用說了。第二，除了去除不能符

---

[7]陳高華、徐吉軍主編，《中國風俗通史——民國卷》（上海：上海文藝出版社，2012年7月），頁432-434。

[8]陳高華、徐吉軍主編，《中國風俗通史——民國卷》（上海：上海文藝出版社，2012年7月），頁442。

合科學要求的部分外，它也去除違反民主平等要求的等級制度。通過這樣的去除過程，新的殯葬禮俗呈現出來的就是簡化的趨勢，葬法不但從土葬往火葬的方向轉，就是儀式、表達形式和守喪時間也都往簡化的方向走[9]。

其次，我們說明第二個階段：如何與現代生活接軌。表面看來，經過科學與民主要求的洗禮之後，傳統殯葬禮俗逐漸現代化了。但是，這種現代化不是一開始就出現在所有的人身上。實際上，它一開始只出現在少數知識分子的身上。所以，要讓所有的中國人都接受現代化，那麼只有思想和制度的要求還不夠，還需要生活的現代化。否則，在生活沒有現代化的情況下，就算知識分子再怎麼大聲疾呼，這種大聲疾呼的結果也只是讓新的殯葬禮俗流行於大城市之中，根本沒有機會進入廣大的農村裡。即使眞的進入了農村，在死亡禁忌的影響下也只是被當成離經叛道的作爲而受到排斥[10]。由此可見，傳統殯葬禮俗的現代化工作其實沒有想像中那麼容易。

不過，不管容不容易，傳統殯葬禮俗的現代化工作還是要持續推動下去。因爲，現代化是一個時代的趨勢，無論我們願不願意，最終都不得不往這個方向發展。到了1949年，國民政府到了臺灣。在百廢待舉的情況下，當時沒有餘力繼續推動傳統殯葬禮俗的現代化工作。可是，到了1976年，由於經濟逐步起飛，國民政府又重新注意傳統殯葬禮俗現代化的問題，認爲亂葬、濫葬的問題會影響國家的觀瞻。爲了解決這個問題，在1983年制定了《墳墓設置管理條例》。然而，有關葬的問題只是傳統殯葬禮俗現代化問題的一部分，還有更重要的殯的問題。因此，在覺察只有解決葬的問題還不夠的情況下，到了1991年又出版了《國民禮儀範例》的治喪範本，並進一步透過公設司儀的訓練培養導正殯葬禮俗

[9]陳高華、徐吉軍主編，《中國風俗通史——民國卷》（上海：上海文藝出版社，2012年7月），頁442-447。

[10]陳高華、徐吉軍主編，《中國風俗通史——民國卷》（上海：上海文藝出版社，2012年7月），頁451。

的執行人才。可惜的是，這樣的努力並沒有產生預期的效果。之所以如此，不是因爲《國民禮儀範例》對於治喪禮儀的規範不夠現代化、不夠簡化，而是這樣的規範源自於官方，並非來自民間自主的形成。所以，整個推動的結果還是難逃失敗的命運。

到了1994年，當時民間從事納骨塔預售的殯葬公司爲了拓展業務至殯儀預售的部分，決定從日本引進現代化的殯葬服務。雖然這樣的決定只是當時公司的一種商業考量，但是在無形當中卻爲傳統殯葬禮俗的現代化工作開出了一個新的契機。結果在經過不到十年的功夫，臺灣的殯葬服務已經全面地進入現代化的服務階段[11]。也就是說，到了這個階段有關傳統殯葬禮俗的現代化工作才算眞正落實到生活之中。在此之前，雖然在思想與制度方面已經逐漸進入現代化的階段，但是在進入生活化還沒有完成之前，這些都不能說是眞正的進入。只有在確實生活化之後，傳統殯葬禮俗的現代化工作才算眞正的完成。

這麼說來，在傳統殯葬禮俗的現代化工作眞正完成之後，有關現代人的死亡問題是否從此就得到了徹底的解決？實際上，情況並非如此。那麼，爲什麼會這樣子呢？這是因爲現代化的生活不是一成不變的，而是持續在進步當中。既然生活一直在進步，那麼有關傳統殯葬禮俗的現代化工作當然也只有一直持續下去。所以，到了2002年，爲了因應社會的變遷、配合時代的潮流，國民政府又制定了《殯葬管理條例》，設法將社會的最新發展納入條例當中。例如有關環保的要求、自主的要求等等。

在這些配合時代潮流的例子當中，我們特別注意自主的潮流。之所以如此，是因爲自主的潮流和個人的存在有關。對現代的生活而言，個人並不是特別需要注意的重點，眞正需要注意的是普遍的問題，像如何生活才能富裕一點、如何生活才能有品質、如何生活才能與社會的潮流

[11]尉遲淦著，《禮儀師與殯葬服務》（新北市：威仕曼文化事業股份有限公司，2011年7月），頁150。

連結在一起等等。可是，自主的問題和普遍的問題不一樣。自主的問題只強調個人的意願，不去理會普遍要怎麼樣。就是這樣的差異，讓現代社會開始轉向後現代社會。面對這樣的社會變遷，傳統殯葬禮俗的現代化工作開始轉型為後現代化的工作。

最後，我們說明第三個階段：如何與後現代生活接軌。本來，在《殯葬管理條例》當中並沒有特別規定殯葬自主的強制性，只是呼籲社會大眾要尊重當事人的意願[12]。雖然這只是一種呼籲，但這種呼籲表達的是對於個人意願的重視。對傳統的中國人而言，個人的死亡從來都不是自主的事情，必須和家族牽扯在一起。因此，當人死亡的時候就必須用傳統殯葬禮俗來處理才合適。後來，雖然進入現代化的生活，一般人對於死亡的認知並沒有質的差異，還是認為死亡是要和社會潮流結合的。所以，當人死亡的時候還是要用社會可以接受的方式來處理。可是，到了後現代的階段，死亡就不一定要和社會有關，而是屬於個人的事情。在這樣的認知下，當人死亡的時候就必須用個人想要的方式來處理自己的死亡。也就是說，有關殯葬的處理就不再是社會怎麼認定才合適，而是當事人要如何自我認定。因為，死亡不只是一個事實，更是一種價值的體現。這就是為什麼從2004年以後臺灣會開始流行客製化、個性化喪禮的理由所在。

到了這個階段，傳統殯葬禮俗面對的是一個全新的課題。過去，在面對現代化的課題時，無論是第一個階段或第二個階段，這些都是普遍性的面對，只要把社會的要求或生活的要求弄清楚了，那麼這樣的調整就算完成了。可是，現在的課題不一樣了。在此，社會的要求或生活的要求不再是要求的重點，個人的要求才算是重點。在這種要求重點不一樣的情況下，一般認為傳統殯葬禮俗屬於制式化的禮俗，而客製化、個性化的喪禮則是屬於非制式化的喪禮。所以，這兩者是截然不同的喪禮型態。既然如此，這是否表示傳統殯葬禮俗已經沒有能力因應個人化要

---

[12] 內政部，《殯葬管理法令彙編》（臺北市：內政部，2004年10月），頁19。

求的挑戰，只好在不久的將來成爲被掃進歷史的灰燼？還是說傳統殯葬禮俗還有能力可以因應這樣的挑戰繼續存在下去？對於這些問題，我們有必要做更深入的思考。

第三節　問題與省思

經過上述的歷史回顧，我們已經瞭解傳統殯葬禮俗對於時代變遷的挑戰是如何因應的。現在，我們進一步省思這些因應的方式有沒有什麼問題。如果沒有問題，那就表示這樣的因應方式很成功。如果有問題，那就表示這樣的因應方式還需要進一步的調整。就我們的瞭解，這些因應方式都有其自身應有的價值。可是，有沒有價值是一回事，有沒有問題則是另外一回事。在此，我們總結出三個主要的問題：第一個就是第一個階段所瞭解的科學與民主是否就是科學與民主的唯一解釋；第二個就是簡化的做法是否足以解決傳統殯葬禮俗的因應問題；第三個就是傳統殯葬禮俗有沒有辦法開出客製化、個性化的喪禮？

首先，我們反省第一個問題。對第一個階段的人而言，他們用科學與民主的要求來改造傳統殯葬禮俗的作爲並沒有錯。因爲，只有這樣的改造才能讓傳統殯葬禮俗改頭換面成爲現代化的成員之一。如果沒有這樣做，那麼傳統殯葬禮俗就會一直處於前現代的階段，成爲中國富國強兵的障礙。所以，爲了避免成爲障礙，對中國的富國強兵提供正面的助力，傳統殯葬禮俗必須現代化。

可是，傳統殯葬禮俗需不需要現代化是一回事，現代化是否就像他們認知的那樣則是另外一回事。就傳統殯葬禮俗需不需要現代化的問題而言，我們從後面的發展就可以看得很清楚。就算我們不想現代化，一旦眞正進入了現代化的生活階段，那麼傳統殯葬禮俗即使不想現代化也沒有辦法。相反地，如果我們很想現代化，但是生活卻還沒有進入現代化的階段，那麼傳統殯葬禮俗想要現代化也很難。由此可見，傳統殯葬禮俗需不需要現代化其實不是完全由知識分子或政府所能決定的，而是由生活型態所決定的。

至於現代化是否就像他們所認知的那樣，我們也發現這樣的認知其實是有問題的。之所以有問題，不是當時的人認知不對，而是後來的發展讓我們發現當時的認知是不夠的。對當時的人而言，所謂的現代化就是科學化與民主化，只要我們可以滿足科學與民主的要求，那麼現代化就不成問題。但是，根據後面的發展，我們發現科學化與民主化只是現代化的一部分。如果沒有商業化，那麼這樣的科學化與民主化還不能說是眞正的現代化。所以，現代化生活的出現是需要這三者的相互配合，而不是只有科學化與民主化就夠了。

此外，他們對於科學化與民主化的瞭解也有問題。對他們而言，所謂的科學化就是經驗化，只要是經驗可以驗證的，那麼這樣的存在就可以被確認。如果不是經驗可以驗證的，那麼這樣的存在就應該被否認。所以，對他們而言，是否可以用經驗來驗證就成爲判斷一件事物存不存在與眞不眞實的標準所在。至於民主化，對他們而言就是齊頭式的平等、量化的平等，只要一切都一樣就是平等。相反地，如果不是這樣，那麼就是不平等。

問題是，這種對於科學化與民主化的瞭解有沒有問題呢？從表面來看，這樣的瞭解似乎沒有問題。因爲，經驗本來就是科學判斷的標準所在，平等本來就是民主判斷的標準所在。可是，只要我們再深入思考，就會發現這樣的瞭解是有問題的。因爲，經驗固然是科學判斷的標準所在，但是並沒有說經驗以外的部分也可以用經驗來判斷。如果經驗以外的部分也可以用經驗來判斷，那麼這樣的判斷就逾越了經驗的範圍，反而變得不科學了。所以，爲了堅持科學的要求，他們唯一能夠做的事情，就是謹守本分，不要逾越經驗的範圍。

例如有關做七的作爲，按照他們的標準來看，這樣的作爲就是一種迷信。因爲，死後的世界不存在，做七的作爲完全沒有超渡的效果。可是，按照我們的反省來看，這樣的作爲不見得就是迷信。因爲，死後的世界不一定不存在，做七的作爲也不一定完全沒有效果。就死後的世界而言，由於在經驗的範圍以外，所以最合適的判斷是不知道。對不相信的人而言，這樣的世界是不存在的。對相信的人而言，這樣的世界是存在的。就做七的作爲而言，超渡是否有效果除了要看有沒有作用外，還要看這樣的作用是哪一種作用。如果這種作用瞭解成他們所說的那樣，那麼做七的作爲當然就沒有超渡的作用。不過，如果這種作用不要瞭解成他們所說的那樣，而是瞭解成提醒亡者要省悟認錯，放下執著，那麼這樣的做七作爲當然就有超渡的效果。

至於民主要求的部分，平等固然是民主的判斷標準所在，但這不表示平等指的就是齊頭式的平等。如果平等指的是齊頭式的平等，那麼一切的事物都必須完全一樣。可是，這是不可能的。因爲，所有的事物都是不一樣的。既然不一樣，那麼當然就應該用不一樣的方式對待。如果不用不一樣的方式對待而用一樣的方式對待，那麼這種對待就是不平等的對待。所以，爲了平等對待一切的事物，我們不能從量的平等來瞭解民主，而要從質的平等來瞭解民主[13]。

例如有關守喪的規定，按照他們的標準來看，這樣的規定是不平等的。因爲，這樣的規定受限於關係的遠近親疏。實際上，人的死亡都是一樣的。既然都一樣，那麼守喪就不應該不一樣。可是，他們忘了過去的關係常常反映的是感情的深淺。既然感情深淺不同，那就表示感情不一樣。在感情不一樣的情況下，有不同的守喪規定也是合理的。唯一要注意的是，這種規定不能違反感情本身的要求。唯有如此，這樣的規定才是平等的，否則就是不平等。因爲，這種平等不是從量的角度來看，而是從質的角度來看。

其次，我們反省第二個問題。從上述的說明來看，我們發現簡化一

---

[13] 尉遲淦撰，〈從殯葬自主、性別平等與多元尊重看傳統禮俗的改革問題〉，《中華禮儀》第27期（臺北市：中華民國殯葬禮儀協會，2012年12月），頁9-11。

直是改造傳統殯葬禮俗使之現代化的主要方法[14]。之所以如此，是因爲他們認爲只有簡化可以讓傳統殯葬禮俗不再那麼迷信，那麼不平等，那麼沒有效率。在不迷信、平等、有效率的情況下，傳統殯葬禮俗就能符合現代化的要求[15]。表面看來，這樣的想法並沒有錯。因爲，簡化眞的可以讓傳統殯葬禮俗符合現代化的要求。但是，只有符合現代化的要求是否就可以眞正解決現代人的死亡問題呢？對於這一個問題，他們顯然沒有認眞思考過。對他們而言，沒有現代化就沒有一切，唯有現代化才能解決一切。因此，有沒有解決現代人的死亡問題，對他們而言就不是那麼重要了[16]。

可是，對我們而言，簡化固然是一個現代化很重要的方法，但是只有簡化顯然是不夠的。因爲，簡化只能解決現代化的形式問題，表示傳統殯葬禮俗具有現代化的形式。可是，現代化不只是形式的問題，還有實質的問題。如果簡化不能解決現代化的實質問題，那麼這樣的簡化就沒有意義。因爲，只有形式的現代化並不足以保證傳統殯葬禮俗繼續存在下去。如果我們希望傳統殯葬禮俗可以繼續存在下去，那麼就必須在簡化之外尋找解決現代化實質問題的方法。

那麼，我們要如何尋找才能找到解決現代化實質問題的方法？根據我們的瞭解，這樣的尋找就不能只停留在表面的形式是否現代化的問題上，而要深入表面形式的背後。在此，這個表面形式的背後就是死亡的問題。對傳統殯葬禮俗而言，它雖然來自過去的農業社會，但是這並不表示它的問題也是單純地屬於過去的農業社會。如果是這樣，那麼在農業社會消失的同時它的問題也就跟著消失。可是，實際情形並非如此。

---

14 尉遲淦撰，〈從悲傷輔導的角度省思傳統禮俗改革的方向〉，《中華禮儀》第24期（臺北市：中華民國殯葬禮儀協會，2011年5月），頁14。

15 尉遲淦撰，〈從悲傷輔導的角度省思傳統禮俗改革的方向〉，《中華禮儀》第24期（臺北市：中華民國殯葬禮儀協會，2011年5月），頁14-15。

16 尉遲淦撰，〈從悲傷輔導的角度省思傳統禮俗改革的方向〉，《中華禮儀》第24期（臺北市：中華民國殯葬禮儀協會，2011年5月），頁15-16。

雖然過去的農業社會早已消失無蹤影，但是它的問題依舊存在。所以，只要問題繼續存在，那麼傳統殯葬禮俗就會繼續產生它的作用，唯一的不同就是繼續作用的形式不再是傳統的形式而是現代的形式。

最後，我們反省第三個問題。根據上述的說明，我們發現他們似乎把傳統殯葬禮俗排除在外，認爲傳統殯葬禮俗只是一種制式化的喪禮，是無法滿足客製化、個性化喪禮的要求。可是，這是事情的眞相嗎？如果這是事情的眞相，那麼傳統殯葬禮俗在社會進入後現代的生活時就會被社會所淘汰。如果這不是事情的眞相，那麼我們應該如何調整傳統殯葬禮俗，才能讓傳統殯葬禮俗繼續存在在後現代的生活之中？

就我們的瞭解，如果要讓傳統殯葬禮俗繼續存在後現代的生活之中，那麼我們就不能只停留在傳統殯葬禮俗的制式層面，而要深入傳統殯葬禮俗的死亡層面。因爲，如果沒有深入傳統殯葬禮俗的死亡層面，那麼我們就不會清楚傳統殯葬禮俗要處理的死亡問題是什麼，爲什麼要處理這樣的死亡問題？等到我們知道傳統殯葬禮俗爲什麼要處理這樣的死亡問題之後，我們就有能力判斷這樣的死亡問題有沒有調整的可能？是否可以滿足後現代客製化、個性化喪禮的要求？否則，在還沒有深入這個層次思考之前就任意下判斷，對傳統殯葬禮俗而言是不公平的。

第四節　解答與建議

面對上述的問題要如何解決才合理？首先，我們要清楚傳統殯葬禮俗雖然不一定要隨著時代的變遷而調整，但是時代眞的不一樣了，生活型態眞的也改變了，那麼這時傳統殯葬禮俗的表達形式就一定要調整。如果沒有調整，那麼這樣的不調整就會讓傳統殯葬禮俗變得和生活的要求格格不入，最後不得不成爲歷史的存在。所以，在時代變遷當中生活型態眞的改變了的要求底下，傳統殯葬禮俗爲了繼續存在下去是不得不配合生活型態的改變而調整自己。

雖然如此，這種調整絕對不是只做形式面的調整。如果只是形式面的調整，那就表示傳統殯葬禮俗只有形式性的存在。可是，傳統殯葬禮俗不是只是形式性的存在，它還是實質性的存在。因此，在實質性存在的要求下，形式性的調整不能只停留在形式性，而要回應實質性的要求。唯有如此，這樣的調整才能又長又久。否則只有形式性調整的結果，問題就會繼續發生，最終失去調整的意義，造成傳統殯葬禮俗的消失。爲了避免這種簡化的惡果，我們需要深入傳統殯葬禮俗的實質層面。

其次，我們要瞭解傳統殯葬禮俗的實質層面是什麼？根據傳統的瞭解，一般都把實質層面定位在孝道問題的解決上。因此，爲了解決孝道的問題，傳統殯葬禮俗才會做這麼複雜的安排。可是，這樣的瞭解有沒有問題？如果我們眞的深入探討，那麼就會發現這樣的瞭解是不夠的。因爲，傳統殯葬禮俗爲什麼要把問題定位在孝道上面，這絕對不是只是爲了孝道而已。如果只是爲了孝道，那麼傳統殯葬禮俗只要安排與生者有關的儀式就好了，完全沒有必要和亡者牽扯上任何的關係。可是，根據我們的瞭解，傳統殯葬禮俗還有和亡者有關的儀式設計。由此可見，傳統殯葬禮俗不是只有解決孝道的問題。

既然如此，那麼在孝道問題之外傳統殯葬禮俗還進一步要解決什麼樣的問題呢？就我們的瞭解，答案就在問題之中。當我們進一步追問傳統殯葬禮俗爲什麼要解決孝道的問題時，我們自然就會進入答案之中。那麼，這個答案是什麼呢？對我們而言，這個答案就是家的傳承問題。如果不是傳承的需要，那麼傳統殯葬禮俗就不會安排與亡者進行有關的儀式。例如返主就是一個最好的例證。當亡者下葬完畢之後，我們不是就與亡者無關了，而是要進一步將亡者的神主牌位迎回家中，讓亡者的靈魂成爲祖先，永享後代子孫的祭祀。其實，這種返主的作爲就是爲了家的傳承需要而設計的儀式。所以，傳統殯葬禮俗眞的要解決的問題是家的傳承問題。爲了家的傳承需要，孝道才會變成傳統殯葬禮俗解決問

題的主要方法[17]。

因此，我們在要求傳統殯葬禮俗現代化的同時，就不能只要求形式的現代化，還要要求實質的現代化。例如有關性別平等的問題，就不能只從兩性是否同時被尊重著手，還要深入瞭解家的傳承的要求。過去在父系社會的主導下，家的傳承被認爲是有關父親的傳承。所以，唯一有資格傳承這個家的人就只有長子。後來，條件雖然放寬了，但是可以傳承的還是只有兒子。現在在性別平等時代潮流的要求下，這樣的傳承不能只是兒子的傳承，也應該是女兒的傳承。可是，只有尊重是不夠的。因爲，尊重只是主觀的意願，並沒有客觀的約束力。爲了具有客觀的約束力，我們需要回到家的組成上。如果家的組成是由父母與子女共同組成的，那麼無論是誰，只要他或她是家的一分子，那麼他或她都有傳承的責任。就這一點而言，無論是男性或女性，他或她都可以傳承這個家。這麼一來，性別平等的想法才有落實的可能。否則，只有尊重是解決不了問題的。由此可見，沒有深入傳統殯葬禮俗的實質部分，很難解決傳統殯葬禮俗的現代化問題。

最後，我們要解答的問題是，傳統殯葬禮俗是否有能力可以開發出客製化、個性化的喪禮？根據一般的瞭解，傳統殯葬禮俗是沒有能力開發出客製化、個性化的喪禮。因爲，傳統殯葬禮俗屬於制式化的禮俗，而制式化的禮俗只能開發出制式化的喪禮，對於非制式化的客製化、個性化喪禮是無能爲力的。表面看來，這樣的判斷是很正確的。的確，制式化的禮俗是沒有能力開發出非制式化的喪禮。但是，這樣的判斷只是就傳統殯葬禮俗的表面特性來看，忘了傳統殯葬禮俗的重點不在這裡。實際上，傳統殯葬禮俗的存在是爲了解決死亡的問題。如果是這樣，那麼傳統殯葬禮俗是不是制式化的禮俗就不再那麼重要了。因爲，傳統殯葬禮俗要解決的死亡問題不見得就是普遍的問題。

---

17 尉遲淦撰，〈從殯葬服務的角度省思傳統禮俗所隱含的生死觀點〉，《中華禮儀》第26期（臺北市：中華民國殯葬禮儀協會，2012年6月），頁13。

過去，傳統殯葬禮俗所要解決的死亡問題之所以成爲普遍的問題，那是受到過去時代的影響。在那個時代裡，家的傳承問題是社會共同想要解決的問題。如果這個問題眞的解決了，那麼家的傳承就可以很順利地進行下去，個人也可以很安心地活著。相反地，如果家的傳承問題沒有解決，那麼不僅家沒有辦法順利傳承下去，個人也沒有辦法安心地活著。所以，傳統殯葬禮俗之所以成爲制式化的禮俗是受到過去時代背景的影響。

現在，時代改變了，不再認爲社會的共同問題是最重要的。因此，開始強調個人的需要。在這種個人需求的凸顯下，個人需求的滿足變成最重要的課題。因此，有關喪禮的設計才會從傳統的殯葬禮俗逐漸轉變爲客製化、個性化的喪禮。爲了因應這樣的轉變，我們只要回到傳統殯葬禮俗的本身，那麼客製化的問題一樣可以解決。例如有人如果還想傳承這個家，無論他（她）是男性或女性，那麼他（她）都可以選擇使用傳統的殯葬禮俗，只是在使用的時候，他（她）必須根據他（她）自己對於傳承需求的內容重新設計表達的新形式。

至於個性化的喪禮，處理的方式比較複雜，除了和前面所說的一樣外，更重要的是，我們需要更深入地瞭解家的傳承問題。在此，家的傳承不只是家的傳承，而是生命的傳承。嚴格說來，家的傳承也不只是爲了自己的傳承，也是爲了整個生命的傳承。所以，中國人過去才會有「天地之大德曰生」、「生生之謂易」的智慧說法。就這一點而言，無論他（她）是要傳承家或只實現自己的願望，這些作爲不只是解決死亡問題的一種方法，也是圓滿生命的一種方法。因爲，這些作爲最終都是屬於生命自我實現的一部分。由此可見，傳統殯葬禮俗在面對個人化的挑戰時，也有能力可以因應客製化、個性化的喪禮。

第五節　結語

經過上述的討論之後，現在可以做一個簡單的結論。就我們的瞭解，傳統殯葬禮俗本來可以不用理會時代變遷的問題。可是，在救亡圖存的愛國使命逼迫下，身爲傳統文化的一環，傳統殯葬禮俗還是很難逃離這種改造的命運。雖然如此，這種改造對傳統殯葬禮俗也未必全然都是壞事。因爲，在社會存在型態從農業社會轉向工商社會時，傳統殯葬禮俗還是會遭遇這樣的改造命運。所以，提前出現的改造要求可以讓傳統殯葬禮俗多一些適應的時間。

就整個改造的過程而言，這樣的改造可以分成三個不同的階段：第一個階段主要面對的就是如何與現代化接軌的問題。對於這個問題，主要的關鍵在於科學與民主的要求。只要能夠通過科學與民主的要求，那麼傳統殯葬禮俗就算完成了和現代化接軌的問題；第二個階段要面對的主要問題則是如何與現代生活接軌的問題。對於這個問題，主要的關鍵在於簡化的要求。只要能夠配合簡化的要求，那麼傳統殯葬禮俗就算完成了和現代生活接軌的問題；第三個階段主要面對的問題就是如何和後現代生活接軌的問題。對於這個問題，主要的關鍵在於個人化的要求。只要能夠滿足個人化的需求，那麼傳統殯葬禮俗就算完成了和後現代生活接軌的問題。

對於這三個階段，我們提出了相關的反省。就我們的瞭解，這樣的問題主要有三個：第一個就是現代化的要求是否只是科學化與民主化的要求？在科學化與民主化的要求之外，是否還要加上商業化的要求？此外，對於科學與民主的瞭解是否只有這一種？除了把經驗看成絕對標準之外，是否還有比較含蓄的看法，也就是說把經驗看成一種相對的標準，在經驗之外還允許其他存在的可能性？同樣地，除了用量化的角度來瞭解平等的意義之外，是否還可以從質性的角度來瞭解平等的意義。

第二個就是簡化的做法是否可以解決傳統殯葬禮俗和現代生活接軌的問題？如果簡化就是一切，那麼簡化的標準是什麼？是生活本身還是其他？如果是生活本身，那麼生活一直在變，我們很難找出一定的標準。最後，簡化的結果可能取消傳統殯葬禮俗。如果不是生活本身，那麼會是什麼？其實，最簡單的答案就是傳統殯葬禮俗要解決的問題是什麼？表面看來，如何善盡孝道似乎是主要的問題。但是，深入瞭解的結果就會發現善盡孝道的目的在於家的傳承。只要家的傳承完成了，那麼問題也就解決了。第三個就是個人化問題的考驗。對傳統殯葬禮俗而言，客製化、個性化的喪禮似乎都和它無關。因爲，它是制式化的喪禮。既然如此，它是否有能力開發出屬於它的客製化、個性化喪禮？如果可以，那麼傳統殯葬禮俗就有機會繼續存在於後現代的生活之中。如果不可以，那麼傳統殯葬禮俗就會受到後現代生活的淘汰。

面對上述這些挑戰與問題，我們如何尋求合適的解答？對我們而言，這個答案就是隨著生活型態的變遷，傳統殯葬禮俗一定要變。可是，這樣的變標準要放在哪裡？如果只是放在生活型態本身，那麼當生活型態一直在改變的情況下，傳統殯葬禮俗只好一直調整自己。問題是，無論我們怎麼調整，這種調整都有調整的重點。就傳統殯葬禮俗而言，這種調整的重點不可能只放在表達的形式上，更重要的是，這種調整的重點應該放在想要解決的死亡問題上。因此，我們在調整傳統殯葬禮俗時，除了要注意生活型態的變化外，更要注意死亡問題的解決。在此，死亡問題的解決從早期家的傳承到現在個人意願的完成，無論解決的死亡問題是什麼，只要從個人出發，這樣的解決方式都是傳統殯葬禮俗最合適的調整方式。除此之外，只要脫離了解決死亡問題的範疇，那麼對於傳統殯葬禮俗的調整方式都是不恰當的。

第十四章
從儒家觀點省思殯葬禮俗的重生問題

- 第一節　前言
- 第二節　殯葬禮俗的存在價值
- 第三節　挑戰與回應
- 第四節　一個儒家的觀點
- 第五節　結語

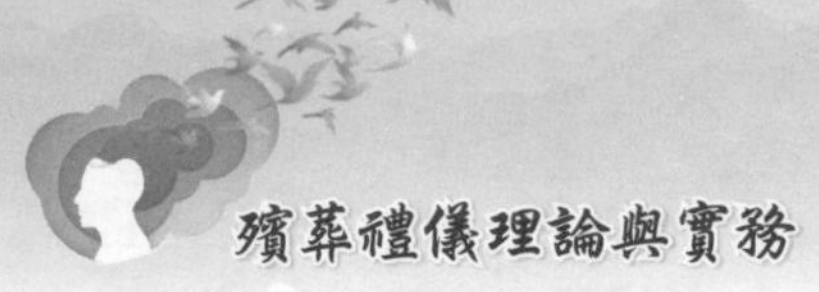

第一節　前言

就存在的觀點而言，殯葬禮俗的存在是一個毋庸置疑的事實。可是，事實歸事實，並不會因著事實的存在就證明殯葬禮俗確實有存在的價值。我們之所以會有這種批評的想法，不是因爲我們故意要否定殯葬禮俗的存在價值，而是殯葬禮俗確實遭遇這樣的現實難題。當然，這種難題的出現不是自古皆然，而是現代時空背景轉換所產生的難題。

那麼，爲什麼這種難題沒有出現在過去，而是出現在現代呢？在此，有一個很重要的因素，就是過去無論怎麼變化，基本上都是存在於同一種時空背景，也就是農業社會的背景。由於背景相同，所以無論時代怎麼變，都不會影響殯葬禮俗的存在價值。

但是，現代情況就不一樣了。對現代而言，它不再屬於農業社會的背景，而是工商資訊社會的背景。在背景不同的影響下，原先適用於農業社會的殯葬禮俗開始遭遇質疑的聲浪，認爲這樣的殯葬禮俗已經不再適合工商資訊社會的需要，失去繼續存在的價值。

這麼說來，殯葬禮俗是否即將走入歷史，就像其他傳統的存在那樣？表面看來，對於一個不再適合時代需求的傳統存在，遭遇被淘汰的命運似乎是理所當然的事情。可是，我們不要忘了，殯葬禮俗是一種很特殊的存在，它和一般的傳統存在不一樣。我們之所以這麼說，當然是有我們自己的理由。根據我們的瞭解，殯葬禮俗和一般傳統存在最大的不同點在於，傳統的存在是一種經驗性的存在，所以會受到時空變化的影響，一旦時空變得不一樣，那麼這樣的存在也就失去了存在的依附，成爲歷史的存在。不過，殯葬禮俗的存在卻截然不同。由於它的存在超越經驗的領域，我們無法從經驗中驗證它的存在價值[1]。因此，時空雖

---

[1]這是因爲死亡的不可經驗性。一旦用殯葬禮俗處理過後，我們也沒有辦法得知這

然已經不一樣了，但是卻沒有辦法否定它的存在價值。這就是爲什麼在時代的轉變下還有人努力地爲它的存在繼續辯護的理由所在。

不過，話雖如此，這不表示殯葬禮俗就擁有完全的存在價值。實際上，從二十世紀以來，殯葬禮俗就遭遇了不少的質疑。基本上，這種質疑的聲音主要是針對傳統殯葬禮俗的繁瑣性而來的。換句話說，對他們而言，殯葬禮俗的繁瑣性已經不能滿足現代社會的要求。如果殯葬禮俗要能滿足現代社會的要求，那麼它必須調整自己，讓自己適合工商資訊社會的要求。那麼，這種要求是什麼呢？簡單來說，這種要求就是簡化的要求。只要殯葬禮俗能夠調整自己的繁瑣性，讓自己適合簡化的要求，那麼殯葬禮俗就不會成爲歷史的存在，而可以重新獲得存在的機會[2]。

問題是，這樣的簡化到底要簡化到什麼樣的程度？會不會簡化到一無所有？如果隨著時代的變遷，社會要求簡化到無以附加的地步時，那麼殯葬禮俗會不會變成一個什麼都沒有的存在。倘若會變成這樣，那麼殯葬禮俗到時還有繼續存在的價值嗎？因此，關鍵不在於簡化，而在於價值[3]。如果殯葬禮俗本身就有其特殊的價值，那麼無論簡化與否，這樣的價值應該都會繼續存在。只要這樣的價值繼續存在，殯葬禮俗就可以立於不敗之地。所以，如何找出殯葬禮俗的存在價值才是重點。至於是否需要簡化，要簡化到什麼樣的程度，其實都應該依據這樣的存在價值來決定。否則簡化的結果，只會讓殯葬禮俗進退失據，使得身爲現代人的我們無法解決自身的生死問題。

樣的處理到底好還是不好。如果要確知這樣的處理到底好還是不好，唯一能夠做的就是自己親自經驗一次。問題是，即使我們親身經驗了，也無法回來告訴別人。所以，殯葬禮俗對於死亡處理的價值在本質上是無法驗證的。

[2]徐吉軍著，《中國喪葬史》（江西：江西高校出版社，1998年1月），頁555-556。

[3]請參考拙著，〈從悲傷輔導的角度省思傳統殯葬禮俗的改革方向〉，《中華禮儀》第24期（臺北市：中華民國殯葬禮儀協會，2011年5月），頁13-18。

第二節　殯葬禮俗的存在價值

那麼，殯葬禮俗的存在價值是什麼呢？對於這個問題，我們可以分從幾個層面來探討。首先，從社會存在的層面來看。就我們所知，殯葬禮俗最顯而易見的存在作用就是作爲一般人辦理後事的規範。對一般人而言，如果在辦理親人的後事時沒有按照殯葬禮俗的規定來辦理，那麼社會就會認爲這個後事沒有處理好。相反地，如果在辦理親人的後事時有按照殯葬禮俗的規定來辦理，那麼社會就會認爲這個後事處理得好。由此可見，後事辦得好不好，不是一般人自己說了算，它必須符合殯葬禮俗的要求。否則就算一般人自認自己辦得有多好，這樣的辦理都是有問題的。

在此，我們不禁產生一個疑問，那就是一般人爲什麼非得遵守這樣的規矩不可呢？照理來講，親人的後事不是有辦就好，何必一定要按照殯葬禮俗的規矩來辦？從表面看來，他們之所以會遵從殯葬禮俗的規定來辦理親人的後事，是來自於社會壓力的結果。如果不是這種社會的壓力，那麼他們可能就不會遵照殯葬禮俗來辦理親人的後事。這麼說來，我們只要把社會壓力拿掉，那麼一般人就不會按照殯葬禮俗的要求來辦理親人的後事。

其實，問題沒有表面看的那麼簡單。先不談社會壓力有沒有拿掉的可能，就算社會壓力眞的可以拿掉，那麼一般人是否就不會按照殯葬禮俗的要求來辦理親人的後事？根據我們的瞭解，在沒有社會壓力的情況下，有很多人還是認爲需要按照殯葬禮俗的要求來辦理親人的後事。那麼，他們爲什麼會有這樣的反應呢？這是因爲他們認爲辦理親人的後事如果沒有按照殯葬禮俗的規定，那麼就會覺得心不安。只要按照殯葬禮俗來辦理親人的後事，那麼他們就會覺得心安。由此可見，心安才是按照殯葬禮俗辦理親人後事的根據，而不是所謂的社會壓力。

既然遵照殯葬禮俗來辦理親人的後事不是社會的壓力所致，而是一般人爲求心安的結果，那麼所謂的心安指的又是什麼呢？關於這個問題的解答，讓我們進入殯葬禮俗存在價値第二個層面的探討，也就是孝道實踐層面的探討。那麼，爲什麼這個層面是孝道實踐的層面，而不是其他的層面呢？根據我們的瞭解，這是因爲這個層面是和辦理後事的人直接有關。就是這種關聯性，讓辦理後事的人認爲只有按照殯葬禮俗的規定來辦理才會心安。否則，只要辦理的方式不是符合殯葬禮俗的要求，那麼這種辦理的方式就無法產生心安的效果。

那麼，爲什麼按照殯葬禮俗的規定來辦理就會心安呢？就我們的瞭解，最主要的理由在於這種辦理是以親人作爲對象。如果今天辦理的對象不是親人，而是其他的人，那麼這種辦理的結果也不見得要和心安扯上關係。可是，現在辦理的對象是親人。而且這樣的親人也不是同輩的親人，更不是晚輩的親人，而是長輩的親人。換句話說，這樣的親人直接指的就是作爲父親的親人。在這種親人關係的影響下，一般人在辦理後事時才會認爲用殯葬禮俗來辦理才會心安。

在此，我們進一步要問的是，爲什麼用殯葬禮俗來辦理父親的後事就會心安呢？根據我們的瞭解，這是因爲辦理後事的人就是父親的孩子。由於他們之間的父子關係，如果辦理後事的人沒有按照殯葬禮俗來辦理，那麼他就會認爲他自己沒有盡到孝道，沒有好好地爲父親辦好後事。所以，爲了表示他眞的善盡孝道，他必須按照殯葬禮俗的要求來辦理父親的後事。唯有如此，他在辦理完後事之後才會覺得心安。否則，無論他用什麼樣的方式幫父親辦理後事，這種辦理的方式都不會讓他覺得眞正的心安。

從這一點來看，按照殯葬禮俗的要求爲父親辦理後事所產生的心安，是和其他方式所產生的心安不太一樣。就我們的瞭解，用其他的方式爲父親辦理後事雖然也可以產生心安的效果，但是這樣的心安不見得就是眞正實踐孝道所產生的心安。因爲，這樣的心安可能只是幫忙辦理後事的我們認爲已經安頓了父親所產生的心安。例如在辦理父親的後事時，身爲基督徒的我們可能用自己的信仰去送父親。因此，在自認自己已經善盡孝道的同時，我們自然就會覺得心安。同樣地，在幫身爲佛教徒的父親辦理後事時，我們沒有用自己的信仰來送父親，而是用父親自己的信仰來送父親。這時，我們會認爲在尊重父親信仰的同時我們已經實踐了自己的孝道。所以，在這種情況下，我們也會覺得心安。但是，不管我們用的方式是哪一種，這種心安都只是安頓亡者的心安，不見得是眞正實踐孝道所產生的心安。

這麼說來，實踐孝道所產生的心安應該有兩種，上述所說的安頓亡者的心安只是其中的一種。從上述這一種來看，我們無論是用自己的信仰或用父親的信仰來送父親，這種辦理的結果都只是安頓亡者而已，對於生者與亡者的原先關係並沒有恢復的效果。換句話說，雖然亡者已經得到安頓，但是亡者與生者的原先關係卻遭到了破壞，不再維持原先存在的父子關係[4]。對我們而言，這種原先父子關係的破壞正足以證實這樣的心安不是眞正實踐孝道的心安。如果這樣的心安眞正是實踐孝道的心安，那麼它所產生的效果就不應該是原先父子關係的破壞，而是原先父子關係的進一步圓滿。由此可見，眞正孝道實踐的心安必須是按照殯葬禮俗的規定來辦理父親的後事才會出現的。

那麼，爲什麼按照殯葬禮俗的規定來辦理父親的後事就會出現眞正的孝道實踐的心安呢？根據我們的瞭解，這是因爲殯葬禮俗不但沒有破壞原先存在的父子關係，還進一步圓滿原先存在的父子關係。關於這一點，我們從哪裡獲得證實？就殯葬禮俗而言，它在處理父親的後事時不是埋葬完父親的遺體就算了，而是在埋葬完遺體之後還要進一步將父親的神主迎回家中成爲祖先。當父親成爲祖先以後，父親與兒子的關係不再只是原先人間的關係。相反地，藉著死亡問題的處理，父親與兒子的

[4]例如上述用基督教的方式送走亡者，這種送的方式就算眞的可以把亡者送到天國，也無法讓生者與亡者維持現世既有的父子關係。因爲，當有一天父子彼此有機會在天國相見，這時相見的身分也不是父子而是兄弟。

關係變成超越人間的永恆關係。至此，父親不再只是暫時的父親，而是永恆的父親；兒子不再只是暫時的兒子，而是永恆的兒子。換句話說，父子的關係經過殯葬禮俗處理的結果，讓這樣的人間父子關係變成超越死亡的永恆關係。

面對這種父子關係的圓滿轉化，我們進一步要問的是，這種圓滿轉化的目的是爲了什麼？對於這個問題的探討，讓我們進入殯葬禮俗存在價值的第三個層面，也就是生命傳承的層面。表面看來，這種父子關係的圓滿轉化目的似乎是在鞏固父子的關係，讓父子的關係不會隨著死亡的出現而被中斷。所以，在殯葬禮俗的處理上，才會在父親遺體埋葬之後，透過神主的返主，讓父親從人間的父親變成永恆的父親。

可是，殯葬禮俗眞正要處理的不只是兩代之間關係鞏固的問題。如果殯葬禮俗要處理的只是兩代之間關係鞏固的問題，那麼它只要強調父子之間個人生命的傳承就可以了。因爲，在個人生命傳承的過程中，父子之間的上下隸屬關係就會變得非常明顯。就算我們想盡辦法要去否定這樣的關係，結果也是徒勞無功的。因此，我們一旦凸顯了這樣的生命傳承關係，那麼父子之間的關係自然就會堅若磐石。就這一點來看，殯葬禮俗眞正要處理的不只是父子之間的兩代關係，而是更加長遠的關係。

那麼，這種更加長遠的關係是什麼呢？就我們的瞭解，這種更加長遠的關係就是家族的生命傳承關係。對殯葬禮俗而言，人與人的關係不只是兩代之間的父子關係而已，它還牽涉到父與父的更進一步的關係、子與子的更進一步的關係。如果只有父與子的關係，那麼這種關係就是斷頭的關係，沒有辦法完整交代整個父與子的關係。倘若我們要完整交代整個父與子的關係，那麼這樣的交代就不能停留在兩代之間，而必須從兩代往上與往下延伸。當這樣的關係往上與往下延伸時，那麼這樣的延伸就會不斷地往上與往下推擴，以至於推擴到無限。經由這樣的推擴過程，個人生命的傳承就不只是個人生命的傳承，而會進一步轉化成家族生命的傳承。例如在臨終的階段，殯葬禮俗會要求臨終者在祖先的見證下完成家族傳承的任務。而此處的祖先指的不只是臨終者的父親而已，也同時指歷代的祖先。此外，在父親後事辦完之後，還會透過祭的階段的種種作爲，要求子孫祭祀不斷，讓祖先可以永享香火。

由此可見，殯葬禮俗存在的價值不只是爲了滿足社會的要求，也不只是爲了滿足爲人子女幫父親辦理後事的心安，亦不只是爲了讓爲人子女的人有機會可以善盡孝道，而是爲了讓整個家族的生命有機會可以不斷地傳承下去。唯有整個家族的生命有機會可以不斷地傳承下去，那麼整個生命的發展才會具有眞正永恆的意義。否則，在生命缺乏永恆傳承的可能性時，這樣的生命無論再怎麼樣的發展，都只是片斷的發展，不會具有太多眞實的意義。

第三節　挑戰與回應

雖然在上述的探討中我們已經明白指出殯葬禮俗的存在價值，但這不表示這些存在的價值就足以保障殯葬禮俗可以不用接受時代變遷的挑戰。實際上，在時代的變遷當中，殯葬禮俗出現了許多的問題。對於這些問題，我們需要加以一一的面對與解決。如果我們不一一加以面對與解決，那麼殯葬禮俗的存在價值就會在時代變遷的過程中遭受湮滅的命運。所以，爲了避免這樣的命運發生，也爲了再度證明殯葬禮俗確實具有存在的價值，我們需要面對與解決這樣的挑戰。

那麼，殯葬禮俗要面對與解決的挑戰有哪一些呢？根據我們的瞭解，這樣的挑戰顯然是針對殯葬禮俗的存在價值而來的。既然如此，只要我們針對這些挑戰加以回應，那麼殯葬禮俗的存在價值就可以獲得確保。因此，相對於殯葬禮俗存在價值的三個層面，我們也需要對這三個層面的挑戰加以回應。

首先，我們要回應的挑戰就是有關社會存在層面的挑戰。對於這個挑戰，我們可以分從兩個面向來看：第一個面向就是殯葬禮俗到底還有沒有繼續存在的價值，如果沒有，那麼殯葬禮俗就應該接受時代淘汰的命運；第二個面向就是殯葬禮俗是否還擁有過去的強制性，如果沒有，那麼它還剩下什麼。

就第一個面向而言，由於社會變遷的結果，有人認為殯葬禮俗已經沒有繼續存在的價值，應該成為歷史的存在[5]。那麼，他們為什麼會有這樣的看法？其實，理由非常的簡單。對他們而言，殯葬禮俗是農業社會的產物，既然是農業社會的產物，那麼只適合生存在農業社會的時代。現在，時代已經從農業社會轉換成工商資訊社會。在失去農業社會滋養的情況下，殯葬禮俗自然就應該接受時代淘汰的命運。

表面看來，這樣的想法似乎沒有錯。因為，過去屬於農業社會的產物大多數的確隨著時代的變遷消失在歷史當中。可是，這不表示所有農業社會的產物就一定要消失於歷史當中。事實上，也有一些農業社會的產物在工商資訊社會當中繼續存在下來，例如儒家思想就是這樣的農業社會產物。過去，雖然有人想把它看成封建社會的產物，但是後來的發展證明，儒家思想不只是封建社會的產物，也可以是現代民主政治社會的產物。由此可見，不是所有農業社會的產物都必須被時代所淘汰，也會出現一些例外的情形。

現在，我們的問題是，殯葬禮俗會不會是這種例外呢？根據我們的瞭解，殯葬禮俗就是這種例外。為什麼呢？這是因為殯葬禮俗雖然來自農業社會的背景，但它適用的對象不只是農業的社會，實際上，它也可以適用於工商資訊社會。之所以如此，主要理由有兩點：第一點就是殯葬禮俗所要處理的問題不是一般的問題，而是死亡的問題，而死亡的問題有一個很大的特色，就是不僅會發生在農業社會，也會發生在工商資訊社會。第二點就是死亡問題的處理和一般問題的處理不一樣，一般問題的處理會受到經驗的限制，經驗一旦改變了，問題的處理就跟著改

[5]例如，強調全盤西化的人就會抱持這樣的觀點，認為殯葬禮俗既是過去的存在，那麼就讓這樣的存在存在在過去。

變；但是死亡問題的處理不一樣，由於它超越經驗處理的範圍，所以就算經驗改變了，它依然可以繼續存在。就是這兩點理由，讓殯葬禮俗在時代的挑戰中依舊屹立不搖。

就第二個面向而言，受到社會變遷影響的結果，殯葬禮俗不再具有過去的強制性。在沒有強制性的情況下，有人認爲這樣的殯葬禮俗就不能算是眞正的殯葬禮俗，可謂是名存實亡[6]。問題是，這樣的殯葬禮俗眞的是名存實亡嗎？其實，只要我們深入瞭解，就會發現他們之所以會有這樣的看法，是因爲他們認爲殯葬禮俗只能有一種存在的處境。如果這種存在的處境一旦改變了，那麼殯葬禮俗就等於不存在。

可是，根據我們的瞭解，這樣的認知是有問題的。因爲，殯葬禮俗在過去之所以具有強制性，是受到當時環境的影響。在這種環境的影響下，人人所面對的死亡問題是一樣的。因此，在問題內容一致的情況下，殯葬禮俗自然具有強制性。但是，我們現在面對的死亡問題和過去確實有所不同。所以，在問題內容不同的情況下，殯葬禮俗自然就不可能再具有過去那種強制性。

不過，沒有過去那種強制性，不代表就沒有其他種類的強制性。因爲，過去的那種強制性是奠基在問題內容的一致上。對於這種問題內容一致的強制性，我們稱之爲量的強制性。然而，除了這種量的強制性以外，還有一種，就是質的強制性。雖然這種強制性在量上不是每一個人都必須遵守的，但只要他認爲他所要面對與解決的死亡問題是一樣的，那麼他就必須接受這樣的殯葬禮俗。就這一點而言，殯葬禮俗還是可以保有質的強制性。因此，我們不能認爲殯葬禮俗在失去量的強制性後就名存實亡了。實際上，它還可以保有質的強制性。

其次，我們要回應的挑戰就是有關孝道實踐層面的挑戰。對於這個挑戰，我們可以分從兩個面向來看：第一個面向就是殯葬禮俗是否還

---

[6]例如，強調堅持傳統的人就會抱持這樣的觀點，認爲殯葬禮俗只能全部維持，要不然就是放棄傳統，沒有其他的選擇。

可以產生孝道實踐的作用，如果不可以，那麼這樣的殯葬禮俗是否還有存在的價值；第二個面向就是在時代的變遷中，殯葬禮俗的孝道實踐作用是否還可以繼續保存，如果要保存，那麼這樣的孝道實踐應該如何調整。

就第一個面向而言，殯葬禮俗的孝道實踐功能是否還有保存的可能？如果在此，我們所謂的保存就是要按照傳統的方式完整的保存，那麼這種保存是會有問題的。因爲，殯葬禮俗原先產生的背景是農業社會的背景，因此，殯葬禮俗孝道實踐的方式是依照這種背景設計的。當農業社會轉變成工商資訊社會時，這種孝道實踐方式就完全不可能被接受。就算我們想要接受，也會因著時代背景不同而顯得格格不入。所以，如果我們希望完整保存殯葬禮俗的孝道實踐方式，那麼這種期望將會顯得非常不切實際。

可是，我們不能因爲殯葬禮俗的孝道實踐方式無法完整保存，就進一步判斷殯葬禮俗沒有存在的價值。實際上，殯葬禮俗的孝道實踐方式有沒有完整保存，和殯葬禮俗的孝道實踐功能有沒有繼續存在，是完全不同的兩件事情。就殯葬禮俗的孝道實踐方式而言，它會隨著時代的變遷而出現不同的方式。但無論這些方式怎麼改變，基本上都不會影響殯葬禮俗的孝道實踐功能。除非我們不再需要孝道的實踐功能，那麼這時才可以說殯葬禮俗不再具有存在的價值。否則，只要我們肯定孝道實踐的功能，那麼殯葬禮俗就會有繼續存在的價值。

就第二個面向而言，殯葬禮俗的孝道實踐作用在時代的變遷中是否仍然可以保存？根據我們的瞭解，這樣的質疑是有道理的。因爲，在時代的變遷中，人與人之間的親情關係開始產生變化，從原先農業社會父母與子女相依爲命的關係逐漸轉變爲工商資訊社會的多元開放關係，使得父母子女的關係不再那麼緊密，以至於在孝道實踐上失去原先親情的眞實性。雖然如此，這並不表示父母子女的親情就不存在，只是變得比較複雜曲折。

如果眞是這樣，那麼這種複雜曲折的親情表現方式是否可以在殯葬禮俗的孝道實踐中得以呈現出來？就我們的瞭解，如果我們維持原先的孝道實踐方式，那麼這種孝道實踐方式將無法表達出我們對於親情的複雜曲折表現。因爲，原先的表達方式是針對濃密依賴的親情關係設計的。所以，如果我們要針對現代人複雜曲折的親情關係做表達，那麼這種表達方式就必須符合現代生活方式的要求。否則，在表達方式不相應的情況下，現代人在殯葬禮俗的孝道實踐上就會顯得非常的不眞實，而無法讓孝道實踐的功能得到相應地落實。

最後，我們要回應的挑戰就是有關生命傳承層面的挑戰。對於這個挑戰，我們可以分從兩個面向來看：第一個面向就是殯葬禮俗是否還可以產生生命傳承的功能，如果不可以，那麼殯葬禮俗是否還有存在的價值；第二個面向就是在時代的變遷中，殯葬禮俗的生命傳承功能是否可以繼續保存下去，如果可以，那麼這種生命傳承的方式要如何調整。

就第一個面向而言，在時代變遷的挑戰下，殯葬禮俗的生命傳承功能似乎受到不小的挑戰。因爲，過去認爲傳宗接代是天經地義的事情。只要可以，沒有人會反對生命傳承的神聖性。對於那一些沒有辦法傳宗接代的人，在殯葬禮俗上都要設法幫忙解決這樣的問題[7]。否則，在問題沒有辦法解決的情況下，這些人會被認爲不知做了多少的缺德事情才會遭此報應。所以，過去認爲殯葬禮俗的生命傳承功能本來就是應該的。

可是，隨著時代的變遷，在個人主義盛行的情況下，個人逐漸認爲生命傳承不再是那麼重要，只有自己生命的自我完成才是最重要的事情[8]。於是，個人從生命傳承的要求中逃逸出來，使得殯葬禮俗的生命

---

[7]例如，在殯葬禮俗上就會從當事人弟弟的兒子著手，讓他成爲傳承的人。如果找不到這樣的人選，那麼就會從同宗的男人身上著手。總之，一定要找到一個彼此有血緣關係的男子作爲傳承的人。當然，在上述的可能性都不存在的情況下，不得已時也只好找一個異姓男子作爲傳承的人，只是這時的傳承還是需要有收養的關係才行。

[8]例如，現在不婚的人愈來愈多，即使結婚之後不想有小孩的也愈來愈多，他們或

傳承功能逐漸受到挑戰，而且形勢越演越烈。那麼，這是否表示未來殯葬禮俗的生命傳承功能會逐漸消失呢？如果眞是如此，那麼殯葬禮俗自然就會失去存在的價值。

問題是，情況是否眞的會變得如此一發不可收拾呢？對於這個問題，讓我們轉向第二個面向的探討，也就是殯葬禮俗生命傳承方式的調整問題。如果我們堅持不調整這種理解的方式，認爲生命傳承的方式本來就應該是血緣生命的傳承。那麼，在血緣生命傳承的要求下，一旦血緣生命的傳承變得不可能，這時殯葬禮俗的生命傳承功能自然就會失去存在的價值。

不過，除了這種生命傳承的方式以外，難道就沒有其他的傳承方式嗎？根據我們的瞭解，除了血緣的生命傳承方式以外，還有其他的生命傳承方式，例如精神生命的傳承方式。只要我們不把生命傳承的方式局限於血緣的傳承方式，那麼精神的傳承方式更能把生命傳承的意義表達出來。因爲，對我們而言，血緣的傳承方式只能表達人的動物性，而精神的傳承方式才能表達人的人性。就這一點而言，殯葬禮俗要表達的生命傳承方式與其說是動物性的傳承方式，倒不如說是人性的傳承方式[9]。

第四節　一個儒家的觀點

在回應上述對於殯葬禮俗存在價值的挑戰之後，我們進一步探討這種回應所依據的觀點。首先，我們要探討的是過去殯葬禮俗所依據的

她們只想把重點放在自己生命的實現上。至於有沒有後代的傳承，對他們或她們而言，是完全不重要的事情。

[9]例如，殯葬禮俗有關光宗耀祖的要求就是一種精神要求的反映。如果不是這種精神的要求，那麼殯葬禮俗就沒有必要強調光宗耀祖的要求，只要強調多子多孫的要求就可以了。

觀點。在瞭解此一觀點的內容之後，我們接著探討此一觀點所出現的問題。最後，在瞭解此一觀點的問題癥結所在之後，我們再針對此一癥結提出相應的觀點調整依據。

首先，我們探討過去殯葬禮俗所依據的觀點。根據我們的瞭解，這個觀點就是儒家的觀點。那麼，爲什麼殯葬禮俗過去所依據的觀點會是儒家的觀點呢？對於這個問題，我們需要回溯到殯葬禮俗過去最早出現此一樣貌的年代。就孔子的說法，中國人的禮樂基本上都是周公那個年代所製作出來的。既然如此，身爲制禮作樂一環的殯葬禮俗最早以這種樣貌出現的年代自然也應該是周公的年代。

那麼，爲什麼周公年代的殯葬禮俗會和儒家的觀點有關呢？在此，我們需要先瞭解周公那個年代的社會結構。根據我們的瞭解，周公那個年代的社會結構是宗法制度的結構。在宗法制度的要求下，整個社會被納入家族關係當中。無論哪個地方的人，他們的存在如果要被認可，那麼他們就必須被納入這個關係當中。如果他們沒有被納入這個關係當中，那麼他們的存在就會處於游離的狀態，等於是不存在。所以，根據宗法制度的要求，人與人之間的關係必須是家族的關係。

可是，家族的關係是複雜的。它除了可以是上下隸屬的直系關係，也可以是彼此平行的旁系關係，更可以是婚姻結合所造成的姻親關係。無論關係的種類爲何，其中最重要的，就是這些關係當中哪一種才是最核心的關係？如果就現代人的觀點來看，那麼這些關係當中最核心的關係應該就是夫婦關係。但是，就古代的中國人而言，這種關係當中最核心的關係不是夫婦的關係，而是父子的關係。他們之所以會出現這樣的差異性，最主要的原因在於他們彼此強調的重點不一樣。對現代人而言，如果沒有夫婦關係的存在，那麼整個家族的關係就建構不起來。對古代中國人而言，如果沒有父子關係的存在，那麼整個家族就沒有辦法得到發展。由此可見，古代中國人對於父子關係的強調是著眼於家族發展的角度，不像現代人那樣只強調家族關係的建立。

既然要強調家族關係的發展，那麼這種發展的核心是什麼？在此，

可以有不同的選擇。例如以父親為主的發展，也可以是以母親為主的發展，甚至於也可以以父親與母親雙方為主的發展。雖然發展的選項可以有很多種，但是當時的選擇是以父親為主的發展。之所以這樣，是因為當時掌握經濟大權的人是父親，母親基本上是依附在父親的關係當中。因此，父親成為整個關係發展的核心。凡是可以為這種發展加分的作為自然而然地就會被接納，凡是不能為這種發展加分的作為自然而然地就會被拒絕。根據這樣的要求，當時的人在設計殯葬禮俗的內容時就按照這樣的要求來設計。這就是為什麼在整個殯葬禮俗的表現當中會不斷看到與傳承父親有關的種種作為，像是臨終時的傳承作為，入殮時的傳承作為，告別式時的傳承作為，埋葬時的傳承作為，祭祀時的傳承作為等等。

根據這些傳承的作為，我們可以看出殯葬禮俗在本質上就是以發展家族關係作為設計的根本理念。對儒家而言，這樣的根本關懷也是他們的根本關懷，即人的存在不是現代所謂的個體存在，而是關係的存在。人唯有在關係中才能生存發展，也才能實踐圓滿。如果沒有關係的存在，那麼人不但沒有辦法生存，更沒有辦法發展。因此，儒家思想的關懷重點也放在家族關係的思考上。

對儒家而言，家族關係的建構固然也要從夫婦關係開始，但絕對不是停留在夫婦的關係上。相反地，它要在夫婦關係的基礎上發展父子的關係，因為，只有父子關係可以讓家族的關係永續發展。如果沒有了父子關係，那麼家族關係的發展將成為不可能。所以，在家族關係永續發展的考量下，父子關係成為最重要的關係。

不過，父子關係雖然是家族關係發展的關鍵，但是儒家並不是不清楚父子關係的問題。因為，父子關係畢竟是情的關係。只要牽涉到情的問題，私心私慾的問題就會出現。在私心私慾作祟的情況下，父子關係的純眞一面就會遭受破壞，以至於形成骨肉相殘的下場。因此，為了避免濫情所帶來的困擾，儒家將情的私性提升為道德的公性，認為在道德公性的引導下父子關係就可以避開上述的困擾而永保純眞的存在。

其次，我們要瞭解時代變遷中儒家觀點所遭遇的挑戰。過去在獨尊儒術的情況下，殯葬禮俗獨樹一幟，成為古代處理死亡問題的主流做法。但隨著時代的變遷，儒家思想失去了過去的地位，殯葬禮俗也逐漸失去主流的地位。那麼，這是否表示殯葬禮俗風光不再，從此失去過去的地位呢？

在此，我們需要先瞭解一下這些挑戰，然後才能下最後的結論。那這些挑戰包括哪些呢？第一個想到的就是時代變遷所帶來的簡化挑戰；第二個就是時代變遷所帶來的性別挑戰；第三個就是時代變遷所帶來的個人存在挑戰。

就第一個挑戰而言，工商資訊社會確實和農業社會不一樣。工商資訊社會講究效率，農業社會不講究效率。在效率不同的要求下，兩者對於殯葬禮俗的要求也不同。就農業社會而言，那份濃密的家族情感需要長時間的撫慰才能得到平復。相反地，工商資訊社會由於家族情感在複雜的人際網絡中被稀釋了，所以死亡所帶來的情感衝擊不需要那麼長的時間就可以平復。所以，在農業社會的殯葬處理方式和工商資訊社會的殯葬處理方式自然不同。

對儒家而言，這種不同是可以理解的。因為，依附關係所產生的情感反應的確會因關係的不同而不同。既然關係不同了，那麼對情感反應的方式自然也應該隨之轉變。否則，在一切不變的情況下，這種堅持也不是儒家原先應該有的態度。就這一點來看，只要我們真切瞭解孔子聖之時者的本質，就可以獲得最適切的答案。

就第二個挑戰而言，工商資訊社會為女性帶來經濟解放的成果，讓女性從此以後也懂得如何爭取自己的權益，成為一個獨立自主的人。在這種獨立自主意識的要求下，殯葬禮俗的父權想法成為被質疑的對象，認為這樣的殯葬禮俗是不適合現代社會的要求。

問題是，實情真的如此嗎？當然，過去在殯葬禮俗的設計上確實是以父系傳承作為思考的重點。可是，我們不要忘了，父系傳承的目的不在於父系關係的發展，而在於家族關係的發展。既然關係的發展是以家

族為主，那麼在時代的變遷中自然就可以考慮調整，不再把父系關係的發展當成家族關係發展的唯一可能。

對儒家而言，這種關係調整的考慮也不是不可行。因為，父系關係之所以變成家族關係發展的唯一考量，不是來自於歷史的必然，而是當時背景的偶然。如果當時的背景就是性別平等的背景，那麼殯葬禮俗呈現出來的自然也是性別平等的樣貌，而不會是父系背景的樣貌。由此可見，儒家真正考慮的是家族關係的發展，而不是性別的問題。

就第三個挑戰而言，隨著時代的變遷，個人的存在從社會體制中游離出來，成為完全獨立的存在。只要個人願意，他或她是可以用自己的方式處理自己的死亡問題。面對這樣的要求，殯葬禮俗似乎完全使不上力。因為，殯葬禮俗是一套制式的做法，它處理的問題是家族關係的傳承問題。如果不是這樣的問題，那麼就無法用這一套禮俗來處理。

這麼說來，只要處理的不是家族關係傳承的問題，就都不適用這一套殯葬禮俗的處理。實際上，情況也不見得那麼截然分明。因為，家族關係的發展不只是血緣生命關係的發展，也可以是精神生命關係的發展。從這一點來看，殯葬禮俗在經過調整後也可以滿足個人自主的要求。

對儒家而言，這種調整也是可行的。其中，最主要的理由在於儒家不認為只有血緣生命關係才是家族關係的唯一一種。相反地，它會認為精神生命關係才是更重要的家族關係。透過這種關係的深入瞭解，家族關係就不只是血緣的家族關係，也是精神的家族關係，這也就是為什麼儒家會一直強調傳承關係中道德因素的重要性。在缺乏道德的因素下，所謂的家族傳承根本不可能永續不斷地存在下去。

最後，我們探討這樣的儒家觀點應該是哪一種觀點。表面看來，儒家觀點就是儒家觀點，不會有什麼不一樣。可是，只要我們深入分辨就會發現儒家觀點還是有不一樣之處。雖然儒家都強調道德的重要性，但是對道德的詮釋卻有一些差異性。例如荀子式的道德就強調道德的外在性，認為一般人只有遵守道德的份，不可能自創道德[10]。相反地，孟子式的道德就強調道德的內在性，認為一般人只要回歸自己的本心，就有能力自創道德[11]。所以，道德有他律式的道德和自律式的道德。

現在，如果我們採取他律式的道德，也就是殯葬禮俗所採取的儒家觀點，那麼這樣的殯葬禮俗是沒有調整的可能。如果眞的想要調整，那麼也只有聖王才有能力調整，一般人是做不到的。在這種情況下，如果聖王認為這是不需要調整的，那麼殯葬禮俗就會遭遇淘汰的命運。

幸好，我們可以採取的觀點不只是他律式的道德，也可以是自律式的道德。只要是自律式的道德，那麼我們就可以根據不同的情況進行良心發用的回應。當我們覺得殯葬禮俗的這種處理方式不妥時，那麼就可以根據良心發用的情形做相應地調整。如此一來，殯葬禮俗在時代變遷中所遭遇的挑戰就可以迎刃而解，不再成為我們的困擾。

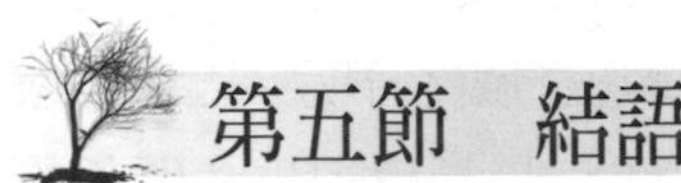

第五節　結語

總結上述的探討，我們發現殯葬禮俗如果不想接受被時代淘汰的命運，那麼殯葬禮俗就必須調整自己。問題是，這種調整絕對不是過去所做的那麼簡單，彷彿只要配合時代的要求，讓殯葬禮俗變得更加簡單可行就夠了。事實上，殯葬禮俗要繼續存在下去為一般人解決死亡問題需要更深入的反省。為了達到這個目的，我們深入探討殯葬禮俗的存在價值。從社會的存在、孝道的實踐與生命的傳承這三個層面的作用，深入瞭解殯葬禮俗的存在價值。接著，我們進一步面對與回應時代變遷對於殯葬禮俗的挑戰。對於這些挑戰，我們一樣分從社會的存在、孝道的

[10] 林慧婉撰，〈論荀子的生死觀〉，《博愛雜誌雙月刊》第140期（高雄市：博愛雜誌編輯委員會，2001年3月），頁35-44。

[11] 林慧婉撰，〈論孟子的生死觀〉，《博愛雜誌雙月刊》第144期（高雄市：博愛雜誌編輯委員會，2001年11月），頁32-40。

實踐與生命的傳承這三個層面加以回應。在社會的存在層面，我們分從殯葬禮俗是否還有繼續存在的價值，以及是否還可以擁有何種強制性這兩個面向加以切入。在孝道的實踐層面，我們分從孝道實踐的功能是否還繼續存在以及如何調整保存這兩個面向切入。在生命的傳承層面，我們分從生命傳承的功能是否還繼續存在以及如何調整保存這兩個面向切入。最後，我們深入作爲殯葬禮俗理論基礎的儒家觀點切入。過去，我們認爲儒家觀點指的就是荀子式的他律觀點。在這種觀點的指導下，一切的一切都必須來自於國家的指導。如果國家認爲什麼是不符合殯葬禮俗的要求，那麼這樣的死亡處理方式就不能存在。如果國家認爲什麼是符合殯葬禮俗的要求，那麼這樣的死亡處理方式就是對的。的確，在時代背景都一樣的情況下，這樣的處理方式沒有什麼不對。尤其在教育不普及、人們不習慣做獨立判斷的過去，這樣的做法本來就沒有問題。可是，當時代開始不一樣時，這樣的處理問題模式就開始捉襟見肘，最明顯的例子就是時代變遷所帶來的簡化挑戰、性別平等挑戰、個人自主挑戰。面對這些挑戰，殯葬禮俗不但無法做出即時的回應，甚至還被認爲是必除之而後快的絆腳石。所以，爲了改變這種被動的處境，我們需要從儒家觀點中的另外一種型態做回應，也就是孟子式的自律觀點。唯有這種儒家的觀點，我們才能眞正化解上述的挑戰，讓殯葬禮俗成爲現代人處理死亡問題的最佳模式。

第十五章 從儒家觀點探討傳統殯葬禮俗如何適用於後現代社會的問題

第一節　前言

從過去的經驗來看，時代變遷的因素對於傳統殯葬禮俗的存續與否具有非常大的影響力。如果傳統殯葬禮俗不理會時代變遷的因素，那麼傳統殯葬禮俗就會遭遇生死存亡的問題。因為，人們會認為傳統殯葬禮俗沒有能力面對時代變遷的因素。既然沒有能力面對，那就表示傳統殯葬禮俗只好被時代所淘汰。因此，傳統殯葬禮俗沒有不理會時代變遷因素的本錢。

可是，如果傳統殯葬禮俗要理會時代變遷的因素，那麼它要如何理會呢？過去，在面對現代社會的要求時，它的理會方式就是簡化[1]。那麼，為什麼它會認為簡化就可以解決問題呢？這是因為現代社會表現出來的就是效率的要求。對它而言，它如果希望能夠繼續存在下去，那麼最直接的做法就是融入現代社會，而融入現代社會的表現就是具有現代社會的特質，也就是滿足這樣的要求。如果它不能滿足這樣的要求，那麼它就會和現代社會格格不入，被認為不是屬於這個時代的存在。所以，在時代條件的要求下，它只好採取簡化的策略。

本來，這種簡化的因應應該可以讓傳統殯葬禮俗常保無憂。可是，奇怪的是，經過這麼多年實驗的結果，我們發現情況不是像當初想像那樣，彷彿只要配合簡化要求一切問題就可以迎刃而解。實際上，這種簡化的結果反而讓它陷入更危險的處境。也就是說，簡化不但沒有讓它常保平安，反倒讓它逐漸陷入被否定的困境。之所以如此，是因為簡化會讓它失去原有的意義[2]。既然已經沒有原先的意義，那是否表示它已經

---

[1]徐吉軍著，《中國殯葬史》（江西：江西高校出版社，1998年1月），頁555-556。

[2]本來，簡化的意思是要讓傳統殯葬禮俗可以適用於現代的社會。但是，沒想到簡化的結果反而讓它愈來愈形式化，以至於失去它原有的意義。如此一來，它的存在就變成可有可無了。

沒有存在的價值？如果它已經沒有存在的價值，那麼又何必讓它繼續存在，倒不如直接取消算了。就是這種想法，讓它陷入存在的困境。

那麼，在面對這種困境時，它要如何做才能起死回生呢？就我們的研究，它要起死回生就不能只從時代適應的角度著手。因爲，時代適應只能解決外在形式的問題，而不能解決內在實質的問題。如果要解決內在實質的問題，那麼就必須深入傳統殯葬禮俗本身看這樣的存在目的何在。就我們的瞭解，它的存在目的在於解決當時的死亡問題。既然是爲了解決死亡的問題，那麼我們就可以根據此一目的來判斷它是否還有存在於現代社會的價值。

可是，只有這樣的反省還不夠。因爲，現代社會雖然還存在著死亡的問題，它是否還需要傳統殯葬禮俗的協助，其實我們並不確定。因此，還需要進一步確定它在現代社會仍然有被需求的可能。那麼，這樣的需求是什麼呢？就我們的瞭解，現代的社會還是有家庭的存在。雖然這樣的存在和傳統農業社會的存在型態不太一樣，但在遭遇死亡問題的衝擊時，還是具有解決家庭關係的問題需求[3]。就這一點而言，它並沒有因爲時代變遷就完全失去社會的需求價值。

基於這樣的價值需求，我們就可以肯定傳統殯葬禮俗在現代社會當中仍有存在的價值。話雖如此，我們現在發現一個更棘手的問題，那就是後現代社會的挑戰。對後現代社會而言，過去的社會太重視普遍的存在，對於個別的存在幾乎處於忽略的狀態。但是，在現實經驗中，實際存在的都不是普遍的存在，而是個別的存在。既然是個別的存在，那麼就不應該忽略個別存在的需求，否則，即使用普遍的方式加以處理，還是無法完全滿足個別的需求。因此，爲了確實滿足個別的需求，需要在普遍處理方式之外另外尋找新的解決做法。

---

[3]尉遲淦撰，〈從儒家觀點省思殯葬禮俗的重生問題〉，《儒學的當代發展與未來前瞻——第十屆當代新儒學國際學術會議》（深圳：深圳大學，2013年11月），頁959-962。

那麼，在面對後現代社會的挑戰時，傳統殯葬禮俗是否還有機會可以安然過關呢？對於這個問題，我們需要進一步思考。就我們的瞭解，它如果想要安然過關，那麼就必須有能力處理個別需求的問題。如果沒有能力處理個別需求的問題，那麼就只好接受時代淘汰的命運。這麼說來，整個問題的關鍵就在於它是否有能力可以處理個別的需求。

對於這個問題，我們發現不能只從傳統殯葬禮俗本身來思考。因爲，如果我們只從它本身來思考，那麼就會發現問題根本無解，最主要的理由是它本身就是一個普遍的存在。因此，它無論如何調整自身，都只能滿足普遍的需求，而無法滿足個別的需求。如果眞想要解決個別需求的問題，那麼就不能只停留在本身的存在上，而需要深入它的來根本來源。換句話說，就是深入到它的背後觀點。

就我們的瞭解，它的背後觀點就是儒家的觀點。如果不是儒家的觀點，那麼它的存在方式就不會是這樣[4]。現在，既然它的存在方式是這樣，那麼是否表示它背後的觀點也一定是這樣呢？倘若它的背後觀點也是這樣，那麼它對於個別需求的滿足自然就不可能。可是，如果它的背後觀點不一定是這樣，那麼它對於個別需求就有滿足的可能性。因此，它的背後觀點決定它是否有能力可以回應後現代社會的要求。

現在，依一般的瞭解來看，作爲傳統殯葬禮俗背後根據的儒家觀點就是荀子的觀點。在荀子的觀點下，傳統殯葬禮俗之所以出現，是因爲聖王爲了安頓人民的生死。如果不是因爲人民有生死的問題，那麼聖王也不會有這樣的作爲。所以，傳統殯葬禮俗的出現是聖王爲了解決人民生死問題的結果[5]。既然如此，這就表示人民本身沒有能力自行解決生死的問題。這麼說來，傳統殯葬禮俗有沒有能力可以滿足後現代社會的

---

[4]尉遲淦撰，〈從儒家觀點省思殯葬禮俗的重生問題〉，《儒學的當代發展與未來前瞻——第十屆當代新儒學國際學術會議》（深圳：深圳大學，2013年11月），頁965-966。

[5]林慧婉撰，〈論荀子的生死觀〉，《博愛雜誌雙月刊》第140期（高雄市：博愛雜誌編輯委員會，2001年3月），頁35-44。

要求呢？

就我們的瞭解，如果眞是這樣，那麼傳統殯葬禮俗是沒有能力滿足後現代社會的要求的。在此，理由非常簡單，那就是個人沒有能力可以解決自己的生死問題，只有聖王才可以。這就表示這種解決是普遍的解決，而不是個別的解決。這麼一來，是否表示儒家的觀點就沒有能力可以解決這個問題呢？這個問題需要進一步的討論。

第二節　後現代社會的特質

根據上述的探討，我們知道荀子的觀點是沒有辦法滿足後現代社會的個人要求。如果眞是這樣，那麼由荀子觀點所產生的傳統殯葬禮俗當然就沒有能力解決個人需求的問題。可是，這樣的判斷眞的沒有問題嗎？不錯，從後現代社會的特質來看，傳統殯葬禮俗眞的沒有能力可以解決個人需求的問題。不過，這樣的判斷只是依據後現代社會的特質所做出來的判斷，未必是眞正客觀的判斷。我們之所以這麼說，是因爲傳統殯葬禮俗幾千年來幫助中國人解決死亡的問題，難道這樣的解決都和個別的需求無關嗎？如果眞的無關，那麼過去的中國人怎麼可能安頓他們的生死呢？由此可見，這樣的安頓應該和個別需求的滿足有關才是。

從表面來看，這樣的說法應該沒有問題。因爲，如果傳統殯葬禮俗眞的沒有辦法滿足個別的需求，那麼身爲個別的中國人過去就不可能接受這樣的安頓。既然他們都接受這樣的安頓，那就表示傳統殯葬禮俗應該具有這樣的安頓效果。如果眞是這樣，那麼我們就不應該接受後現代社會的批評，認爲傳統殯葬禮俗沒有能力解決個別的需求。相反地，我們應該挺身而出提出傳統殯葬禮俗具有解決個別需求能力的主張。

可是，事實眞是這樣嗎？關於這一點，我們需要更深入地瞭解後現代社會的特質。就我們的瞭解，後現代社會是對現代社會批判的結果。如果我們的瞭解沒有錯，顯然後現代社會和現代社會的特質不一樣，甚至可以說是相反的。既然相反，那麼兩者的特質就會完全不一樣。只要是現代社會的特質，那麼後現代社會一定反對它。就這一點而言，後現代社會的特質和現代社會是沒有交集的[6]。

如果眞是這樣，那麼在後現代社會的想法當中，現代社會的特質是什麼呢？就我們的瞭解，現代社會的特質就是普遍性的存在。對現代社會而言，一件事物的存在如果沒有普遍性，那麼這件事物的存在就沒有價值。相反地，如果一件事物要有存在的價值，那麼這件事物就必須是普遍的。因此，存在價值的關鍵就在於它有沒有普遍性。

那麼，爲什麼現代社會要這麼強調普遍性呢？這是因爲它對效用的強調。效用之所以重要，最主要的理由是，效用可以增進人類的福祉。如果沒有效用，那麼就算它的存在再有意義，這種存在也是多餘的。因爲，這種存在對人類的福祉沒有增進的作用。所以，基於效用的考量，我們需要普遍性的存在。否則，事物的存在對於人類福祉的增進是沒有效益的。以下，我們舉一個例子說明。

就傳統殯葬禮俗而言，假如它只能使用在個別的對象，而沒有辦法普遍使用在所有的喪家身上，那麼這時我們不僅會覺得這樣的禮俗很難用，也會認爲這樣的禮俗不具有廣大的效益。不過，基於殯葬公司的營利宗旨，這樣的禮俗是不合用的。如果我們希望這樣的禮俗可以合用，那麼就必須讓這樣的禮俗具有普遍適用性。唯有如此，在使用這樣的禮俗來服務時，我們才能從中獲得最大的利益。換句話說，也才能用最簡便的方式服務最多的人。就這一點而言，普遍性就有它存在的價值。

雖然如此，對後現代社會而言，並不表示普遍性就沒有它的問題存在。那麼，它的問題存在於哪裡呢？就我們的瞭解，這個問題存在於對個別存在的忽略。從前面的探討可知，現代社會認爲它的普遍性並沒有忽略個別的存在，只是把個別的存在收攝在普遍性之下而已。問題是，

---

[6]劉少杰著，《後現代西方社會學理論（第二版）》（北京：北京大學出版社，2014年1月），頁244-248。

在收攝的過程中，個別性就被忽略了，唯一剩下的就只有普遍性的存在。從這一點來看，我們就可以瞭解爲什麼現代社會不斷強調它沒有忽略個別的存在，但後現代社會卻堅決認爲它完全忽略了個別存在的理由所在。

在經過這樣的辨正之後，我們發現後現代社會對於現代社會的批判是有理由的。因爲，放在普遍性之下的個別，其實不能說是眞的個別。如果眞要說是個別，那麼這樣的個別就不能是放在普遍之下的個別，而必須是其他意義下的個別。對後現代社會而言，這應該是怎樣的個別呢？而且這樣的個別一定要在普遍之外來瞭解。否則，這樣的個別就一定不會是後現代社會所認爲的個別。所以，後現代社會所謂的個別一定是站在現代社會所謂的普遍的對立面。

這麼說來，這樣的個別就完全不能夠理解了。因爲，對我們而言，所謂的理解就是一種普遍的理解，絕對不可能是個別的理解。既然沒有個別的理解，那麼這種個別就完全處於無法理解的狀態。那麼，對於這種個別，我們又如何去理解它呢？這樣的狀態可以說是一種無解的狀態。如果事實眞是如此，是否表示後現代社會的要求根本就是無意義的要求？既然是無意義的要求，我們是可以不理會的。

可是，事實眞的是這樣嗎？未必眞的如此。之所以這麼說，是因爲個別的存在不是眞的不能理解，而是不能用普遍的方式來理解。只要跳脫普遍的方式來理解，那麼個別就有理解的可能。因此，個別是否可以理解，關鍵不在於個別本身，而在於是否使用合適的方式去理解它。只要我們用合適的方式來理解，那麼個別還是有理解的可能。

那麼，這樣的個別要怎麼理解呢？就我們的瞭解，這樣的理解一定不是本質的理解。如果是本質的理解，那麼這種理解就會陷入普遍之中，無法進入個別的存在。現在，如果我們要進入個別的存在，那麼就只能從個別存在本身進入。既然如此，那麼這種進入是哪一種進入呢？就我們的瞭解，這種進入就是存在的進入。換句話說，這種進入就是體會的進入，不再用我們原先有的概念來瞭解，而只從它的存在本身來瞭解[7]。

如此一來，我們所瞭解的不再是普遍之下的個別存在，而是個別自身直接呈現出來的具體存在。由於是具體的存在，所以不能把它和其他的存在並列在一起找出它們的共同點，而只能分別如實地去瞭解它。透過這種瞭解的方式，我們終於可以把個別的存在當成是最根本的存在，恢復它原先的存在地位，不再把它看成是普遍存在的附屬存在而已。

第三節　傳統殯葬禮俗的調整方式

在瞭解後現代社會所謂的個別存在的意義之後，我們回頭再來看傳統殯葬禮俗是否有調整的可能。如果我們可以找到這種可能性，那麼就表示傳統殯葬禮俗還有繼續存在的價值。如果我們沒有辦法找到這種可能性，那就表示傳統殯葬禮俗已經沒有繼續存在的必要。所以，傳統殯葬禮俗是否具有可以調整的可能性關係到它是否還可以繼續存在的問題。

關於傳統殯葬禮俗是否還有調整的可能，我們需要回到前言的討論。在前言當中，我們發現傳統殯葬禮俗在面對現代社會的挑戰時採取了簡化的策略。如果我們繼續沿用簡化的策略，那麼傳統殯葬禮俗是否就有調整的可能呢？根據上述的探討，我們認爲這種簡化策略無法支撐這種調整的需求。因爲，簡化策略是爲了因應現代社會效用的要求。既然是奠基在效用的要求上，就表示這樣的策略是屬於普遍性的做法。只要是與普遍性有關的作爲，都是無法滿足後現代社會對於個別性的要求。

這麼說來，如果繼續採取簡化策略，那麼傳統殯葬禮俗只好被當成

---

[7]袁保新著，《從海德格、老子、孟子到當代新儒學》（臺北市：國立編譯館，2008年10月），頁181-185。

是明日黃花。如果我們不要讓傳統殯葬禮俗成為明日黃花，那麼可以採取什麼策略呢？從上述前言的說明來看，這種策略可以回到源頭。也就是不要把傳統殯葬禮俗只看成是農業社會的產物，而要從它為什麼會出現的角度來看，那麼就會發現它的出現不是無的放矢的，而是為了解決當時的死亡問題。就是這樣的需求，讓它在當時才有存在的機會。

那麼，我們進一步要問的是，當時要解決的問題是什麼？為什麼它要把重心放在這裡？是因為死亡的問題雖然很多，但是和人民有關且十分重要的只有一個，那就是家的傳承問題。如果這個問題沒有解決，那麼個人想要在人間好好存活可能都很困難。更何況，在沒有家的傳承情況下，個人甚至於能不能存活都是問題。所以，為了確保個人的生存，在過去那個年代，家的傳承問題是當時面對死亡最重要的問題。

根據這樣的認知，那傳統殯葬禮俗是否有調整的可能呢？表面看來，我們已經回到當時人最重視的問題，那麼它應該有調整的可能性才對。因為，所謂的個別化不就是回歸到個人的需求。既然家的傳承是當時人最在意的個別需求，那麼只要回到這樣的需求，後現代社會對於個別化的要求自然可以迎刃而解。如此一來，我們就不用再擔心它是否可以調整的問題。

事實眞是如此嗎？只要我們再進一步思考，就會發現這樣的調整方式還是有問題。那問題到底出在哪裡？其實問題就出在家的傳承上面。我們的意思不是說家的傳承就和個別的需求無關，而是說這樣的處理方式其實還是屬於普遍的處理方式。對當時的人而言，這種處理方式並不是針對每一個個別的存在而提出的，而是普遍地針對所有人提出的。在這種情況下，有關個別的需求無形中就被忽略了，所以我們才會說這樣的調整方式還是有問題的。

那應該怎麼調整才可以呢？有一點需要注意，那就是家的傳承問題雖然和當時人的個別需求有關，只是這樣的個別需求在處理過程中被普遍化了。既然被普遍化了，那麼就脫離了個別的存在，而成為普遍的存在。如果不希望它還是普遍的存在，就必須回溯到原先存在的狀態。對我們而言，原先存在的狀態就是家的傳承的最初面貌，也就是個別存在的需求本身。只要回到這樣的存在本身，就再也不能說傳統殯葬禮俗是不可能調整的。

實際上，問題並沒有表面看的那麼簡單，它比表面看到的還要複雜得多。爲什麼會這樣說呢？簡單來說，理由有兩個：第一，家的傳承如果眞要回歸到個別的需求，那這樣的需求一定會具有個別性，不可能大家都一樣。既然不一樣，那怎麼可能用普遍的方式來處理呢？第二，隨著時代變遷，現代人對於死亡的問題不一定會把重點放在家的傳承上。事實上，許多現代人已經不再把家的傳承看成是最重要的死亡問題。相反地，他們從家的傳承移轉到個人心願的完成上面。對他們而言，個人心願的完成才是他們最在意的死亡問題[8]。

從這兩個問題來看，傳統殯葬禮俗似乎都很難解決。既然不能解決，那就表示它的調整不可能成功，那要如何繼續存在於後現代的社會當中呢？的確，如果繼續停留在過去的處理模式，那注定是要失敗的。因爲，這種處理模式基本上還是普遍的處理模式，並不能正視個別存在的需求。如果眞要滿足個別存在的需求，就不能繼續採取這種普遍處理的模式，而要回歸個別的模式。

問題是，這種個別的模式似乎不可能存在。因爲，無論是站在服務的立場，或站在解決死亡問題的立場，這種個別的模式都需要打破現有的框架。這對於服務者、想解決問題者來說都是一個很大的挑戰。因爲，他們缺少可以參考的依據。換句話說，他們不能根據現有的東西來處理，而要另行提出新的處理內容。這麼一來，只要面對每一個新的個別存在，他們就必須重新思考應該如何滿足他的個別需求，而不能像以前那樣以一套模式服務所有的人，或解決所有的問題。

那麼，這樣的模式要怎麼進行？簡單來說，我們必須先瞭解個別的

---

[8]尉遲淦撰，〈殯葬服務〉，《臺灣殯葬史》（臺北市：中華民國殯葬禮儀協會，2014年7月），頁498。

需求是什麼。瞭解個別的需求之後，還要確認這樣的需求是否眞是他的需求，還是只將普遍的需求移轉到個別身上，彷彿就是個別的需求。在確認個別的需求之後，我們還要找出需求所針對的問題。因爲，沒有問題是不會出現需求的。最後，再根據問題設計相關的處理內容。經過這樣的過程就會發現一個很有趣的現象，那就是所謂的傳統殯葬禮俗不是只有一套，而是有多少人就有多少套，每一套都有其自身的個別存在價值，沒有任何一套會比另外一套來得更有價值或更沒有價值。

第四節　一個可能的儒家觀點

根據上述的探討，如果傳統殯葬禮俗眞的有調整的可能，那麼很清楚的是這樣的調整一定不是來自於它本身。因爲，它本身只是一套既定的模式。現在，這套既定的模式要調整，那麼這種調整的動力一定不是來自於它本身，而是來自於它本身以外的存在。因此，有關調整可能性的問題就不再是它本身的問題，而是它以外的存在問題。

那這個所謂的它以外的存在是什麼呢？就我們的瞭解，就是指作爲它之所以能夠存在的背景觀點，也就是儒家的觀點。當然，我們的意思不是說儒家先存在而後傳統殯葬禮俗才存在，而是說傳統殯葬禮俗雖然早就存在了，但這樣的存在其實是根據儒家這樣的觀點而存在的。只是對於這樣的觀點，我們覺察得比較晚。所以，在歷史的發展上才會有傳統殯葬禮俗先存在而儒家觀點後出現的現象。

如果這就是儒家的觀點，那所謂的儒家觀點指的是誰的觀點？就我們所知，這指的其實就是荀子的觀點。爲什麼會這樣說呢？這是因爲荀子的說法很明顯地符合歷史的發展。就傳統殯葬禮俗而言，它的出現雖然早於周公，但如果沒有周公的統整，那麼這一套禮俗也不一定會出現。就算出現了，也不見得就是今天這個樣子。現在，這一套禮俗之所以用這個樣貌出現，很明顯就是周公統整的功勞。從這一點來看，我們發現荀子對於這一套禮俗存在的說法剛好和歷史發展若合符節。既然如此，這就表示它的背景觀點可以是荀子的觀點。

這樣的觀點確認之後，我們進一步要問，這樣觀點是否足以作爲傳統殯葬禮俗調整的依據？如果足以作爲調整的依據，那麼就可以依據這樣的觀點來調整，否則必須尋找其他可能的觀點。因此，我們必須先解答這個觀點是否合適的問題。

不過，在此之前，我們有個前置作業必須先做，那就是先瞭解荀子的觀點。就我們所知，荀子認爲傳統殯葬禮俗之所以出現，不是它先天就存在的，相反地，它是個人爲的現象。爲什麼是人爲的現象呢？是因爲這套禮俗的出現是有人作爲的結果。那這個人是誰呢？對荀子而言，這個人不可能是一般的人。因爲，除了聖王之外，一般人沒有這個能力。所以，對荀子而言，這套禮俗的出現是聖王作爲的結果。

可是，聖王爲什麼要有這樣的作爲呢？對荀子來說，聖王的作爲是有目的的。對聖王而言，他的存在就是爲人民解決問題[9]。現在，人民既然有生死的問題需要解決，那麼他的責任就是幫人民解決生死的問題。在這個過程中，他發現生死問題的重點就在家的傳承上。因此，他需要設計一套可以解決家的傳承問題的禮俗。就這樣，傳統殯葬禮俗就出現了，而人民的生死問題也可以得到妥善的解決。

如果傳統殯葬禮俗是聖王爲了解決人民生死問題出現的結果，那麼根據這樣的起源說法，這套禮俗有沒有能力滿足後現代社會的個別要求呢？就我們的瞭解，這樣的說法似乎沒有辦法解決個別需求的問題，因爲，必須針對個別的狀況做處理。然而，這不是任何人都有能力處理，有能力處理的只是聖王而已。問題是，現在要到哪裡去找出這樣的聖王？既然聖王不存在，顯然這樣的調整就不可能。根據這樣的反省，我們發現荀子的觀點沒有辦法解決傳統殯葬禮俗面對後現代社會個別要求

---

[9]牟宗三著，《中國哲學十九講——中國哲學之簡述及其所涵蘊之問題》（臺北市：台灣學生書局，1983年10月），頁59-60。

的調整問題。

這麼說來，儒家觀點就是不合適了。實際上，情況也沒那麼絕望，因爲，儒家不是只有荀子的觀點，還有孟子的觀點。雖然在禮俗上荀子的觀點似乎居於主導地位，但這樣的主導其實是有時代背景的。如果過去的年代不是處於知識不普及的農業社會，而是處於知識普及的工商資訊社會，那麼荀子的觀點就不會是主導的觀點。可惜過去就是這樣的背景，因此，荀子的觀點自然就成爲主導的觀點。

現在，隨著時代的變化，知識不斷普及的結果，一般人開始有能力處理自己的生死問題。所以，在這個時候我們也開始強調殯葬的自主權。可是，這樣的強調如果要有意義，就必須奠基於對生死問題的認知上。如果對生死問題根本認知不足，那麼要落實殯葬自主權就會變得不可能。因此，對於生死問題能有確切認知是非常重要的。

不過，只有認知還不夠，還需要對認知背後的需求有眞切的體會，否則在缺乏實感的情況下，認知就會流於形式，成爲後現代社會所詬病的普遍性處理。爲了避免這樣的問題，我們還需要實感的體會。唯有如此，才能設計出適合自己的生死禮俗。

那要怎麼做才能形成自己的能力？在此，我們就不能再拘泥於荀子的觀點，而要進入孟子的觀點。因爲，對孟子而言，設計禮俗的能力不是只有聖王才有，而是每個人都有。現在，我們之所以會失去這樣的能力，不是我們原先就沒有這樣的能力，而是失去了這樣的能力。因此，只要重新找回這樣的能力，那麼這樣的能力就會成爲我們設計個別禮俗的依據[10]。

根據這樣的想法，每個人都有能力設計專屬於自己的禮俗，就沒有必要只是根據周公當年所統整出來的禮俗。既然如此，那我們怎麼知道這樣的設計是否適合自己呢？是否眞的可以安頓自己的生死呢？對於這

---

[10]林慧婉撰，〈論孟子的生死觀〉，《博愛雜誌雙月刊》第144期（高雄市：博愛雜誌編輯委員會，2001年11月），頁32-40。

個問題，我們需要進一步探討。按照孟子的想法，就在於盡不盡心上。如果讓我們覺得盡心，那麼這樣的設計就是合適的。相反地，它不能讓我們覺得盡心，那麼就是不合適的。由此可見，禮俗的設計合不合適可以用盡不盡心來判斷。

經過上述的探討，我們發現孟子的觀點確實可以作爲傳統殯葬禮俗調整的依據。因爲，它不只指出我們每一個人都有能力可以爲自己規劃設計專屬於自己的禮俗，還指出可以用什麼方式來判斷這樣的規劃設計是否適合的問題。由於這樣的規劃設計與判斷都是根據個別的需求，所以可以說這樣的觀點能夠滿足後現代社會個別的要求觀點[11]。

第五節 結語

探討哪一種觀點才適合傳統殯葬禮俗調整的需求之後，最後要對這一長串的探討做一個總結。根據上述的探討，我們從傳統殯葬禮俗對於時代變遷的適應討論起。之所以要從這樣的角度切入，是因爲傳統殯葬禮俗不只是一套處理喪事的方法，更是一個安頓個人生死的作爲。如果從這個角度切入，那麼就可以瞭解整個探討的意義與價值。在這樣的探討中，我們發現傳統殯葬禮俗安逸了幾千年，到了現代，歷經西方現代社會的挑戰，它開始有了調整的問題。期間，經過簡化策略的引導，雖然解決了部分效用要求的問題，但也衍生出生死存亡的問題。爲了化解形式化的危機，我們轉而從它存在目的的角度來解決問題。經由這種改變，我們終於找到它可以繼續存在的理由。

不過，問題並不是到此爲止。現在，後現代社會的個別要求又成爲

---

11 李瑞全撰，〈邁向世界哲學：儒學現代化之後〉，《中國文化與世界——中國文化宣言五十週年紀念論文集》（桃園市：中央大學文學院儒學研究中心，2009年9月），頁572-578。

它必須面對的時代新課題。那麼，這個時代的新課題它是如何面對的？從上述的探討可知，它不能還只是用簡化策略或存在目的來解決問題。因爲，後現代社會的個別要求完全不同於現代社會的普遍要求。如果只從現代社會的普遍要求出發，而把個別要求放在普遍要求之下，那這樣的解決方式是不恰當的。如果要恰當地解決這個問題，就必須放棄普遍性的要求，重新從個別要求本身出發。否則，再怎麼想方設法，最後所獲得的答案一定不會是後現代社會所能接受的。

既然如此，要怎麼做才能從個別要求本身出發呢？就我們的探討，不能從既有的傳統殯葬禮俗出發，而要重新針對個別的需求規劃設計。因爲，既有的傳統殯葬禮俗所規劃設計的是普遍的內容。雖然當時它是處理個別需求的家的傳承內容，但在處理的過程中卻採取普遍化的方式。所以，就算這樣的內容和個別需求有關，但在處理之後卻失去了滿足個別需求的作用。對我們而言，這樣的處理方式沒有辦法眞正滿足後現代社會的個別要求，必須從個別需求本身出發。對傳統殯葬禮俗而言，必須重新瞭解個別的死亡需求，從這樣的需求找出相關的問題，再根據這樣的問題設計相關的禮俗，最後再判斷這樣的禮俗合不合適，是否可以安頓我們的生死。

就我們所知，傳統殯葬禮俗本身沒有調整的能力。如果要調整，必須回到它背後的觀點。因爲，它會用什麼樣的方式出現就要看它依據的背後觀點是什麼。根據上文的探討，它最初的背景是荀子的觀點，因爲他認爲這樣的禮俗，除了聖王之外，一般人是不可能規劃設計出來的。這麼說來，荀子的觀點就沒有辦法滿足後現代社會的個別要求，必須在荀子觀點之外找到其他的觀點。

這個觀點就是孟子的觀點，其中最主要的理由在於，孟子的觀點肯定所有人都有先天的能力規劃設計自己的禮俗。一般人之所以不會規劃設計，不是因爲沒有能力，而是失去他自己能力的結果。只要進一步喚醒這樣的能力，那麼我們就可以規劃設計自己的禮俗。可是，只有這樣還不夠，因爲，我們不知道這樣的規劃設計到底合不合適。爲了能夠有準確的判斷，還需要以盡不盡心作爲標準。唯有在心盡的情況下，才能說這樣的規劃設計是合適的，也才有能力安頓我們的生死。否則，在心不盡的情況下，無論多麼特別的規劃設計也是不合適的，當然也就沒有能力安頓我們的生死。從這一點來看，這樣的觀點才是能夠滿足後現代社會個別要求的儒家觀點。

第十六章 殯葬服務與綠色殯葬

- 第一節　前言
- 第二節　綠色殯葬與殯葬服務的衝突
- 第三節　政府的解決方式
- 第四節　省思與建議
- 第五節　結語

第一節　前言

就我們的瞭解，臺灣的殯葬服務原先就很傳統。在死亡禁忌的影響下，這樣的服務只是一種前現代的服務。但隨著生活品質的提升，這種前現代的服務已經不能滿足消費者的要求。於是，從業外進來的殯葬業者看到了改變的商機，遂從日本引進現代化的服務。就這樣，臺灣的殯葬服務不知不覺地進入了現代服務的階段[1]。

爲了配合這股改變的潮流，政府也在民國91年制定新的殯葬法規。在此之前，有關殯葬法規只有民國72年訂定的《墳墓設置管理條例》，其訂定重點放在墳墓設置的管理上。可是，隨著社會變遷，墳墓設置不再是問題的重點，相反地，殯的規範逐漸成爲問題所在。於是，到了民國91年政府進一步訂定《殯葬管理條例》，除了繼續規範殯葬設施的設置與管理外，還進一步規範殯葬禮儀服務業的設置與管理，希望藉著這樣的規範能夠移風易俗，改善殯葬的亂象。

如果政府的企圖就是這樣，那麼它做到這一步就夠了。可是，顯而易見的是它不想只做到這一步。因爲，只做到這一步的政府雖然還是政府，但卻不是什麼有爲的政府。爲了成爲一個有爲的政府，它不能只是移風易俗，導正殯葬亂象，還要進一步引領殯葬業者走向未來。只要眞的做到這一點，那麼它就是一個有爲的政府。否則，它也只是一般的政府。

爲了做到這一點，那政府應該有什麼樣的作爲呢？在正式作爲之前，它開始有了一些必要的思考過程。首先，它必須考慮這不能只是從天而降的新作爲，必須和過去有所銜接。其次，這樣的新作爲必須具有

---

[1]尉遲淦撰，〈第七章殯葬服務〉，《臺灣殯葬史》（臺北市：中華民國殯葬禮儀協會，2014年7月），頁495。

前瞻性。因爲，如果沒有前瞻性，那麼這樣的新作爲就沒有辦法成爲殯葬業者的火車頭，引領殯葬業走向未來。最後，這樣的新作爲也必須具有可行性。如果根本不可行，那麼不但不會被大眾所接納，也無法得到殯葬業者的積極配合。如此一來，就變成一種徒勞無功的引進。

根據這樣的思維，它開始思索國外有什麼樣的新作爲可資引進。經過反覆思慮，它終於決定引進綠色殯葬的做法。爲什麼會引進綠色殯葬呢？對它而言，不只是一種新作爲，還是一種可以進一步解決火化塔葬問題的新作爲。不僅如此，它還是一種符合未來世界環保潮流的引進，對我國未來殯葬的發展是頗具前瞻性的，可以成爲未來殯葬發展的新方向。最後，這樣的引進不只是一種單純構想，而是歷經多年實踐有成的引進。在國外經驗的借鏡下，這種引進可以產生事半功倍的效果。

於是，綠色殯葬終於成爲我國《殯葬管理條例》的主導政策理念[2]。雖然如此，這不表示我國的殯葬就立刻進入綠色殯葬的階段。因爲，在推動一項新的政策時通常會遭遇現有的阻力。如果可以在推動之初就把這些阻力考慮進去，那麼事後的成功機率就會提高很多，基於這樣的考慮，政府決定採取漸進的策略。後來，事實證明這樣的考慮是正確的。因爲，綠色殯葬的推動的確產生很大的阻力，除了來自於傳統文化的抗拒之外，也來自於殯葬業者的消極不配合。

爲什麼他們要抗拒和不配合呢？其實理由也很簡單，就是綠色殯葬對他們造成一些負面的影響，否則他們也不會有這樣的反應出現。這些負面的影響是什麼？我們簡單舉個例子說明。例如有關葬的處理，過去主要是採取土葬的做法，因此還可以維持傳統文化禮俗的正常運作，每逢清明時節，每個家庭都有墳墓可以祭掃，雖然後來改爲火化晉塔的做法，每年清明時節還是可以有個塔位可以祭掃。自從轉爲海葬的做法之後，清明祭掃時就會出現無墓或塔位可以祭掃的窘境，受到這種結果的影響，傳統文化自然會產生抗拒的反應。

---

[2]內政部，《殯葬管理法令彙編》（臺北市：內政部，2008年8月），頁1。

對殯葬業者也是一樣，土葬時期的做法可以讓他們獲得比較大的利益。當時，每一件喪事動則不是50萬就是100萬。到了火化晉塔時期，他們的利益就受到不少的損失，每一件喪事只剩20到30萬之間。現在，到了海葬的時期，更可預期地他們的利益將會被大量剝奪。因此，爲了避免造成未來更大的損失，最好的處置方式當然就是抗拒不予以配合。否則，他們現有的利益不僅會受到更嚴重的損失，甚至於未來有可能連繼續生存的機會都會失去。

面對這樣的阻力，政府要如何繼續推動綠色殯葬的政策？就我們的瞭解，最好的做法就是化阻力爲助力。例如在面對傳統文化的抗拒時，政府不能只是採取被動的做法，等待這一代的人完全死去；也不能只從現代潮流的角度積極改造一般人的想法，用環保潮流取代傳統文化。相反地，它應該積極正面地回應傳統文化的想法，提出更深層的合理解釋，讓傳統文化不再把綠色殯葬看成是敵對的存在，而是自身進一步的合理延續與發展。

同樣地，在面對殯葬業者的顧慮時，政府不應採取放任的做法，任由殯葬業者自生自滅。相反地，政府應該採取積極的配套措施，讓殯葬業者知道綠色殯葬的改變，不僅不會減損他們現有的利益，還會爲他們創造更多可能的利益。唯有如此，殯葬業者才有積極配合的可能。否則，在前景無望的情況下，想要他們出現積極配合的作爲，根本就是緣木求魚。

第二節　綠色殯葬與殯葬服務的衝突

由此可見，政府如果希望綠色殯葬政策可以繼續推動下去，那麼就必須化解傳統文化和殯葬業者的阻力。在此，大家可能會覺得很奇怪，爲什麼要將傳統文化和殯葬業者的阻力放在一起來討論。其實只要深入瞭解，就不會覺得這樣的組合有什麼奇怪之處。因爲，傳統文化和殯葬

業者本來就是一體的。當殯葬業者提供服務時，他們不像西方那樣以科學與管理爲主，相反地，他們是以文化爲主。如果要說得更清楚，那就可以說殯葬服務是以傳統禮俗爲主在做服務的。因此，當政府在推動綠色殯葬時，它所影響的不只是傳統文化，同時也是殯葬業者。所以，如果要說有阻力，那這個阻力最大的來源就是使用傳統文化提供服務的殯葬業者。

以下，我們進一步討論綠色殯葬與殯葬服務的衝突。就我們的瞭解，殯葬服務本來就是多一事不如少一事。尤其殯葬業者長期受到死亡禁忌的影響，原則上他們都不希望有新的變動，除非這樣的變動可以增加新的利益，否則他們很難有積極正面的回應。現在，政府要推動綠色殯葬，又沒有明白告知他們有什麼樣的好處，那要他們如何做出積極的回應呢？更何況，從可預見的表面來看，這樣的政策對他們顯然是不利的。如此一來，要說服他們配合就更困難了。

可是，困難歸困難，對於這個問題，並非全然無解。實際上，要解決這個問題就必須面對綠色殯葬與殯葬服務的衝突所在。否則，在不瞭解眞正衝突的情況下，這個問題永遠沒有化解的可能。因此，爲了化解這樣的衝突，政府除了要眞正瞭解這樣的衝突外，還要在解決問題的心態上調整自己，不要希望藉著傳統文化以外的方法來解決問題，而要深入傳統文化本身，藉著傳統文化的深化來解決問題，甚至於找出相關的配套措施，讓殯葬業者不至於因爲配合綠色殯葬而造成更大的利益損失。

在此，我們先瞭解綠色殯葬和殯葬服務的衝突所在。首先，從葬的部分討論起。對政府而言，過去葬在處理上不但會帶來土地利用的問題，也會對環境產生景觀上的困擾，爲了化解這樣的問題，最好的做法就是取消葬的作爲。如果不行，至少也要減少葬的作爲。那麼，要如何做才能產生這樣的效用？最初，政府採取的是公墓公園化的政策，希望藉著這樣的政策減少土葬對環境景觀所帶來的破壞。後來，隨著人口的增加、都市土地利用的要求，土葬不但占據有用的土地，還會帶來景觀的破壞。於是，政府進一步倡導火化晉塔的政策，希望藉此解決死人與活人爭地，以及破壞環境景觀的問題。

可是，經過一段時間的實驗之後，發現土地利用和環境景觀破壞的問題雖然有日漸趨緩的趨勢，但在根本上問題依舊存在。那麼，要如何做才能徹底解決這樣的問題？對政府而言，釜底抽薪的做法就是採用綠色殯葬的作為。如果按照這樣的做法，埋葬就不用再繼續占用土地，就算占用了土地，也可以把占用的情況降到最低。除此之外，由於不立標誌，對於環境景觀破壞的問題也可以得到徹底的解決，即使不能完全避免破壞環境景觀，也可以將這樣的破壞降到最低。

表面看來，上述的作為對臺灣民眾而言應該是一個很好的作為，幫他們解決了土地利用與破壞環境景觀的問題。奇怪的是，當一般民眾轉換成喪家時，他們對事情的看法又變得不一樣。對他們而言，平時對於土地利用和破壞環境景觀的在意，現在變得不那麼在意了。相反地，他們在意的是他們去世的親人是否可以得到安頓。如果可以，那麼他們就會覺得問題已經得到解決。如果不可以，那麼他們就覺得問題沒有得到解決。因此，他們的親人是否得到安頓就變成最重要的考量。

對於親人，要怎樣才算是得到了安頓？對他們而言，傳統文化的要求就變成最重要的參考依據。如果沒有按照傳統文化的要求，他們會認為親人的喪事再怎麼辦都沒有辦法眞正安頓他們的親人。相反地，只要按照傳統文化幫他們的親人辦喪事，就足以安頓他們的親人。所以能否安頓他們的親人，關鍵就在於是否有按照傳統文化來辦喪事[3]。

對他們而言，辦喪事在葬的部分就必須按照傳統土葬的規定來辦。如果沒有，那這樣的喪事無論怎麼辦都不能安頓他們的親人。可是，根據綠色殯葬的規定，人死之後不僅不能土葬，更不能豎立任何的標

[3]鄭志明、尉遲淦著，《殯葬倫理與宗教》（新北市：國立空中大學，2008年8月），頁69-70。

誌[4]。從表面來看，這樣的規定剛好和土葬的要求完全相反。對傳統文化而言，土葬的目的在於入土為安，而不准土葬的規定恰好是違反這樣的目的。此外，土葬之所以豎立標誌目的在於告知後代子孫這裡就是亡者的安身之所。現在，不准豎立標誌的結果，正好讓後代子孫不知亡者葬身何處。從這兩點來看，這些規定都不是要求善盡孝道的傳統文化所能接受的。

不僅如此，我們再深入瞭解就會發現，過去的火化塔葬雖然已經不太能夠滿足土葬入土為安的要求，但至少還讓亡者保有一個安身之處。雖說這個安身之處不能像土葬那樣具有完全的個別性，卻還是有一個集體的塔存在，讓亡者保有自己的骨灰。就這種情況而言，亡者雖然不能像土葬那樣直接和大地有關，起碼還是可以保有間接的關聯。現在，在環保自然葬的要求下，亡者不僅飄散各處，不再和大地有關，還會與時推移地逐漸失去骨灰的存在，以至於化為虛無。對傳統文化而言，這種讓亡者骨灰化為虛無就是徹底毀滅個人存在的作為，違反了傳統文化善盡孝道的要求。

其次，討論殯的部分。表面看來，綠色殯葬似乎只和葬有關。實際上，它不僅和葬有關，而且和殯也有密切的關係。或許從《殯葬管理條例》當中很難看到直接的關聯，但從後來的實務執行當中就會發現這些關聯。其中，最顯而易見的就是與燒庫錢有關的例子。對綠色殯葬而言，最好的做法就是不要燒庫錢，因為，只要有燒庫錢的行為，那麼空氣會因為焚燒而受到污染。為了不造成空氣污染，最好的做法就是完全避免燒庫錢，萬一不得已非燒不可時，那麼還是以少燒為準[5]。

問題是，少燒庫錢或不燒庫錢固然可以減少空氣污染，響應現代環保的要求。可是，如此一來，對傳統文化而言卻帶來不孝的罪名。因

---

[4]內政部，《殯葬管理法令彙編》（臺北市：內政部，2008年8月），頁10。

[5]尉遲淦撰，〈第七章殯葬服務〉，《臺灣殯葬史》（臺北市：中華民國殯葬禮儀協會，2014年7月），頁491。

爲，燒庫錢是爲了善盡孝道，如果不燒庫錢或少燒庫錢，那麼亡者在地府就不能過著比較好的生活。對家屬而言，這種影響亡者生活的作爲就是一種不孝的作爲。因此，爲了避免不孝的罪名，即使違反現代環保的要求，他們還是非燒庫錢不可，最多只能少燒一點。

從這一點來看，燒庫錢似乎只是爲了讓亡者在地府享受比較好的生活。實際上，只要再深入瞭解就會發現問題沒有那麼簡單。對傳統文化而言，燒庫錢不只是爲了讓亡者在地府享受比較好的生活，也是爲了讓亡者還清來到人間所欠的借貸，如果他沒有還清所欠的借貸，那麼回去之後要受到地府的懲罰。所以，身爲家屬的我們，在親人去世之後就要透過燒庫錢的方式幫亡者還清所欠的借貸，如此一來，亡者避免回到地府受罰，還可以藉此機會善盡我們的孝道。

此外，從綠色殯葬的角度來看，有關拜腳尾飯或捧飯的作爲都是違反環保的，因爲這些作爲都要消耗食物，而這些食物在祭拜之後原則上不見得有人會吃，那麼這些食物就浪費了。對綠色殯葬而言，這樣的浪費是沒有必要的。因此，最好的做法就是不要用食物來祭拜。如果一定要祭拜，那麼也應該用水果來替代食物。

然而，對傳統文化而言，這樣的考慮是有問題的。因爲，拜腳尾飯或捧飯主要理由在於滿足亡者的需要。如果沒有拜腳尾飯或捧飯，那麼亡者就會處於飢餓狀態。這麼一來，亡者不是沒有力氣前往地府，就是在地府處於飢餓狀態，無論狀況是哪一種，對家屬而言，都表示沒有善盡孝道的結果。所以，爲了盡孝，家屬很難考慮環保的理由。

從上述葬和殯的討論來看，綠色殯葬在想法與做法上有許多方面都與傳統文化及殯葬業者的想法與做法不一致，如果任由它繼續存在下去沒有設法化解，那麼綠色殯葬在與傳統文化、殯葬業者的衝突當中就很難順利地推動下去。如果不想讓這樣的困境繼續存在，那麼就必須設法化解這樣的衝突，讓綠色殯葬可以繼續往前推進，成爲臺灣未來殯葬的發展新方向。

第三節　政府的解決方式

在瞭解綠色殯葬和傳統文化、殯葬業者之間的衝突之後，我們進一步探討政府是怎麼面對這樣的衝突？對政府而言，這樣的衝突不是什麼太大的問題。因為，只要政府有什麼樣的新作為，民間傳統文化和殯葬業者就會主觀地認為這樣的作為會為他們帶來負面的影響，只要時間拖得夠久，久而久之傳統文化和殯葬業者就會接受這樣的改變。所以，在推動綠色殯葬的新政策時，政府只要持續地推動，那麼傳統文化和殯葬業者最終一定會接受這樣的改變。

何況，政府現在推的還不是一項前所未有的新政策，而是在國外已行之有年的作為。既然在國外已行之有年，那就表示這樣的作為是沒有問題的。因此，在國外經驗的保證下，政府相信推動這項新政策是沒有問題的。

除此之外，政府認為這項新政策還有一個特點，那就是迎合環保潮流。自從工業革命以後，為人類的經濟帶來重大的改變，讓人類可以擁有過去所無法想像的財富與幸福，但同時也對人類生存的環境逐漸產生巨大的破壞，讓人類無法自在地繼續在這樣的環境當中生存。於是，人們開始反省工業革命以來的作為，重新省思人類何去何從的問題。最後，得到的答案就是對環保的重視，認為只有強調環保人類才有新的未來，如果任由環境繼續被工業污染和破壞，那麼人類的前途是堪慮的。就在這樣的思考下，殯葬作為也成為環保必須檢視的一個項目。既然如此，那麼對環保的響應也就理所當然。所以，政府推動綠色殯葬的新政策完全符合世界的環保潮流。

這麼說來，政府是否就完全不理會傳統文化和殯葬業者的抗拒呢？事實上，也不見得完全如此。因為，政府也很清楚，只是被動地等待問題也不見得就會自然消解，那麼還是需要有一些主動的作為。以下，我們分從葬和殯的部分進一步瞭解政府在推動綠色殯葬新政策採取了什麼樣的作爲。

首先，葬的部分政府都採取什麼樣的作爲？爲了讓綠色殯葬新政策可以順利推動，政府先透過立法方式使這樣的新政策有了法律根據。例如民國91年通過的《殯葬管理條例》，除了第一章總則的第一條開宗明義就標示環保的要求外，還進一步在第二條第六款定義骨灰存放設施的形式，包括「供存放骨灰（骸）之納骨堂（塔）、納骨牆或其他形式之存放設施」，以及在第二條第十一款定義樹葬爲「指於公墓內將骨灰藏納土中，再植花樹於上，或於樹木根部周圍埋藏骨灰之安葬方式」。此外，爲了避免民眾看見骨灰造成恐慌心理，還進一步規定這些環保自然葬的骨灰必須經過再處理[6]。

除了上述立法作爲之外，政府還有鼓勵的措施，設法讓環保自然葬的做法可以具體落實。爲了達成這個目標，政府除了鼓勵各縣市設置樹葬區之外，並進 一步提供設置的補助，使各縣市在設置時經費不虞匱乏。同時，在審查私立殯葬設施時也會要求申請單位配合設置樹葬區。至於海葬的部分，除了原先已有海葬的縣市之外，更希望其他縣市可以進一步配合，甚至於擴大聯合舉辦，如北北桃每年舉辦的海葬就是一例。

當然，政府也很清楚唱獨角戲很難有好的效果。爲了讓綠色殯葬可以產生更好的效益，政府利用評鑑項目將綠色殯葬的要求也加入其中，鼓勵殯葬業者參與綠色殯葬的推動。例如，對於殯葬禮儀服務業而言，只要他們在辦理喪事時能夠主動向家屬宣導綠色殯葬的理念和作爲，甚至讓家屬同意接受，那麼這個項目就可以得到應有的分數。又如，只要他們願意設置樹葬區，那麼這個項目就會獲得應有的分數。

此外，政府也很清楚新政策未經宣導不容易被消費者所接納。因此爲了讓消費者瞭解進而接納，除了政府的官方網站有相關資訊之外，還

---

[6]內政部，《殯葬管理法令彙編》（臺北市：內政部，2008年8月），頁1-2。

利用與環保自然葬有關的活動大肆宣傳。尤其是，在每年舉辦的北北桃海葬活動上更是如此。另外，它也結合生死學和生命教育的課程，讓綠色殯葬的理念與作爲逐漸進入學生的心中，成爲他們未來辦理喪事的主要依據。

其次，在殯的部分政府採取什麼樣的作爲？就我們的瞭解，殯的部分和葬的部分不同。除了《殯葬管理條例》第一章總則的第一條原則性地提出綠色殯葬外，就沒有其他進一步的規定了。可是，沒有進一步的規定並不表示綠色殯葬在殯的部分就沒有要求。實際上，從多年的執行狀況來看，綠色殯葬在殯的部分也有很多要求。以下，我們舉一些例子說明。

第一個是拜腳尾飯或捧飯的例子。過去，拜腳尾飯或捧飯原則上都會用到食物，但食物在祭拜中容易腐敗，等到祭拜完畢，一般也不會有人食用。如此一來，食物不但浪費，也容易影響環境衛生。因此，爲了避免這些環保問題的產生，綠色殯葬就會要求用水果替代，這樣就不會有浪費食物的情事發生。

第二個是陪葬品的例子。過去由於土葬的關係，所以對陪葬品的材質沒有什麼特殊要求。可是，隨著火化塔葬的來臨，甚至環保自然葬的出現，這些葬法都會要求火化。在火化的過程中，如果陪葬品的材質不是環保材質，不但會產生有害人體的氣體，也會因著燃燒不完全造成環境污染。所以，爲了避免產生這些問題，政府會要求在火化時所用的陪葬品一定要符合環保材質。

問題是，只有政府規定還不夠，因爲，火化時政府不可能要求家屬開棺檢查。萬一家屬所用的陪葬品不是環保材質，那麼政府也不能怎麼樣。爲了確實落實這樣的規定，政府就只能透過殯葬禮儀服務業者的協助，一方面宣導相關的環保理念與做法，設法讓家屬做進一步的配合；一方面將這樣的要求具體呈現在評鑑項目當中，使得業者必須積極宣導。

第三個是燒庫錢的例子。過去，家屬燒庫錢都要燒很多，是因爲除了還庫以外，還有寄庫的作用[7]。爲了讓親人可以在地府過得好一點，爲人子女沒有不願意多燒一點的。可是，這樣燒的結果，不但造成空氣污染，也帶來自然資源的浪費。於是，在環保意識下，政府就會要求家屬少燒一點。本來，少燒也沒有問題，但站在家屬盡孝的立場，他們會認爲再怎麼多燒也就這一次，何況，無論怎麼燒，嚴格說來對環境的影響也不會太大。因此，在勸說無效的情況下，政府決定不提供或有限制的提供設備出發來改善燒庫錢的問題。

至於清明節焚燒紙錢，政府則採取勸導與提供配套措施雙管齊下的方式解決。過去，每到清明時分家屬就會焚燒大量紙錢給亡者。但是，大量焚燒的結果，不但容易發生火災，也容易帶來空氣污染及自然資源的浪費。於是，在綠色殯葬的要求下，政府希望透過環保理念的傳達減少焚燒紙錢的數量。如果可以，最好都不要焚燒。可是，要達成這樣的目標似乎沒有想像中那麼容易，除了原先就不燒的家屬會配合外，只有少數家屬會配合環保要求少燒一點，至於一般家屬還是按照過去的做法焚燒。在這種情況下，爲了避免焚燒紙錢所帶來的困擾，政府遂開始提出一些配套措施，像是用以功代金方式替代，或統一由環保局集中焚燒的方式來替代。如此一來，空氣污染的問題就會得到進一步的改善[8]。

第四節　省思與建議

經過上述的探討，我們現在已經很清楚政府處理衝突的態度和做法。從表面來看，這樣的態度和做法似乎沒有太大的問題，因爲，綠色殯葬的確就是我們未來要發展的方向，傳統文化和殯葬業者對於變革也

7鄭志明、尉遲淦著，《殯葬倫理與宗教》（新北市：國立空中大學，2008年8月），頁82-83。

8尉遲淦撰，〈有關清明焚燒紙錢環保之外的建議〉，《中華禮儀》第30期（臺北市：中華民國殯葬禮儀協會，2014年6月），頁37。

的確會有類似的反應。但是，如果我們希望加快殯葬改革的速度，最好的做法還是要正視傳統文化和殯葬業者抗拒的原因，看這樣的抗拒是否眞的沒有調整的空間？如果還有調整的空間，在尋找到合適的解決方案之後問題自然就迎刃而解。對政府而言，這不就是最好的結局嗎？因此，我們不能只是一味地用環保的理由或作爲要求傳統文化和殯葬業者配合，而要轉從傳統文化和殯葬業者本身重新思考調整的可能性。關於這一點，以下分從葬和殯的部分加以討論。

首先，我們從葬的部分討論起。本來，政府強調綠色殯葬的未來性並沒有錯，可是，強調綠色殯葬的未來性是一回事，是否就一定會和傳統文化及殯葬業者起衝突則是另外一回事。在此，我們需要進一步深入傳統文化與殯葬業者的背後，瞭解他們的要求是否就一定違反環保的訴求。

表面看來，傳統文化和殯葬業者的土葬要求是違反環保的。不僅如此，火化塔葬的要求也是違反環保的。因爲，它們的所作所爲都是自外於自然的。可是，只要我們深入瞭解就會發現這樣的理解太過浮面。實際上，土葬的要求是要入土爲安的。同樣地，火化塔葬的要求也是要入土爲安的。在此，所謂的入土爲安其重點不在土而在安。因爲，如果沒有讓親人的遺體入土，那麼爲人子女的就會擔心親人的遺體受到鳥獸的傷害而心不安[9]。同樣地，如果沒有讓親人的骨灰或骨骸進塔，那麼爲人子女的就會擔心親人的骨灰或骨骸沒有得到保護而心不安。由此可見，此處的安是道德的心安。因此，只要我們可以讓家屬瞭解環保自然葬也是一種心安的方法，那麼家屬自然就不會有抗拒的心理。

那麼，要怎麼解釋才能讓家屬認同環保自然葬也是一種心安的方法呢？關於這個問題，必須回歸入土爲安的意思。基本上，傳統文化之所以要入土爲安是基於保護的意思。既然是保護的意思，那麼哪種保護最

---

[9]鄭志明、尉遲淦著，《殯葬倫理與宗教》（新北市：國立空中大學，2008年8月），頁52。

徹底、最安全？嚴格說來，無論是土葬或火化進塔，沒有一個是絕對安全的。因爲，它們的做法或多或少都和自然有一段距離，眞的要回歸自然與自然合一，那就只有環保自然葬了。所以，如果眞的想要讓家屬信服，認爲綠色殯葬是可以合理接納的，那麼就必須從深挖傳統文化背後的涵義才可以。

除此之外，還有殯葬業者的問題需要處理。例如要鼓勵海葬，除了強調它的灑脫浪漫之外，還要考慮海葬的設備以及祭祀的問題。如果按照現行的做法，海葬用的船隻都是一般的漁船或快艇，那麼這樣的漁船或快艇就不見得可以滿足海葬的要求，因此需要針對海葬需求提供專屬的出海設備。

至於與海葬有關的祭祀問題，過去建議採用遙祭的做法。雖然遙祭可以產生某種慰藉的效果，但隨著時間的推移，記憶會逐漸淡忘，在這過程中，家屬不知不覺就會產生內疚的感覺，彷彿對逝去的親人不夠盡心盡力。因此，爲了表示始終沒有忘記他們的親人，最好的做法就是建立相關的資料庫，透過網路的建置，讓親人可以歷久彌新地出現在他們的眼前。如果眞的可以做到這一點，不僅家屬可以接納，殯葬業者也會因著新的商機出現而積極鼓吹海葬。

同樣地，樹葬部分也是一樣。在樹葬區的設置上，過去原則上以種樹或花爲主。問題是，感覺上和一般的樹或花沒什麼兩樣。可是，對家屬而言，此處是他們的親人安身的樹或花。因此，在不立標誌的情況下，不能只種樹或花就認爲這樣就足以滿足家屬對親人安身之所的要求，而要根據他們的要求，重新思考樹或花的栽種品種和形式。

至於祭祀的部分，樹葬和海葬的做法不太一樣。雖然都可以利用網路資料庫的建置或生命紀念館的建置來解決，但樹葬還有一個特點，就是它有一個具體的象徵物存在，家屬在不知不覺中就會把思親的重心移轉到象徵物身上。如果這個象徵物存活得很好，那麼家屬就會覺得心安。相反地，如果這個象徵物存活得不好，甚至於死亡，那麼家屬就會受到更大的打擊，彷彿這是他們對親人沒有善盡心力照顧的惡果。爲了避免發生這樣的問題，還是需要進一步將亡者與象徵物切開，讓家屬清楚瞭解象徵物的作用只是一個通道，讓亡者可以藉由這個通道去到他們要去的地方。

其次，討論殯的部分。就第一個例子而言，無論是拜腳尾飯或捧飯，過去的目的都在於透過食物的供應讓亡者免於飢餓，甚至於有力氣可以前往地府。現在，受到環保思潮的影響，認爲用食物來祭祀是一種浪費和不環保的行爲。因此，有改用水果的方式祭祀。可是，如果食物的用途在於免於飢餓，甚或有力氣前往地府，這時改用水果的結果可能無法達成原先的目的。何況，亡者生前是否愛吃水果也是一個未知數。在尊重亡者的情況下，這樣的改變不一定是合適的。

那麼，要怎麼調整呢？根據人死後不再有肉體而言，嚴格說來人是不需要飲食的。但是，由於人受到生前習性的影響，所以誤以爲死後還需要飲食，因此，在死後才會有拜腳尾飯或捧飯的作爲。現在，只要我們提醒亡者，讓亡者清楚瞭解他目前的狀態，那麼他就會知道他是不需要飲食的[10]。在不需要飲食的情況下，自然就不需要拜腳尾飯或捧飯。由此可知，要眞正徹底達成環保的要求，就不能只從傳統文化的物質層面來瞭解傳統文化，而要深入到傳統文化的精神層面。

第二個例子，有關陪葬品的部分也是一樣，我們都不能只從表面的意思來理解。如果只看表面，那麼就會認爲上述的行爲只是一種資源的浪費和違反環保的行爲。實際上，亡者之所以需要這些陪葬品純粹只是人間想法的轉移，只要進一步告知亡者，讓他清楚已經不再需要這些陪葬品，那麼他就可以擺脫這些陪葬品的束縛，火化時自然就不需要再放置任何的陪葬品，也就不會產生上述的環保問題。由此可見，只要我們正確瞭解傳統文化，其實是可以很環保的。

---

[10]尉遲淦撰，〈從殯葬改革談清明祭掃與孝道實踐〉（第三屆海峽兩岸清明文化論壇演講稿）（上海：上海市公共關係研究院、財團法人章亞若教育基金會，2013年3月），頁125。

第三個例子，有關燒庫錢的部分，如果按照原先還庫的意思，其實燒的錢並不太多，後來加上寄庫的錢就變得很多。再者一般人認為死後是要用到錢的，錢越多享受就越好，結果所燒的錢就會無限上綱。因此，在所燒的庫錢無止境的情況下，不僅帶來空氣污染，也造成資源的浪費。所以，政府才會用環保的理由減少或禁止燒紙錢。

不過，這樣燒並不見得就是傳統文化本身的錯，實際上，這是一般人誤解的結果。就傳統文化本身而言，燒庫錢的主要目的在於還庫，既然是還庫，按照傳統的規定還庫的錢數量有限，說眞的，不見得會帶來太大的空氣污染和資源浪費。之所以會有問題，主要是來自於寄庫的做法。因為，如果寄庫是為了還祖先的債，那麼這個債現在才還已經太遲了，恐怕祖先早就受過罰了。如果是為了讓亡者在地府可以有更好的享受，問題是亡者在地府是處於受罰的狀態，恐怕無福享受這樣的好意。如果是為自己預存未來還庫的錢，那就表示自己教導無方，後代子孫才會不孝。再者就算可以預存，這些錢除了還庫之外，恐怕也無福消受。總之，無論怎麼燒，除了還庫的錢外，其餘恐怕都是多燒的，對亡者一點用處也沒有。

清明燒紙錢也是一樣。如果地府是受罰的地方，那麼給再多的錢也無法讓亡者不受罰。更重要的是，原先燒紙錢的意思是希望亡者在地府可以過得好一點，現在燒更多的結果是希望亡者在地府待久一點，受罰久一點。就這一點來看，我們的孝順作為反而帶來了不孝的後果。所以，為了避免不孝的罪名，還是不要再燒紙錢給亡者，這樣才是我們孝順的證明。否則在不瞭解的情況下，誤以為燒紙錢燒得越多越孝順的結果，不僅不能眞的盡孝，還要蒙上破壞環保之罪名，是種得不償失的作為。

這麼一來，禁止燒庫錢或紙錢，殯葬業者不就要遭受一些利益的損失。表面看來，的確如此。不過，如果可以從其他地方著手創新，例如庫錢的設計與材質加以精緻化和環保化，那麼利益損失一樣可以重新獲得。另外，在觀念的解說上也可以收取一些解說費用。因為，這是一種

專業的解說，是需要經過專業培養的，正如觀光區的專業導覽員是需要付出導覽費用的。

第五節　結語

最後，對於殯葬服務與綠色殯葬的關係做一個簡單的回顧與前瞻。就回顧的部分而言，殯葬服務本來就是殯葬業者用傳統禮俗所做的服務。過去，由於死亡禁忌的關係，這樣的服務是屬於前現代的服務。後來，引進日本的服務模式後開始商業化，但並不代表這樣的商業化就讓臺灣的殯葬服務跟上了世界的發展潮流。眞正讓臺灣的殯葬服務跟上世界潮流，要到民國91年的《殯葬管理條例》，其中，政府揭示了臺灣綠色殯葬時代的到來。

本來，這樣的揭示是一件好事。但在揭示的同時發現這樣的揭示和現有殯葬服務是衝突的。尤其對傳統文化，這樣的衝突更是強烈。不過，政府在面對這樣的衝突時基本上是信心滿滿的，認爲它會隨著時間而過去。但就我們的觀察，這樣的衝突未必那麼簡單就過去了。之所以如此，是因爲政府用環保潮流來解決過去的殯葬問題與導正傳統文化的錯誤。可是，傳統文化是否就像政府所理解的那樣？如果不是，那麼這樣的理解會不會帶來更大的衝突，以至於讓綠色殯葬的新政策更難推動？所以，站在順利推動綠色殯葬新政策的立場，我們建議政府重新理解傳統文化的眞義。

首先，政府對於傳統文化的認定就是違反環保的。問題是，傳統文化是否就是如此？對於這個問題，需要有更深入的審視。在一般的理解下，傳統文化的確是違反環保的，但只要更深入瞭解就會發現，傳統文化其實是很環保的。其中最大的關鍵在於，傳統文化並沒有那麼的物質，實際上，它是很精神的。在強調精神的情況下，它不會認爲亡者需要這些物質的回饋。只要眞的瞭解傳統文化的精神要求，那麼傳統文化是最環保的。

其次，根據這樣的理解，我們就會發現無論在葬或殯的部分，傳統文化不見得就一定要土葬，也不見得在拜飯、陪葬品或燒紙錢時一定要違反環保的要求。相反地，傳統文化所要求的孝道也可以是很環保的。唯有在環保的情況下，傳統文化所要求的孝道才會是眞正的孝道。否則，在一般的理解與作爲下，這樣的盡孝方式其實是有問題的。

最後，就前瞻的部分簡單說明。對政府而言，推動綠色殯葬是一個很有前瞻性的作爲。但是，在推動時不要忘了文化背景。對我們而言，不是因爲工業革命所帶來的環境污染才提出環保的訴求，而是基於西方的先進理念而引進環保的概念。既然如此，就要好好考慮我們的文化背景是否可以銜接這樣的訴求？是否可以提供進一步的詮釋和作爲上的貢獻？如果可以，那麼這樣的銜接就會更有意義。如果不是，那就只是另一種移植結果，對臺灣的殯葬而言，就不見得可以產生多大的意義。

第十七章
從殯葬自主、性別平等與多元尊重看傳統禮俗的改革問題

第一節　前言

以往在探討傳統禮俗的改革問題時，不知不覺就會從時代差異的角度加以探討。之所以這麼做，是因爲我們知道時代差異會產生適不適用的問題，而傳統禮俗就存在著這樣的問題。例如傳統禮俗誕生於農業社會的背景，而現代社會則是工商資訊的背景。就前者而言，它具有喪期長、儀式繁瑣冗長的特質。就後者而言，它要求的處理方式則是喪期短、儀式簡單省時。相對而言，前者就顯得很沒有效率，而後者就很有效率。在效率掛帥的前提下，傳統禮俗自然顯得不合時宜。對於現代人而言，這種沒有效率的傳統禮俗是需要調整的。所以，爲了讓傳統禮俗可以適應這個社會的需求，我們需要從效率的角度調整傳統禮俗的內容[1]。

表面看來，這樣的調整方式似乎沒有問題，因爲，傳統禮俗確實是時代的產物。當時代改變了，當然應該順應時代而調整。可是，只要我們深入思考就會發現，這樣的做法其實是有問題的。因爲，傳統禮俗雖然是時代的產物，但眞正影響傳統禮俗的並不是時代表面的特質，而是時代深層的精神。換句話說，效率不是影響傳統禮俗的主要因素，而是個人的自主。對現代人而言，效率固然重要，但更重要的是，個人認爲喪禮不需要花那麼多的時間，也不需要用那麼繁瑣冗長的儀式。爲什麼現代人會有這樣的改變？最主要的原因是現代人和親人不再像過去那樣的關係緊密，親人從唯一的依靠變成許多依靠中的一個。這種關係的改變導致彼此的情感也跟著改變，以至於現代人不再需要用那麼長的時間與繁瑣冗長的儀式來化解和親人彼此之間失落的問題。從這點來看，這

---

[1]尉遲淦撰，〈從悲傷輔導的角度省思傳統禮俗改革的方向〉，《中華禮儀》第24期（臺北市：中華民國殯葬禮儀協會，2011年5月），頁15。

才是傳統禮俗爲什麼要調整的最主要理由[2]。

不過，只有這樣的調整還是不夠。因爲，這樣的調整雖然滿足了個人的要求，但並沒有眞正深入個人本身。對個人而言，時代特質的影響只是表面，眞正影響個人的其實是自主意識的喚醒。過去，人們認爲傳統禮俗就足以幫他們或她們化解死亡的問題，而現在，人們不再認爲這種集體的規範足以幫他們或她們化解死亡的問題。相反地，人們認爲唯有回歸個人本身的需求，調整過後的新禮俗才有可能幫他們或她們化解死亡的問題。所以，爲了讓傳統禮俗可以重新適用於現代人，需要從個人自主的角度切入。

第二節　殯葬自主

現在要問，什麼是個人自主的眞諦呢？一般而言，我們會把個人自主的重點放在個人的抉擇上。只要個人開始抉擇，那麼就會認爲這個人已經處於自主的狀態。因此，個人是否有所抉擇，成爲我們判斷一個人是否自主的標準。例如一個人在面對死亡問題時，他或她是否決定購買生前契約，或事先與殯葬業者預約決定身後事，就成爲我們判斷這個人是否實現殯葬自主的標準。如果他或她在死亡之前就購買了生前契約，或與殯葬業者預約決定身後事，那麼我們就會認爲他或她已經實現了殯葬自主的權利。相反地，如果他或她在死亡之前並沒有事先購買生前契約或與殯葬業者預約決定身後事，那麼我們就會認爲他或她沒有實現殯葬自主的權利。由此可見，抉擇的行動成爲一個人是否實現殯葬自主的判斷標準[3]。

---

[2]尉遲淦撰，〈從悲傷輔導的角度省思傳統禮俗改革的方向〉，《中華禮儀》第24期（臺北市：中華民國殯葬禮儀協會，2011年5月），頁17-18。

[3]在此我們發現，現代國民喪禮似乎就把抉擇行動等同於殯葬自主，而沒有進一步討論這兩者是否等同的問題。請見內政部編印，《平等自主．愼終追遠——現代國民喪禮》（臺北市：內政部，2012年6月），頁5。

問題是，這是否就是殯葬自主的眞諦呢？在此，我們需要進一步的反省。如果殯葬自主指的就是抉擇的行動，那麼這樣的抉擇行動當然就是殯葬自主的眞諦。可是，如果殯葬自主不只指抉擇的行動，那麼抉擇的行動就不可能是殯葬自主的眞諦。因此，需要進一步探討抉擇行動等不等於殯葬自主的問題。

一般而言，抉擇行動似乎就等於殯葬自主。因爲，一個人在抉擇的過程中表示他或她已經面對死亡，同時也決定他或她的身後事。因此，經由這樣的抉擇，他或她實現了自己的殯葬自主權。但是，這樣的瞭解是有問題的。因爲，一個人生前是否決定購買生前契約，或與殯葬業者預約決定身後事是一回事，他或她是否恰當瞭解殯葬自主權而去實現這樣的權利又是另外一回事。如果沒有清楚分辨這兩者的不同，很容易就會誤以爲一個人決定購買生前契約，或與殯葬業者預約決定身後事就表示實現了殯葬自主權。實際上，這兩者有極大的差異。就前者而言，這樣實現的殯葬自主權其實只有殯葬自主權的形而缺乏殯葬自主權的神。換句話說，這樣的殯葬自主權只是形式義的殯葬自主權，而不是實質義的殯葬自主權。如果我們希望瞭解眞正的殯葬自主權，就必須進入實質義的殯葬自主權。

什麼是實質義的殯葬自主權？就我們的瞭解，所謂的實質義的殯葬自主權不只是要自己做決定，更要清楚自覺爲什麼要這樣做決定，這樣做的決定是要解決什麼樣的死亡問題。如果可以進入這樣的層次，那這樣的殯葬自主才能眞正滿足個人的需求，也才能解決個人的死亡問題。否則，只有形式義的殯葬自主，雖然表面上看來是要解決個人的問題，但實際上根本解決不了問題。因爲，他或她並沒有深入認知到自己死亡的需求，也沒有解決死亡的問題。唯一有的，就只是根據傳統禮俗的規定來解決自己死亡的問題，這其實解決的不是個人的死亡問題，而是社會的死亡問題。所以，從解決問題的不同，可以很清楚地判斷形式義的殯葬自主不是殯葬自主的眞諦，只有實質義的殯葬自主才是殯葬自主的眞諦。既然如此，如果眞要實現個人殯葬自主的權利，那麼就必須從個

人的需求出發，重新規劃可以解決個人死亡問題的新禮俗，而不是套用過去強調社會解決的傳統禮俗。

第三節　性別平等

有一點要注意的是，有關殯葬自主權的實現不是一個抽象的實現，而是一個具體的實現。既然是一個具體的實現，就必須具有時空的內容。對我們這個時代而言，最重要的時空內容就是性別的內容。過去，在父權社會的主導下，傳統禮俗認爲父權內容是天經地義的事。所以，一切從父權至上的角度加以思考與安排。假如有人想要違反這樣的父權原則從其他的角度加以思考，那麼這樣的人一定會被認爲是離經叛道的人。因此，在父權至上的禁錮下，女性成爲從屬於男性的存在。說的更嚴格一點，女性之所以成爲人，是因爲從屬於男性的結果，如此一來，在喪事的處理上女性完全沒有獨立的地位。就是這樣的想法，使得一輩子沒有結婚或離婚的女性，死後沒有一個正式的歸宿，只能寄身在姑娘廟中[4]。

如今在殯葬自主的挑戰下，這樣的決定與安排開始有了新的轉變。對現代人而言，一個人死後要放在哪裡，不是社會可以任意決定與安排的。若要有所決定與安排，那麼這樣的決定與安排必須經過個人的同意。不僅如此，個人對於這樣的決定與安排如果不滿意，不僅可以否定這樣的決定與安排，更可以提出自己的意見，看看自己眞正想要的決定與安排是什麼。這時，其他人不但不可以反對，還要加以尊重，除非這樣的決定與安排和其他人的想法產生衝突，才需要進一步的協商。不過，無論如何協商，原則上都必須尊重對方的存在，以對等的方式處

---

[4]尉遲淦，〈性別平等與殯葬禮俗〉，《中華禮儀》第25期（臺北市：中華民國殯葬禮儀協會，2011年11月），頁36。

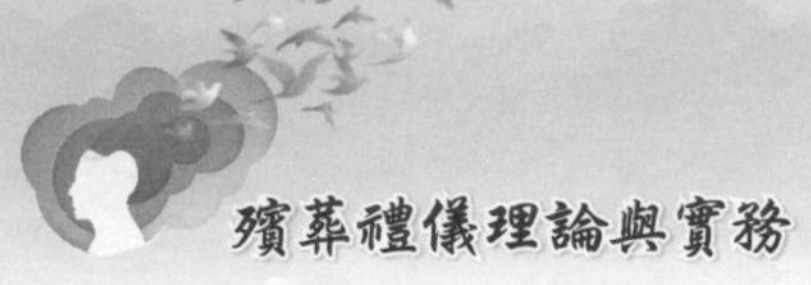

理，而不能採取不平等的做法。

問題是，要怎麼做才不會違反平等對待的原則？表面看來，只要在形式上採取平等對待的原則也就夠了。例如完全尊重女性個人的意願，幫她做死後歸宿的安排，讓她可以如願以償。可是，這樣的對待方式眞的可以滿足性別平等的要求嗎？其實，只要深入瞭解就會發現這樣的形式平等是不夠的。因爲，從平等對待的角度來看，我們確實尊重當事人的個人意願。不過，從個人自主的角度來看，當事人表示的個人意願不見得一定是她的個人意願，也可能是過去受到社會對於性別刻板印象影響的結果，使得當事人的個人意願受困於社會的規範之中。所以，爲了回歸眞實的個人意願，我們需要對於性別的內容重新加以思考。

那要怎麼思考才是合適的呢？對我們而言，這樣的思考不要從性別本身著手。如果只從性別本身著手，那麼社會對於性別刻板印象的內容就會不知不覺地潛入我們的思考之中，這時，對於性別的思考就會不夠純粹。因此，基於純粹思考性別內容的必要，需要回歸到個人本身。因爲，人是先以個人的方式存在著，然後才以性別的方式存在著。雖然人都會有性別，但這樣的性別是以個人的方式呈現。所以，在思考性別內容時要以個人呈現的內容來思考，唯有如此，才能眞正就女性本身的存在找出她應有的個人內容，而不會誤以爲社會刻板印象的某些內容就是她應有的內容。

例如有關死後歸宿的問題，過去我們總認爲人一定要有個家，對於那些無家可歸的人，總認爲他們或她們很可憐，死後會變成孤魂野鬼。因此，對女性而言，如果生前沒有結婚或離婚後沒有再婚，那她就沒有家，死後也沒有一個正式歸宿，只能寄身在姑娘廟中很可憐。爲了避免這樣的結果，我們需要幫她們爭取權益，恢復她們的權利，讓她們死後也可以有個家作爲歸宿。因此，在性別平等的思考下，女性開始爭取入祀家中的權利。問題是，這樣的要求是仿效男性入祀家中的做法，還是女性本身對於家的嚮往？如果入祀家中是她的個人意願，那麼這樣的入祀就是一個恰當的自主表現。如果入祀家中只是仿效男性的做法，那麼

這樣的入祀就不是一個恰當的自主表現。對我們而言，第一種做法才是眞正達到性別平等，第二種做法其實還是受困於性別不平等之中。

除了上述有關女性的性別討論之外，性別平等還有其他性別或是性傾向的問題，在此就不再多做討論。不過有一點要特別注意的就是，有關性別或性傾向的內容也一樣不能只從性別或性傾向的角度直接討論，而要回歸到個人本身，從個人呈現出來的性別或性傾向的內容加以討論。只要嚴守這樣的原則，那麼在死後喪事的禮俗處理上就能按照當事人的意願用性別平等的方式對待亡者。

第四節　多元尊重

另外，還有多元尊重的問題需要討論。因爲，從性別平等的討論中我們看到不同性別的人對於禮俗有不同的要求，那麼不同的個人對於禮俗的要求當然更會有不同。基於這種不同要求的考量，不能再像過去那樣認爲定於一尊是最好的，而要從個人需求的角度重新思考多元尊重的問題。

過去，我們認爲不論亡者是誰或家屬是誰，只要遇到喪事的問題，都只能根據傳統禮俗做處理，之所以如此，是因爲傳統禮俗要實現的價值完全符合社會的要求。只有在社會正常運作的情況下，個人才有機會平安地活著。所以，爲了確保個人的生存，不能不配合社會的規定，久而久之，個人在不知不覺中就變成社會的工具，完全隸屬於社會的價值而失去了自己。就這種情況而言，社會中只有定於一尊的價值而沒有其他的價值，這就是爲什麼傳統禮俗那麼強調傳承與孝道的理由。

隨著時代的改變，社會不再是唯一的價值典範，個人逐漸擁有自己的意識。在意識自主的情況下，每個人對於事情都有自己的判斷，也擁有自己想要實現的價值。因此，傳統禮俗將死後的一切都定位在家族傳承的價值上就逐漸受到挑戰。對現代人而言，他或她對於家的感情已經和過去不一樣。雖然有的人對於家還是一往情深，有的人對於家卻已經不如從前。在這種情況各異的情況下，如果還是像以往那樣要求所有死後的價值都要鎖定在家的傳承上，那麼這種要求恐怕就會遭遇許多的不配合與挑戰。所以，在尊重個人不同抉擇的立場上，以及尊重個人眞實的感受上，我們不再需要像過去那樣堅持傳統禮俗的正確性，相反地，應該從個人抉擇的不同出發，認同這些不同的抉擇，甚至於協助促成這些抉擇。對我們而言，這種認同與協助促成，其實就是多元尊重最好的表示。

例如上述有關傳統禮俗的反省，有的人對於家的感情已經不再那麼親密，因此，在他或她死後可能不再認爲傳統禮俗所要完成的家的傳承任務是他或她所要的。在這種情況下，如果繼續堅持用傳統禮俗來送他或她，那麼這種送的方式就是不尊重亡者的意願，也是違反亡者的自主意識。所以，爲了尊重亡者的不同選擇，表示多元尊重的心意，我們需要針對亡者的需要重新規劃出能夠滿足亡者需求的禮俗。例如亡者如果是個喜歡獨自遨遊大海而不喜歡受到約束的人，那麼就可以規劃一個遨遊大海的禮俗，這時的儀式設計就必須以亡者爲主，讓亡者與大海合一成爲設計的主要內容。唯有經過這樣的設計，才能說眞正落實了多元尊重的精神。否則，舉行海葬時還是用傳統禮俗來送亡者，這種送的方式就違反了多元尊重的精神。

當然，有關多元尊重的討論只是所有討論中的一個，還有許多情況可以討論，如不同宗教、不同文化、不同移民等等。不過，由於篇幅的限制，也只能掛一漏萬了。可是，無論怎麼討論，最重要的就是多元尊重的精神一定要落實在個人自主實質實現的前提下，唯有如此，多元尊重才不會從眞尊重淪爲假尊重。

第五節　結語

對我們而言，上述有關殯葬自主、性別平等與多元尊重的討論雖然曲折冗長，但卻十分值得。因爲，對於這個問題過去並沒有做過完整的討論，不是殯葬自主，就是性別平等，或是多元尊重，多只是進行單獨的討論。現在，經過這樣完整的討論之後，就會發現傳統禮俗的改革問題不只和殯葬自主有關，也和性別平等及多元尊重有關。如果沒有釐清彼此的關係，就很難形成一個合適的標準。在沒有合適標準可以依循的情況下，只好從比較表面的時代差異特質著手。這樣一來，在忽略形成這種差異特質的背後精神的情況下，使得整個改革陷溺於枝枝節節的處理上。如果不希望未來有關改革的事情再繼續陷溺在這種枝枝節節的泥沼當中，就必須眞正深入到形成這種差異特質的背後精神，從這裡加以處理。對我們而言，上述的殯葬自主原則，以及由此衍生出的性別平等原則與多元尊重原則，就是這個背後精神的代表，只要繼續堅持深入這些原則，用這些原則來處理傳統禮俗改革的問題，甚至於整個殯葬改革的問題，那麼未來有關改革的道路自然就會光明順利。

第十八章
性別平等與殯葬禮俗

- 第一節　前言
- 第二節　殯葬禮俗的性別預設
- 第三節　殯葬禮俗的性別挑戰
- 第四節　殯葬禮俗的性別調整方向
- 第五節　結語

第一節　前言

就我們的瞭解，人類對於死亡的處理和動物對於死亡的處理不一樣。對動物而言，死亡只是一個事實，沒有特別處理的必要[1]。但人類就不一樣。對人類而言，死亡不只是個事實，也是個價值。因此，當人類死亡時必須根據一套程序來處理，這套程序就是殯葬禮俗。

在殯葬禮俗確立之後，從過去到現在只要遭遇親人的死亡都一定會用這一套殯葬禮俗來處理。過去，我們對於這種處理的方式不會產生質疑，但隨著時代的變遷，這一套處理方式開始受到了質疑[2]，認為這樣的處理方式合適不合適。

之所以如此，不是因為我們對於這一套殯葬禮俗的意義瞭解得很清楚，而是在實踐這一套殯葬禮俗之後覺得其中出現了一些扞格。例如過去認為親人死了之後需要花三年時間才能盡孝，而現在並沒有三年時間可以守孝，這是不是表示我們現在是不孝順的？就是這一類的問題讓我們開始質疑殯葬禮俗的合適性。

在這樣質疑的背景下，問題一波一波的出現。最初從時代背景的不同開始質疑殯葬禮俗，認為農業社會的殯葬禮俗怎能適用在工商資訊社會？面對這樣的質疑，我們採取簡化的策略，認為只要配合時代的要求，那麼殯葬禮俗的適用問題就可以解決[3]。

---

[1]不過，現在的情況有一些改變。對於把動物視同寵物的人，他們不見得只會把動物看成動物，還會把動物看成家人。在把動物當成家人的情況下，他們會用價值的觀點來看待動物的死亡，用對待家人的方式來對待寵物。

[2]關於這些問題的具體陳述，請參見徐福全先生整理、李咸亨主持，《臺北市未來殯葬設施之整體規劃》（附冊一：喪葬禮俗的改善規劃及問卷分析）（臺北市：臺北市殯葬處，1997年7月），頁2-6。

[3]徐福全主持，《台北縣因應都市生活改善喪葬禮儀研究》（新北市：新北市政府，1992年6月），頁26。

但問題並沒有那麼簡單，如果只要配合時代的要求就可以解決問題，那麼簡化的確可以解決問題。可是，問題不是只有時代的要求，實際上，時代的要求只是表面的說法，只要深入瞭解就會知道，時代要求其實是由不同時間點的不同價值要求而來的。當我們瞭解這一點，就會清楚為什麼在簡化做法解決殯葬禮俗的效率問題之後會出現環保的問題？因為，環保問題不屬於效率與否的問題，而在於影響環境與否的問題。只要在殯葬禮俗做出一些影響環境的事情，就算這樣的作為再怎麼有效率，也無法解決環境污染的事實。因此，環保問題讓我們開始省思簡化做法是否真的就是解決殯葬禮俗適用問題的合適做法。

緊接著環保問題的出現，現在我們又察覺到性別問題也需要處理。因為，過去的殯葬禮俗是以男性為主來處理的，在這種情況下，有關女性的殯葬權益就沒有辦法得到保障。為了維護女性的殯葬權益，當然要想辦法解決殯葬禮俗的適用問題，否則女性在面對死亡問題時就沒有辦法得到合適的安頓。對現代人而言，如何讓每個亡者都能在殯葬禮俗的合適處理下得到真正的安頓，是一個很重要的權益問題。

第二節　殯葬禮俗的性別預設

現在，先來探討殯葬禮俗對於男性亡者是如何安頓的？唯有瞭解殯葬禮俗對於男性亡者的安頓之後，才能依此借鏡進一步構想出安頓女性亡者的合適殯葬禮俗。否則在缺乏參考座標的情況下，只是一味地按照時代要求來處理，只會重蹈過去簡化的覆轍，讓問題無法得到真正的解決。

那麼，過去的殯葬禮俗是如何安頓男性的亡者？就我們的瞭解，過去的殯葬禮俗在安頓男性亡者時不是單純地從男性的角度來安頓，更是從父親的角度來安頓。換句話說，有關父親的安頓才是殯葬禮俗最初設計的原型。如果不是為了安頓父親，我們的殯葬禮俗也不會被設計成為現在的樣子。

既然如此，我們進一步要問的問題是，殯葬禮俗爲什麼要設計成這樣？根據我們的瞭解，是因爲殯葬禮俗有特定的任務要達成，對殯葬禮俗而言，它的存在是要解決一定的問題。就古代人而言，這個問題就是家族傳承的問題，家族的延續是一個很重要的

課題。如果家族不能延續，那麼個人在人間的一切努力都是白費的。所以，爲了延續家族，殯葬禮俗就把這個要求當成首要任務來處理。

首先，決定什麼樣的對象才是殯葬禮俗的首要對象？就過去家族的型態來看，家族中的父親是掌握權力的人，他的所作所爲會直接影響到家族的榮辱興衰。因此，只要把父親安頓好，那麼整個家族的傳承就不是問題。

可是，對於父親怎樣的安頓才叫好？關於這一點，我們必須有一些具體的內容。就殯葬禮俗而言，所謂好的安頓就是讓父親在死亡時能夠善終，那麼父親的死亡對於家族的影響就不會是負面的而是正面的。

那要安排什麼樣的內容才能讓父親的死亡對於家族的傳承產生正面的效果？第一個內容是，我們會要求父親活著的時候要有正面的作爲，讓家族變得更好，如此一來，後代子孫就會起效法之心。第二個內容是，父親活著的時候必須生出足夠的男性後代，讓整個家族傳承不成問題。第三個內容是，父親活著的時候還要好好教育子孫，讓他們成爲具有孝心的後代。這麼一來，他們不僅會好好地把喪事辦好，也會在辦完喪事之後好好地祭祀祖先。如果父親活著的時候可以完成殯葬禮俗的這些要求，那麼他在死亡時就可以稱爲善終，而不用擔心自己死得不好，更不用擔心死亡之後沒有臉去面見祖先。

其次，在做法的落實上殯葬禮俗也做了相關的安排。例如有關喪事的問題就決定由男性後代來處理，尤其是男性後代中的長子。不僅如此，有關喪事過程中的種種作爲也由男性後代來承擔，其中，長子更是主要的喪主。此外，後事處理完的祭祀問題也由長子來負責祭祀。從這一點可以明顯看到，殯葬禮俗的安排處處都是爲了完成家族傳承的任務[4]。也唯有在順利完成上述的作爲之後，才能如實地說亡者眞的死得很善終，而他的後代子孫也眞的很盡孝。否則，很難說亡者死得很好，

---

[4]就我們的瞭解，殯葬禮俗的這種安排就是一種宗法制度精神的體現。

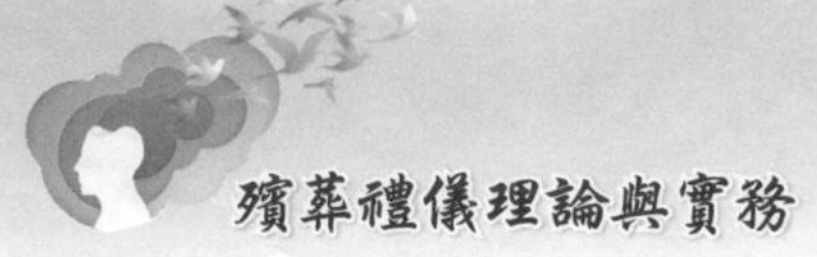

而生者也送得很好。

第三節　殯葬禮俗的性別挑戰

表面看來，過去殯葬禮俗的父系設計原先也沒有什麼問題，因爲，過去本來就是屬於父系的社會。在這樣的認知下，殯葬禮俗這樣安排就成爲天經地義。即使在這樣的情況下，有時也會有一些例外情形，例如沒有男性後代可以繼承的時候，甚至根本就生不出後代的時候，殯葬禮俗的做法並不是改變基本的性別預設，而是安排其他的替代做法，讓這些例外情形也可以在父系的性別預設下得到適當地解決[5]。

至於女性亡者的部分，殯葬禮俗也有一定的安排。對殯葬禮俗而言，女性亡者不是獨立於男性之外的存在，而是附屬於男性亡者的存在。因此，在安排女性亡者時不能單獨就女性亡者本身來看，必須就女性亡者與男性的關係而定。例如，女性亡者如果生前沒有結婚，那麼在她死亡之後她的神主牌位不是奉祀在自己的家中，而是寄放在姑娘廟中。如果生前已經結婚，那麼她在死亡之後就會因婚姻關係而入祀夫家的祖先牌位。所以，無論女性亡者生前有無婚姻關係，她都沒有機會入祀自己的家中，像男性亡者那樣成爲自己家中的祖先。

不過，上述的性別安排到了現代開始出現了挑戰。對現代人而言，隨著經濟的獨立，不再認同父系社會就是天經地義的社會。相反地，現代人認爲父系社會是一種人爲的社會，所謂男性至上的說法也是一種後天的說法，完全沒有過去以爲的必然性。在這種認知改變的情況下，女性意識開始抬頭，對所有的女性而言，她們也開始檢視過去所受的待遇是否公平。

對她們而言，不是一開始就檢視女性在殯葬禮俗上是否受到不公平

---

[5]例如，藉由旁系或同宗的男性後代來替代，以滿足殯葬禮俗的男性預設要求。

的待遇，而是從生活的對待方式開始。在經過長期的努力之後，她們終於想到殯葬禮俗的問題。因爲，殯葬禮俗和她們的死亡際遇有關。如果沒有注意這個問題，那麼她們在性別平等的追求上就無法克竟全功。所以，在貫徹性別平等的努力下，她們開始要求正視殯葬禮俗的性別歧視問題。

首先，她們認爲把殯葬禮俗定位在父親的死亡問題處理上就有問題。因爲，構成家族的成員不只是父親而已，實際上還有母親。過去由於父親掌握家中經濟大權，所以才會認爲父親代表整個家族。現在，母親也有機會掌握家中經濟大權，所以母親也應該獲得相同的待遇，否則這樣的對待方式就太不公平了。就是基於這樣的考量，她們認爲殯葬禮俗不應把父親當成唯一的處理對象，也應該把母親納入。換句話說，殯葬禮俗不能把父親當成處理的唯一原型，而把母親當成附屬的存在。相反地，殯葬禮俗必須基於公平對待的考量，把母親當成另一個需要獨立處理的對象。

其次，她們認爲在喪事的處理上一切都由男性後代來決定、來承當也是有問題的。對她們而言，父母是大家的，認爲父母的喪事怎麼只有男性後代才有資格處理？殯葬禮俗這樣決定的結果，讓她們覺得自己在父母後事的處理上彷彿變成了外人，無法好好地善盡自己的孝道。所以，爲了恢復自己的權益，在血緣關係的考慮下，她們認爲殯葬禮俗的傳統規定必須重新調整，唯有如此，殯葬禮俗才能公平對待她們的殯葬權益。

第四節　殯葬禮俗的性別調整方向

那麼，應該怎樣調整殯葬禮俗的性別方向呢？過去的簡化做法，我們發現有其窒礙難行之處。因爲，簡化就是一種化繁爲簡的做法。但是，尊重不同性別的殯葬權益卻是一種複雜化的做法，基本上相反於簡化的想法。既然要正視殯葬禮俗的性別問題，那麼就不能往簡化的方向走。

那麼可以往哪個方向調整呢？就我們的瞭解，殯葬禮俗的存在是爲了解決亡者的問題。過去，我們認爲家族傳承問題是整個社會的問題，所以，殯葬禮俗才會把家族傳承當成首要任務。既然如此，那麼解決亡者問題的說法就不應該只停留在父親的角色上，也應該從母親的角度來思考。因爲，無論是父親還是母親，他（她）們都是構成這個家族的主要成員，只要其中任何一個成員沒有被考慮到，那麼這樣的考慮都是不完整的。因此，在殯葬禮俗的安排上就不能只停留在任何一個性別的考量中。

問題是，過去的殯葬禮俗安排是基於父親的需要，認爲只有父親才能代表整個家族，讓整個家族傳承下去。現在，如果要把母親也納入，那要怎麼安排才算恰當？一般而言，我們可以根據父親的安排當作參考範本，再將這樣的範本直接套用在母親身上，如此一來，母親就可以像父親那樣享有相同的殯葬禮俗待遇。

不過，這樣的調整方式雖然讓母親享有同等的殯葬禮俗待遇，卻不見得是母親想要的。因爲，不是每個性別的亡者都希望得到像父親那樣的殯葬禮俗對待。實際上，每個亡者在完成傳承家族任務時都有他（她）們自己的想法與做法。基於這樣的考量，如果要調整過去的殯葬禮俗讓性別權益都能得到很好的照顧，除了要公平對待不同的性別之外，還要照顧到各個性別的亡者對於死亡的需求。唯有如此，這樣的調整才有意義，也才能眞正成全每個性別的亡者。以下，我們舉些例子說明。

首先，是善終說法的問題。過去，我們認爲父親的善終叫做「壽終正寢」，母親的善終叫做「壽終內寢」。照理來講，無論是父親還是母親的善終都表示他（她）們已經完成家族傳承的任務。既然如此，對於他（她）們善終的說法應該都是一致的，不應該存在不一樣的評價。可是，實際上評價卻有不同。因爲，過去認爲女性的身體是不潔的，是

不適合任意見人的，再加上女性的附屬存在地位，使得女性在死亡時只能「壽終內寢」而不能「壽終正寢」。現在，站在性別平等的立場上，爲了公平對待女性的存在與健康對待女性的身體，除了可以用「壽終正寢」的說法來評價母親的善終外，也可以直接用「善終」的說法來評價母親的善終[6]。

其次，是傳承的問題。過去，我們認爲只有男性後代才有資格傳承，而女性後代是沒有資格傳承的。其中最主要的理由是，男性後代才是血緣的眞正傳承者，而女性後代則不是。因此，在沒有男性後代的情形下，只有找旁系的男性後代，甚至於沒有血緣關係的男性後代來傳承。問題是，如果家族傳承是以血緣爲主，那麼就沒有理由說只有男性後代可以傳承，而女性後代就不可以。因爲，無論男性或女性都是家族的後代。既然如此，當然就應該允許不同性別的後代都有傳承家族的資格。基於這樣的考量，我們在辦理父母親的後事時，就不一定要由長子或男性後代來主導、承擔一切，也可以改由女性後代來主導、承擔一切[7]。

最後，是祭祀的問題。過去，我們認爲祭祀的權利是屬於長子或男性後代的，女性後代不但沒有祭祀的權利，也沒有被祭祀的權利。如果她希望擁有被祭祀的權利，那麼她必須透過婚姻成爲夫家的人才有可能。可是，我們不要忘了女性後代也是家族的血緣後代。既然如此，在性別平等的考慮下我們就應該採取公平的做法。無論女性後代有沒有嫁人，只要她願意都應該擁有被家族後代祭祀的資格。同樣地，在祭祀的資格上，無論女性後代有沒有嫁人，只要她願意，一樣有資格可以祭祀家族中的祖先。

---

[6]關於善終說法的詳盡討論，請參見尉遲淦著，《殯葬臨終關懷》（新北市：威仕曼文化事業股份有限公司，2009年11月），頁185-191。

[7]當然此處的問題沒有那麼簡單，我們只是就資格的部分來考量。如果從實務的角度來看，除了資格之外，彼此的關係與意願也是處理這個問題時很重要的參考因素。

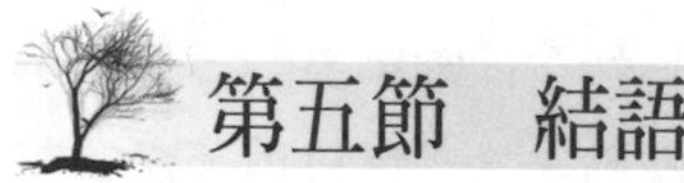

第五節　結語

經過上述的探討，我們知道每個性別的亡者都有權利獲得殯葬禮俗的公平對待。不僅如此，每個性別的後代也都有權利獲得殯葬禮俗的公平對待。既然如此，我們在實踐殯葬禮俗的內容時，就不能只是依靠傳統對於殯葬禮俗的規定，而要自覺地覺察到含藏其中的性別歧視，避免這樣的歧視做法影響到亡者與生者的性別權益。因為，這不只是影響到亡者與生者的社會利益，也會影響到亡者與生者的生死利益。對於前者的影響，我們或許還可以藉由其他的補救措施加以彌補，但對於後者的影響，我們就很難找出合適的彌補機會。

基於這樣的考量，我們在面對每個性別的亡者與生者時都需要重新思考殯葬禮俗的規定，是否適合亡者與生者的需要？如果是適合亡者與生者的需要，那麼就可以根據這樣的規定來服務亡者與生者。如果不適合亡者與生者的需要，其中含藏著性別歧視，那麼就應該根據性別平等的要求重新調整規定的內容，讓這樣的內容可以適合亡者與生者的需求。

總而言之，性別平等是亡者與生者的基本權利之一，有必要在殯葬禮俗上加以落實。唯有如此，亡者與生者才能在殯葬禮俗的安排下獲得真正的安頓。當然，我們的意思不是說殯葬禮俗有關性別平等的問題只是兩性的問題而已，它還包含著其他的問題，像是有關同志死亡問題的處理。對於這樣的問題過去的殯葬禮俗並沒有考慮到，也從來不認為需要考慮。相反地，殯葬禮俗因為禁忌的因素而不去處理，這麼一來，我們就無法藉著殯葬禮俗的做法來安頓同志的死亡，而這也是殯葬禮俗的責任之一，未來還是要處理這個問題。

生命關懷事業叢書

殯葬禮儀理論與實務

作　　者／王夫子、郭燦輝、尉遲淦、邱達能
出 版 者／揚智文化事業股份有限公司
發 行 人／葉忠賢
總 編 輯／閻富萍
執行編輯／詹宜蓁
地　　址／新北市深坑區北深路三段 258 號 8 樓
電　　話／(02)8662-6826
傳　　真／(02)2664-7633
網　　址／http://www.ycrc.com.tw
E-mail ／service@ycrc.com.tw
ISBN ／978-986-298-377-5
初版一刷／2021 年 9 月
定　　價／新台幣 500 元

國家圖書館出版品預行編目（CIP）資料

殯葬禮儀理論與實務 = Funeral etiquette theory and practice/王夫子, 郭燦輝, 尉遲淦, 邱達能著. -- 初版. -- 新北市：揚智文化事業股份有限公司, 2021.09

面； 公分. --（生命關懷事業叢書）

ISBN 978-986-298-377-5(平裝)

1.殯葬業

489.66 110012885